作 者 简 介

　　1962 年出生于北京，1984 年毕业于北京师范大学数学系，1990 年获得博士学位．1995 年任副教授．

　　主要研究方向是计算机代数，编写的著作包括：《计算代数》(北京师范大学出版社 1997 年出版)、《数学实验》(与姜启源、高立合著，高等教育出版社 1999 年出版)．参与翻译的译著包括：《用 Maple 和 Matlab 解决科学计算问题》(高等教育出版社 1999 年出版)、《Maple 经典—科学程序员入门》(高等教育出版社 2002 年出版)．

大学数学科学丛书　14

Maple 教程

何　青　王丽芬　编著

科学出版社

北　京

内 容 简 介

　　Maple 是目前应用非常广泛的符号计算软件之一, 它拥有非常强大的符号计算和数值计算功能. 本书详细地介绍了 Maple 的基本功能, 包括: 数值计算、解方程、微积分计算、向量及矩阵计算、解常微分方程和偏微分方程等, 本书深入讲解了 Maple 编程的基本原理.

　　本书的主要对象为理工科高等院校学生、教师以及科学研究与工程技术人员.

图书在版编目(CIP)数据

Maple 教程/何青, 王丽芬 编著. —北京：科学出版社, 2006

(大学数学科学丛书；14/李大潜主编)

ISBN 978-7-03-017744-5

Ⅰ.M… Ⅱ.① 何… ② 王… Ⅲ.数值计算-应用软件, Maple-高等学校-教材 Ⅳ.O245

中国版本图书馆 CIP 数据核字(2006) 第 086196 号

责任编辑: 吕　虹　赵彦超 / 责任校对: 赵燕珍
责任印制: 赵　博 / 封面设计: 王　浩

科学出版社 出版
北京东黄城根北街 16 号
邮政编码: 100717
http://www.sciencep.com

涿州市殷润文化传播有限公司印刷
科学出版社发行　各地新华书店经销
*
2006 年 8 月第 一 版　开本: B5(720×1000)
2022 年 4 月第十次印刷　印张: 23 1/2
字数: 437 000

定价: 98.00 元
(如有印装质量问题, 我社负责调换)

《大学数学科学丛书》序

按照恩格斯的说法, 数学是研究现实世界中数量关系和空间形式的科学. 从恩格斯那时到现在, 尽管数学的内涵已经大大拓展了, 人们对现实世界中的数量关系和空间形式的认识和理解已今非昔比, 数学科学已构成包括纯粹数学及应用数学内含的众多分支学科和许多新兴交叉学科的庞大的科学体系, 但恩格斯的这一说法仍然是对数学的一个中肯而又相对来说易于为公众了解和接受的概括, 科学地反映了数学这一学科的内涵. 正由于忽略了物质的具体形态和属性、纯粹从数量关系和空间形式的角度来研究现实世界, 数学表现出高度抽象性和应用广泛性的特点, 具有特殊的公共基础地位, 其重要性得到普遍的认同.

整个数学的发展史是和人类物质文明和精神文明的发展史交融在一起的. 作为一种先进的文化, 数学不仅在人类文明的进程中一直起着积极的推动作用, 而且是人类文明的一个重要的支柱. 数学教育对于启迪心智、增进素质、提高全人类文明程度的必要性和重要性已得到空前普遍的重视. 数学教育本质是一种素质教育; 学习数学, 不仅要学到许多重要的数学概念、方法和结论, 更要着重领会到数学的精神实质和思想方法. 在大学学习高等数学的阶段, 更应该自觉地去意识并努力体现这一点.

作为面向大学本科生和研究生以及有关教师的教材, 教学参考书或课外读物的系列, 本丛书将努力贯彻加强基础、面向前沿、突出思想、关注应用和方便阅读的原则, 力求为各专业的大学本科生或研究生(包括硕士生及博士生)走近数学科学、理解数学科学以及应用数学科学提供必要的指引和有力的帮助, 并欢迎其中相当一些能被广大学校选用为教材, 相信并希望在各方面的支持及帮助下, 本丛书将会愈出愈好.

李大潜

2003 年 12 月 27 日

前　　言

Maple是由加拿大Waterloo大学的符号计算研究组开发的计算机代数系统,它是目前世界上最流行的符号计算软件之一. 它具有强大的交互式数学计算功能, 其丰富的程序包可以满足用户各方面的需求.

1994 年, 我从一个同事手中得到了 Maple V Release 2 版本, 立即被 Maple 强大的功能所吸引. 从 1996 年开始, 我为北京师范大学的本科生多次讲授了 Maple 的课程, 本书就是在多年讲稿的基础上整理完成的. 随着科学技术的发展, Maple 的版本发生了很大的变化. 由于本书的写作跨越的时间比较长, 因此书中涉及了 Maple 的多个版本, 对于与 Maple 的版本有关的部分, 在书中给出了说明, 如有遗漏, 请读者谅解.

全书共十三章, 第一章对 Maple 系统进行了概括性的介绍. 第二章讨论了 Maple 的数值计算功能. 第三章介绍了 Maple 的变量管理. 第四章讨论表达式的处理和化简. 第五章到第十章分别介绍了解方程、二维与三维图形、微积分、微分方程、矩阵计算、数据处理等内容. 第十一章到第十三章介绍了 Maple 编程的基本方法以及高级课题.

本书是由北京师范大学何青与北京电子科技职业学院王丽芬合作编写的. 由于水平有限, 本书难免存在疏忽与错误之处, 敬请读者批评指正.

何　青

2006 年 3 月

目　　录

*　　*　　*

第一章　Maple 系统简介

本章首先对计算机代数系统进行简要的介绍, 主要内容包括计算机代数系统的发展历史、计算机代数系统的基本功能及特征以及网络资源. 然后介绍 Maple 的基本功能, 窗口环境以及组织结构.

1.1　计算机代数系统的发展历史

什么是计算机代数系统? 从历史的角度来看, "COMPUTE" 的涵义是 "数值的计算". 数值计算的涵义不仅仅是数的算术计算, 还包括其他复杂的计算, 例如: 数学函数的计算、求多项式的根、矩阵的计算、矩阵特征值的计算等等. 数值计算的一个本质的特征是它不能保证绝对的准确, 原因在于, 在数值计算的过程中我们是用浮点数进行计算的, 对于简单的问题, 我们可以用纸和笔手工计算, 对于复杂的问题, 就需要用计算器或计算机进行计算. 然而, 对计算机来说, 要想绝对精确的表达一个浮点数几乎是不可能的, 在计算的过程中必然会产生误差.

数学的计算除了数值计算以外还有另一个重要的分枝, 我们称之为符号计算或代数计算. 简单地讲, 就是对代表数学对象的符号进行计算. 这些符号可以代表整数、有理数、实数、复数或代数数, 也可以代表其他的数学对象, 如多项式、有理函数、矩阵、方程组, 或者其他抽象的数学对象, 如群、环、域等等. 对于这些抽象的数学符号, 我们通常是手工计算的, 这也是数学家传统的工作方式. 然而随着计算机技术的发展, 以及对符号算法的深入研究, 用计算机代替人工进行符号计算已经成为可能.

从 20 世纪 60 年代以来, 符号计算这个研究领域获得了极大的发展. 一系列符号计算算法的提出为现代计算机代数系统奠定了理论基础. 比较著名的算法包括: 计算多项式理想的 Gröbner 基算法、多项式分解的 Berlekamp 算法、计算有理函数积分的 Risch 算法.

在 20 世纪 60 年代, 比较流行的计算机程序语言是 FORTRAN 和 ALGOL. 这两种语言主要是用来作数值计算的, 至今 FORTRAN 依然是数值计算领域的标准语言之一. 然而 FORTRAN 语言和 ALGOL 语言并不适合于编写符号计算软件. 20 世纪 60 年代初出现的 LISP 语言为符号计算软件提供了合适的语言环境, 因此早期的符号计算软件都是用 LISP 语言编写的. 其中最著名的符号计算系统是 REDUCE, REDUCE 系统是由 Stanford 大学的 Tony Hearn 开发的、基于 LISP 语言的交互式符号计算系统, 最初的目的是用来进行物理计算. 到了 20 世纪 70 年代初, 由麻省

理工学院的 Joel Moses, Willian Martin 等人开发的 MACSYMA 系统诞生了, 它是
那个时代功能最强大的符号计算系统. 它的功能除了标准的代数计算以外, 还包括
极限的计算、符号积分、解方程等. 事实上, 许多符号计算的标准算法都是由麻省理
工学院的研究小组提出的.

由 G. Collins 和 R. Loos 开发的 SAC/ALDES 系统是另外一种类型的符号计
算系统, 它的前身是 G. Collins 在 IBM 编写的 PM 系统 (它是一个处理多项式的符
号计算系统). SAC 是一个非交互的系统, 它是由 ALDES(ALgebraic DEScription)
语言编写的模块组成, 并且带有一个转换程序, 可以把结果转换成 FORTRAN 语言.
到了 1990 年, H. Hong 用 C 语言重写了 SAC 系统, 形成了新的 SACLIB 系统. 这
个系统提供了完整的 C 语言源代码, 可以自由的从国际互联网上下载.

在 20 世纪 70 年代的第四个通用的符号计算系统是 muMATH. 它是由 Hawaii
大学的 David Stoutemyer 和 Albert Rich 开发的第一个可以在 IBM 的 PC 机上运
行的计算机代数系统. 它所使用的开发语言是 LISP 语言的一个子集称为 muSIMP.

进入 20 世纪 80 年代, 随着个人 PC 机的普及, 计算机代数系统也获得了飞速
的发展. 在这个时代推出的计算机代数系统大部分是用 C 语言编写的, 比较著名的
系统包括 Maple, Mathematica, DERIVE 等. 有关 Maple 的特点我们将在后面介绍,
这里, 我们简单介绍一下 DERIVE 和 Mathematica.

DERIVE 是 muMATH 的后继版本, 它是第一个在 PC 机上运行的符号计算系
统. DERIVE 具有友好的菜单驱动界面和图形接口, 可以很方便地显示二维和三维
图形. 它唯一的缺陷是没有编程功能, 直到 1994 年 DERIVE 的第三版问世时, 才提
供了有限的编程功能. 现在 DERIVE 的大部分功能都被移植到由 HP 公司和 Texas
公司生产的图形计算器上.

Mathematica 是由 Stephen Wolfram 开发的符号计算软件, Mathematica 系统
的计算能力非常强, 它的函数很多, 而且用户自己可以编程. 它的最大优点是, 在
带有图形用户接口的计算机上 Mathematica 支持一个专用的 Notebook 接口. 通过
Notebook 接口, 我们可以向 Mathematica 核心输入命令, 可以显示 Mathematica 的
输出结果, 显示图形、动画、播放声音. 通过 Notebook, 我们可以书写报告、论文,
甚至整本书. 事实上, 有关 Mathematica 的论文, 软件, 杂志大部分都是用 Notebook
写的, 并且在 Internet 网络上广泛传播. Mathematica 的另一个重要特点是它具有
Mathlink 协议, 通过 Mathlink, 我们可以把 Mathematica 的核心与其他高级语言连
接, 我们可以用其他语言调用 Mathematica, 也可以在 Mathematica 中调用其他语
言编写的程序. 到现在为止, 能够与 Mathlink 连接的语言包括 C 语言, Excel, Word
等. 事实上 Notebook 就是通过 Mathlink 与 Mathematica 核心相连接的.

上面我们介绍的软件都是通用的符号计算系统, 其他通用的符号计算系统还有
IBM 公司的 Thomas J. Watson 研究中心开发的 AXIOM, 它的前身称为 SCRATCH-

PAD.

除了上述通用的符号计算系统以外, 还有一些在某个领域专用的符号计算系统. 例如: 用于高能物理计算的 SCHOONSCHIP, 用于广义相对论计算的 SHEEP 和 STENSOR. 在数学领域中用于群论的 Cayley 和 GAP, 用于数论的 PARI, SIMATH 和 KANT. 在代数几何和交换代数领域中常用的系统是 CoCoA 和 Macaulay. 还有专门计算 Lie 群的 Lie 等等.

1.2 计算机代数系统的网络资源

进入 20 世纪 90 年代以来, 随着国际互联网的迅速发展, 符号计算系统的发展变的更加迅速和开放. 从国际互联网上可以获取各种符号计算系统, 以及其他数学软件的相关信息. 有些新的符号计算系统甚至提供源代码. 有些数学软件还有新闻组或讨论组, 通过讨论组, 用户可以彼此交流信息、解答问题. 厂家也可以及时发现软件的问题, 进行修改. 下面我们介绍一些常用数学软件的网络资源, 以及主要研究机构的地址.

Mathematica 的网络资源:

    http://www.wolfram.com
    http://www.mathsource.com
    http://www.matheverywhere.com
    http://smc.vnet.net/MathTensor.html
    ftp://ftp.mathsource.com
    news://comp.soft-sys.math.mathematica
    maillist:mathgroup@wolfram.com

Maple 的网络资源:

    http://www.maplesoft.com
    http://daisy.uwaterloo.ca
    ftp://ftp.maplesoft.com
    maillist:maple-list@daisy.uwaterloo.ca

Matlab 的网络资源:

    http://www.mathworks.com
    ftp://ftp.mathworks.com
    news://comp.soft-sys.matlab

REDUCE 的网络资源:

    http://www.rrz.uni-koeln.de/REDUCE
    http://www.zib.de/Symbolik/reduce

```
ftp://ftp.rand.org/software_and_data/reduce
```
符号计算研究机构及信息中心
```
http://symbolicnet.mcs.kent.edu
http://www.cain.nl/
http://www.risc.uni-linz.ac.at
news://sci.math.symbolic
```
其他符号计算软件的网络地址:
```
Derive        http://www.derive.com
Macaulay2     http://www.math.uiuc.edu/Macaulay2/
Macsyma       http://www.macsyma.com
Magma         http://www.maths.usyd.edu.au:8000/u/magma/
Mathcad       http://www.mathsoft.com
MuPad         http://www.mupad.de
Scilab        http://www-rocq.inria.fr/scilab/
```

1.3 Maple 的基本功能

计算机代数系统与其他计算机语言的本质区别是: 计算机代数系统具有符号计算的能力, 为用户提供交互式的计算环境, 可以进行常规的数学计算, 可以根据给定的数学函数画出函数的二维或三维图形. 下面我们简要描述 Maple 的基本功能.

1.3.1 数值计算

对于普通的数, Maple 总是进行精确的计算, 这种规则对于有理数和无理数是相同的. 因此对于无理数 Maple 按照有关的数学规则进行计算, 只有当用户需要计算浮点数近似值时, Maple 才按照用户要求的精度计算.

```
>   1/5+1/4;
```
$$\frac{9}{20}$$

```
>   5!/21;
```
$$\frac{40}{7}$$

```
>   evalf(%);
```
$$5.714285714$$

```
>   evalf(Pi,40);
```
$$3.141592653589793238462643383279502884197$$

```
>   2.496745643/2;
```
$$1.248372822$$

```
>  abs(3+5*I);
```
$$\sqrt{34}$$

```
>  (3+4*I)/(1+I);
```
$$\frac{7}{2} + \frac{1}{2}\,\mathrm{I}$$

从上面的例子可以看到, 对于复数 Maple 按照复数的规则进行计算.

1.3.2 多项式

符号计算系统的最基本功能是处理符号表达式, 多项式则是最基本的符号表达式. 从下面的例子中可以看到 Maple 可以用各种方式处理多项式、三角表达式、指数与对数等许多数学表达式.

```
>  factor(x^4+2*x^3-12*x^2+40*x-64);
```
$$(x - 2)\,(x^3 + 4\,x^2 - 4\,x + 32)$$

```
>  expand((x+1)^5);
```
$$x^5 + 5\,x^4 + 10\,x^3 + 10\,x^2 + 5\,x + 1$$

```
>  simplify(exp(x*log(y)));
```
$$y^x$$

```
>  simplify(sin(x)^2+cos(x)^2);
```
$$1$$

```
>  expand((x^2-a)^3*(x+b-1));
```
$$x^7 + x^6\,b - x^6 - 3\,x^5\,a - 3\,x^4\,a\,b + 3\,x^4\,a + 3\,x^3\,a^2 + 3\,x^2\,a^2\,b - 3\,x^2\,a^2 - a^3\,x - a^3\,b + a^3$$

```
>  expand(cos(4*x)+4*cos(2*x)+3,trig);
```
$$8\cos(x)^4$$

```
>  combine(4*cos(x)^3,trig);
```
$$\cos(3\,x) + 3\cos(x)$$

1.3.3 解方程

用 Maple 来解简单的方程是毫无问题的, 即使是很复杂的方程, Maple 也可以用数值计算的方法来处理.

```
>  solve(x^2-3*x=2,x);
```
$$\frac{3}{2} + \frac{1}{2}\,\sqrt{17},\ \frac{3}{2} - \frac{1}{2}\,\sqrt{17}$$

```
>  glsys:={2*x+3*y+z=1,x-y-z=4,3*x+7*z=3}:
>  solve(glsys);
```
$$\left\{ z = \frac{-24}{41},\ x = \frac{97}{41},\ y = \frac{-43}{41} \right\}$$

```
> fsolve({x^2+y^2=10,x^y=2},{x,y});
```
$$\{x = 3.102449071, y = .6122170880\}$$

1.3.4 矩阵计算

Maple 还有许多命令可以处理矩阵和向量, 不过需要调用线性代数软件包 linalg.
还有一点特别的是, 作矩阵的乘法需要一个特殊的算子 &*.

```
> with(linalg):
```

```
     Warning, new definition for norm
     Warning, new definition for trace
```

```
> a:=matrix([[2,3],[1,4]]);
```
$$a := \begin{bmatrix} 2 & 3 \\ 1 & 4 \end{bmatrix}$$

```
> inverse(a),det(a);
```
$$\begin{bmatrix} \dfrac{4}{5} & \dfrac{-3}{5} \\ \dfrac{-1}{5} & \dfrac{2}{5} \end{bmatrix}, 5$$

```
> b:=matrix([[w,x],[y,z]]);
```
$$b := \begin{bmatrix} w & x \\ y & z \end{bmatrix}$$

```
> evalm(a+b);
```
$$\begin{bmatrix} 2+w & 3+x \\ 1+y & 4+z \end{bmatrix}$$

```
> evalm(a &* b);
```
$$\begin{bmatrix} 2w+3y & 2x+3z \\ w+4y & x+4z \end{bmatrix}$$

1.3.5 极限, 求和与乘积

对于普通的求极限问题, 可以直接用 Maple 来计算, 它还可以符号的计算级数
的和与积. 当符号计算不成功时, 还可以作数值计算.

```
> limit((sqrt(1+x)-1)/x,x=0);
```

$$\frac{1}{2}$$

```
> limit(x!/x^x,x=infinity);
```

$$0$$

```
> sum(1/2^n, n=1..infinity);
```

$$1$$

```
> evalf(product(1+1/x^2, x=1..infinity));
```

$$3.676077910$$

1.3.6 微分与积分

用 Maple 来求微分是相当容易的, 使用 diff 命令即可以求出数学表达式的微分, 不过求出的结果可能是相当复杂, 因此通常还要用 simplify 命令进行化简. 求数学表达式的定积分和不定积分就相对复杂一些, 需要某些特定的算法. 对于复杂的函数, 求出的结果可能是某些特殊函数. 对于定积分, 还可以用 evalf 求出积分的数值.

```
> simplify(diff((x-1)/(x^2+1),x));
```

$$-\frac{x^2 - 1 - 2\,x}{(x^2 + 1)^2}$$

```
> diff(sin(x*y),x);
```

$$\cos(x\,y)\,y$$

```
> int(1/(1+x+x^2),x);
```

$$\frac{2}{3}\,\sqrt{3}\arctan(\frac{1}{3}\,(2\,x+1)\,\sqrt{3})$$

```
> int(sin(x^2),x=a..b);
```

$$\frac{1}{2}\,\mathrm{FresnelS}\left(\frac{b\sqrt{2}}{\sqrt{\pi}}\right)\sqrt{2}\,\sqrt{\pi} - \frac{1}{2}\,\mathrm{FresnelS}\left(\frac{a\sqrt{2}}{\sqrt{\pi}}\right)\sqrt{2}\,\sqrt{\pi}$$

```
> int(sin(x)/x,x=0..5);
```

$$\mathrm{Si}(5)$$

```
> evalf(%);
```

$$1.549931245$$

1.3.7 微分方程

对于不太复杂的常微分方程, Maple 可以求出它的符号解. 如果你没有给初始条件, 或者给的初始条件或边界条件不全, 在解的公式中会带有积分常量.

```
> deq:=diff(y(x),x)*y(x)*(1+x^2)=x;
```

$$\mathrm{deq} := \left(\frac{\partial}{\partial x}\,y(x)\right)y(x)\,(1 + x^2) = x$$

```
>  dsolve({deq,y(0)=0},{y(x)});
```

$$y(x) = \sqrt{\ln(1+x^2)},\ y(x) = -\sqrt{\ln(1+x^2)}$$

```
>  dsolve((y(x)^2-x)*D(y)(x)+x^2-y(x)=0,{y(x)} );
```

$$\frac{1}{3}x^3 - y(x)\,x + \frac{1}{3}\,y(x)^3 = {}_-\mathrm{C}1$$

1.3.8 级数展开

当数学问题比较复杂时, 求出准确解通常是不可能的, 用 **series** 作级数展开是有帮助的.

```
>  series(sin(x),x=0, 10);
```

$$x - \frac{1}{6}x^3 + \frac{1}{120}x^5 - \frac{1}{5040}x^7 + \frac{1}{362880}x^9 + O(x^{10})$$

例如在下列微分方程中, 就是用级数方式求出的微分方程级数解.

```
>  Order:=10:
>  deq:=diff(y(x),x$2)+diff(y(x),x)+y(x)=x+sin(x);
```

$$\mathrm{deq} := \left(\frac{\partial^2}{\partial x^2}\,y(x)\right) + \left(\frac{\partial}{\partial x}\,y(x)\right) + y(x) = x + \sin(x)$$

```
>  sln1:=dsolve({deq, y(0)=0, D(y)(0)=0},{y(x)},series);
```

$$\mathrm{sln1} := y(x) = \frac{1}{3}x^3 - \frac{1}{12}x^4 - \frac{1}{120}x^5 + \frac{1}{240}x^6 - \frac{1}{5040}x^7 - \frac{1}{20160}x^8 + \frac{1}{181440}x^9 + O(x^{10})$$

1.3.9 Laplace 和 Fourier 变换

Laplace 变换和 Fourier 变换是常用的数学变换. 在 Maple 中有一个积分变换的程序包 **inttrans** 提供了各种积分变换和它们的逆变换.

```
>  with(inttrans):
>  laplace(cos(t-a),t,s);
```

$$\frac{s\cos(a) + \sin(a)}{s^2 + 1}$$

```
>  invlaplace(%,s,t);
```

$$\cos(a)\cos(t) + \sin(a)\sin(t)$$

```
>  combine(%,trig);
```

$$\cos(t - a)$$

```
>  alias(sigma=Heaviside):
>  f:=sigma(t+1)-sigma(t-1):
>  g:=simplify(fourier(f,t,w));
```

$$g := 2\,\frac{\mathrm{I}\,(\pi\,\mathrm{Dirac}(w)\,w - \mathrm{I})\sin(w)}{w}$$

1.3.10 插值与函数拟合

interp 命令可以由 n 个点出发计算 $n-1$ 阶的插值多项式. 在下例中,x 的取值是 1 到 10, y 的值是 1 到 10 之间的 10 个随机数. f 是相应的插值多项式.

```
> datax:=[seq(i,i=1..10)]:
```

```
> datay:=[seq(rand(10)(),i=1..10)]:
```

```
> dataxy:=zip((x,y)->[x,y], datax, datay);
```
$$dataxy := [[1, 1], [2, 0], [3, 7], [4, 3], [5, 6], [6, 8], [7, 5], [8, 8], [9, 1], [10, 9]]$$

```
> f:=interp(datax, datay, x);
```

$$f := \frac{17}{51840}\,x^9 - \frac{517}{40320}\,x^8 + \frac{11699}{60480}\,x^7\,! - \frac{3719}{2880}\,x^6 + \frac{27323}{17280}\,x^5 + \frac{176741}{5760}\,x^4 - \frac{652577}{3240}\,x^3$$
$$+ \frac{1816483}{3360}\,x^2 - \frac{1669153}{2520}\,x + 293$$

使用数值逼近程序包 numapprox 中的 pade 命令可以计算一个给定函数的有理逼近函数, 以及其他类型的逼近函数.

```
> with(numapprox):
```

```
> x0:=solve(x^2=Pi/2)[1];
```
$$x0 := \frac{1}{2}\,\sqrt{2}\,\sqrt{\pi}$$

```
> f:=pade(tan(x^2), x=x0, [3,3]);
```

$$f := (-17280\,\pi^{19/2}\,\sqrt{2} + 10800\,\%1\,\pi^7 + 43200\,\%1^3\,\pi^8 - 7680\,\%1^3\,\pi^{10}$$
$$- 3072\,\%1^2\,\pi^{25/2}\,\sqrt{2} - 32400\,\pi^{15/2}\,\sqrt{2} + 3840\,\pi^{23/2}\,\sqrt{2} + 28800\,\%1\,\pi^9$$
$$+ 3072\,\%1^3\,\pi^{12} + 23040\,\%1^2\,\pi^{21/2}\,\sqrt{2} + 14400\,\%1^2\,\pi^{17/2}\,\sqrt{2} - 11520\,\%1\,\pi^{11})\,\big/$$
$$((-11520\,\pi^{11} + 1024\,\pi^{13} - 14400\,\pi^9 - 10800\,\pi^7)\,\%1^3$$
$$+ (7680\,\pi^{23/2}\,\sqrt{2} - 11520\,\pi^{19/2}\,\sqrt{2} + 21600\,\pi^{15/2}\,\sqrt{2})\,\%1^2$$
$$+ (-7680\,\pi^{12} + 34560\,\pi^{10} + 64800\,\pi^8)\,\%1)$$
$$\%1 := x - \frac{1}{2}\,\sqrt{2}\,\sqrt{\pi}$$

```
> evalf(normal(f));
```

$$6.(-.4532958122\,10^9\,x^2 - .1125313130\,10^9 + .1054184360\,10^9\,x^3 + .5353835473\,10^9\,x)$$
$$\big/((2.\,x - 2.506628274)$$
$$(-.1097168700\,10^9\,x^2 + .8958248690\,10^9\,x - .1356288866\,10^{10}))$$

1.3.11   图形

最常用的画图命令是 plot 和 plot3d. 下面的例子说明了使用在两个命令的方法.

```
>   plot(sin(x)*exp(1)^(-x/7), x=0..4*Pi);
```

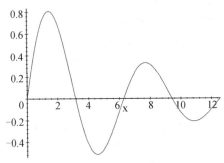

```
>   plot3d(sin(x)*exp(1)^y, x=0..2*Pi, y=0..Pi, axes=boxed);
```

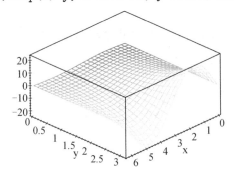

1.3.12   Maple 编程

Maple 不仅可以对数学表达式进行计算, 还可以编程. 他的编程语言和其他的结构化编程语言很相似.

```
>   f:=proc(x::nonnegint)
>      option remember;
>      if x=0 then 0
>      elif x=1 then 1
>      else f(x-1)+f(x-2) end if
>   end proc:
>   f(40);
```

                                        102334155

1.4   Maple 系统的交互使用

Maple 的窗口环境提供了先进的工作区界面, 其扩充的数学功能简明易用, 用户可以在其中展现数学思想, 创建复杂的技术报告, 充分发挥 Maple 的功能.

A Maple 的工具条

B 内容工具条, 它还包含一个输入和编辑文本的区域

C 节的头部及标题

D Maple 的输入, 提示符为 ">", 显示为红色

E Maple 的输出, 既执行 Maple 命令的结果, 通常显示为蓝色

F 一组 Maple 命令及其输出

G Maple 的工作区

H 工作区元素组成的节

I 节的范围: 用一个大的方括号 "[" 表示

J 省缺的 Maple 输入提示符

K 符号模板, 包含了许多常用的数学符号

L 表达式模板

M 矩阵模板

N 向量模板

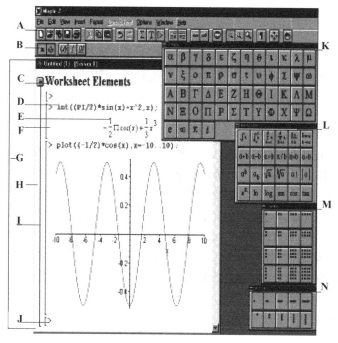

图 1.1 Maple 的窗口环境

1.4.1 Maple 工作区界面

Maple 的图形界面具有现代应用软件界面的常见功能, 它支持鼠标操作, 包括剪切和粘贴等功能, 如果你已经习惯了这些用法, 那就具备了使用 Maple 工作区界

面的基本知识. 现在你可以执行一些标准的操作, 例如: 打开文件、保存和打印文
件等.

对于 Windows 平台, 只要双击 Maple 图标即可启动 Maple. 在 Unix 系统下, 可
在提示符之后键入 xmaple 命令来启动. Maple 启动后将开启一个新的工作区.

在窗口上端是菜单条, 包括 File 和 Edit 等菜单项, 菜单条之下是工具条, 其
中有若干用于经常性操作的快捷按钮, 如文件打开, 保存和打印等. 工具条之下是内
容指示条, 其中有一些控件规定当前执行的任务. 再向下是较大的工作区区域, 也
就是你的工作区. 窗口的最下端是状态条, 其中显示系统信息.

作为 Maple 用户界面的一个组成部分, 工作区是用户交互的求解问题和把工作
写成文档的集成环境. 所谓交互的求解问题, 简单的说就是输入适当的 Maple 命令,
得到结果. 在工作区中可以修改命令, 重新执行并获得新的结果. 除了 Maple 命令
及其结果以外, 还可以在文档中加入许多其他类型信息. 主要包括:

- 可以加入文本, 用户能够逐个字符地控制文本段落.
- 在文本段中, 可以加入数学表达式和 Maple 命令.
- 可以加入超连接, 当用鼠标单击某特定文本区域时, 能跳转到工作区的其他位
  置, 或其他文本中.
- 可以规定文档的结构, 包括超连接, 节与小节的划分.
- 在 Windows 平台上, 用户可以嵌入其他对象, 可借助 OLE 2(对象连接与嵌入
  标准) 嵌入图形和表格.

1.4.2   添加标题

在 Maple 的工作区中不仅可以作数学计算, 还可以编写文档. 首先我们可以给
文档加标题. 具体步骤是: 将光标移到第一行, 在 Insert 菜单的 Execution Group
中选择 Region Before 项, 此时在顶部出现一个新区域. 这个区域包含一个 Maple
输入的提示符, 这意味着此时是输入 Maple 命令的状态. 点击工具条上的 T 按钮
或从 Insert 菜单中选择 Text Input 项, 就把这个区域变成了文本输入状态, 现在
就可以输入文本. 此时在工具条下面又出现了一个新的文本选择工具条, 从中你可
以选择文本的字体格式等. 如果你输入的是文章的标题, 就可以在文本格式的下拉
菜单中选择标题格式. 输入标题后回车, 系统会自动要求你输入作者的名字, 输入
完作者名以后就可以输入正文了.

1.4.3   添加小标题

对文档的进一步加工是把文档分解为节. 具体作法是首先用鼠标选定相关的区
域, 然后点击工具条中的 ⇒ 键, 此时就在选定的区域前面出现了一个小方块, 下
拉一个大括号, 括住了选定的区域. 并且在这个区域的第一条命令之前插入一个文
本区域, 此时你可以输入节的标题, 回车后还可以输入其他说明文本. 如果需要开

始新的一节, 可以在 Insert 菜单中选择 section. 就可以在这一节之后创建新的一节.

1.4.4 行内数学表达式

在一个文档中有时需要插入数学表达式, 例如下面一段文字:

Look at the integral $\int x^2 \sin(x-a)dx$. Notice that its integrand, $x^2 \sin(x-a)$, depends on the parameter a.

在其中插入数学公式的方法是: 首先将光标移到相应的位置, 从 Insert 菜单中选择 Math Input 项, 然后输入对应于 $\int x^2 \sin(x-a)dx$ 的 Maple 代码, 即 Int(x^2*sin(x), x), 注意观察内容指示条中的编码区域, 其中显示输入的代码, 而工作区中则显示使用标准数学符号的积分表达式. 在数学表达式输入完成后, 再将输入状态变成文本输入状态, 就可以继续输入其他文本. 这样就完成了我们的文档, 它既可以保存也可以打印.

1.4.5 添加超连接

在 Maple 系统中, 用户可以同时打开多个工作区, 在不同的工作区之间可以通过建立超连接的方式建立联系. 建立超连接的方法是: 在一个工作区中用鼠标选定一个位置, 在 Insert 菜单中选择 Hyperlink 项. 此时弹出一个对话框, 它要求用户输入联接的文字和另一个工作区的文件名. 填写完成后单击 OK 键就完成了超连接.

1.4.6 建立书签

在工作区中可以插入书签, 以便迅速的查找内容. 单击指向书签的超连接, Maple 将立即转至书签位置. 建立书签的方法是: 首先将光标移动到要插入书签的位置, 从 View 菜单中选择 Edit Bookmark 项. 在弹出的对话框中键入一段文字, 例如 "expr command" 作为书签文本, 单击 OK 按钮插入书签. 当你移动光标到工作区的任何位置时, 从 View 菜单中选择 Bookmark, 再从弹出的菜单中选择 expr command 项, 就可以跳到你插入书签的位置.

此外超连接的方式也可以使用书签. 具体作法是: 首先按照前面的方法建立书签, 将光标移动到建立超连接的位置, 在 Insert 菜单中选择 Hyperlink 项. 在弹出的对话框中输入联接的文字, 然后在 Book Mark 区域添入你已经建立的书签的标记, 例如 " expr command", 单击 OK 键就完成了超连接.

1.4.7 帮助系统

前面我们介绍了 Maple 的计算和排版方面的能力, 然而这只能是简介, 在本书中, 我们不可能详尽的描述 Maple 的所有命令, 因为 Maple 包含了数以千计的命令. 为了了解这些命令的使用方法, 可以使用 Maple 软件带有的一个自足的参考手册, 即 Maple 的帮助系统. 借助帮助系统, 可以按名字或主题查询 Maple 命令及其特点.

此外用户还可以自行选择关键词或术语, 来迅速打开含有这些文字的帮助页面. 在
每个帮助页面中还提供了超连接, 使用户可以阅读相关的页面.

在帮助系统中,Maple 提供了三种方法定位信息: 按目录、按主题和按全文查找.
从 Help 菜单中选择 Contents, 帮助窗口将变为帮助系统的一个简单目录, 用户可
以通过超连接的方式浏览帮助系统. 这就是按目录的查找方法. 通过这种方法我们
可以大致了解 Maple 的基本功能, 但是要从中找到某个特定的主题还是很困难的.
按主题查找的方法是: 从 Help 菜单中选择 Topic Search, 此时帮助窗口将弹出一
个对话框, 在其中添入需要查找的主题, 点击 OK 键, 就可以阅读相应的帮助文档. 如
果已经知道希望阅读的主题词, 也可以直接从工作区访问该页面, 办法是在 Maple
提示符后键入 ?topic, 回车后就可阅读相应的页面.

在大多数 Maple 版本中 (唯一的例外是 Maple V Realese 4 版本), 进入帮助系
统后, Maple 会打开帮助浏览器, 通过帮助浏览器可以方便地找到你需要的帮助.

有的时候, 在解决某个数学问题时不知道应该使用 Maple 的什么命令, 但是
由数学问题本身出发, 有理由推测, 在这些命令的帮助页面应当包含某些特定单词,
此时就要用到全文查找的方法. 例如我要解一个微分方程, 但是不知道应该用什
么命令, 我们可以推测, 在这个命令的帮助中应该包含 solve, differential 和
equation 等单词, 此时可以在 Help 菜单中选择 Full Text Search, 在弹出的对
话框中, 输入要查找的关键词, 例如 solve differential equation 等, 然后单击
Search 按钮, 通知 Maple 开始检索. Maple 将列出匹配的主题, 并附带数值, 表明匹
配的程度, 用户可从列表中选择最感兴趣的主题.

此外从 Help 菜单中选定 Balloon Help 项以后, 当鼠标停留在某个按钮或菜单
上时, Maple 就显示简短的说明. 这也是一个很有用的功能.

1.5   Maple 的组织结构

Maple 是由加拿大 Waterloo 大学的符号计算组开发的计算机代数系统. 它可
以在各种计算机上运行, 从超级计算机, 例如 Cray Y/MP, 到用于桌面的微型计算
机, 例如 IBM PC 兼容机. Maple 既可以在单用户的操作系统, 例如 MS-Windows
上, 由一个用户使用, 也可以在多用户操作系统, 例如 Unix 系统上, 由许多用户同时
使用. Maple 可以适应这么多种不同的计算机体系和操作系统, 主要原因是它的模
块化设计.

Maple 系统由三个主要模块组成. 分别为: 用户界面, 也称为 Iris; 基本代数运
算库, 或称为 kernel (核心); 以及外部库函数.

用户界面与核心构成了系统的一小部分, 它们是用 C 语言编写的, 当 Maple 系
统启动时就被调入. 用户界面负责处理数学表达式的输入、表达式的显示输出、函

数图形的输出等. 对于各种窗口环境, 它还提供了工作区的界面.

Maple 的核心部分解释用户的输入, 进行基本的代数计算, 诸如有理数的计算、多项式的初等计算等. 此外核心部分还负责变量存储的管理, Maple 的一个非常重要的功能是: 在会话区中对每个表达式或子表达式, 内存中仅保留一个拷贝. 这样就节省了许多内存空间, 也提高了运行速度. Maple 核心的最重要的功能是为 Maple 程序语言提供解释, 换句话说, Maple 核心是 Maple 程序语言的解释器. 作为一种解释型语言, Maple 的执行效率会受到一些影响, 但是它也为系统的数学知识的扩充和升级提供了便利的条件. 这也是从事符号计算研究的学者喜欢使用 Maple 的原因.

Maple 的绝大部分数学知识是用 Maple 的程序语言编写的, 它们以函数或过程的形式驻留在外部程序库中. 当用户需要一个库函数时, 在大多数情况下, Maple 都能够调用你需要的库函数, 只有很不常用的函数需要用户手动的调入. Maple 的程序库分为三组, 主库、杂库和程序包, 这三组库及其中的函数均建立在内核之上. 主库包括最常用的 Maple 命令 (不同于内核). 杂库由许多不太常用的数学命令组成, 因为不是预定的读入库, 在用之前必须借助 readlib 命令调入, 命令的用法是: readlib(cmd), 其中 cmd 是要求 Maple 调入的命令. 最后一组库是程序包, Maple 的每一个程序包含有一组彼此关联的计算命令. 例如 linalg 程序包含有矩阵处理的有关命令. 可以用三种不同方式使用程序包中的命令.

1. 使用程序包和所需命令全名: package[cmd](···).
2. 利用 with 命令加载程序包中所有命令: with(package), 然后使用短命令名.
3. 从程序包中加载单个命令: with(package,cmd), 然后使用短命令名.

例如下面的例子使用了在 student 程序包中的 distance 命令计算两点之间的距离.

```
>  with(student);
```

$[D, \textit{Diff}, \textit{Doubleint}, \textit{Int}, \textit{Limit}, \textit{Lineint}, \textit{Product}, \textit{Sum}, \textit{Tripleint}, \textit{changevar}, \textit{combine}, \textit{completesquare}, \textit{distance}, \textit{equate}, \textit{extrema}, \textit{integrand}, \textit{intercept}, \textit{intparts}, \textit{isolate}, \textit{leftbox}, \textit{leftsum}, \textit{makeproc}, \textit{maximize}, \textit{middlebox}, \textit{middlesum}, \textit{midpoint}, \textit{minimize}, \textit{powsubs}, \textit{rightbox}, \textit{rightsum}, \textit{showtangent}, \textit{simpson}, \textit{slope}, \textit{trapezoid}, \textit{value}]$

```
>  distance([1,1],[3,4]);
```
$$\sqrt{13}$$

利用 with(packages) 加载一程序包时, 可以看到程序包中所有命令的短格式名字清单, 此外, 如果重复定义已存在命令名, Maple 将提出警告.

1.5.1   程序包清单

对于不同的 Maple 版本, 其程序包都不完全一样, 通常每个新的 Maple 版本对于程序包都会进行更新. 在这里我们给出的是 Maple 7 的程序包命令的完整清单, 有关细节可参阅帮助页 `?index,package`.

`algcurves` 研究一维代数簇 (代数曲线) 的工具.

`codegen` 将 Maple 过程转化为其他语言 (C 语言和 Fortran 语言) 的工具

`combinat` 组合函数, 包括计算列表置换与组合以及整数划分的命令.

`combstruct` 组合结构的生成和计数命令.

`context` 在 Maple 图形界面中建立和改进与内容相关的菜单.

`CurveFitting` 支持曲线拟合的命令.

`DEtools` 微分方程相图和场图的处理和图像工具.

`diffalg` 处理多项式形式的微分方程组的命令

`difform` 微分几何中微分形式的处理命令.

`Domains` 为数环, 有限域, 多项式环和矩阵环上的多项式和矩阵计算创建支撑整环的命令.

`ExternalCalling` 连接外部函数的命令.

`finance` 金融计算命令.

`GaussInt` 处理 Gauss 整数的命令, Gauss 整数即形如 $a + bI$ 的复数, 其中 a, b 是整数, 包括求 GCD, 因子分解, 素性判定等.

`genfunc` 处理有理广义函数的命令.

`geom3d` 三维 Euclid 几何的命令, 包括点, 线, 面, 三角形, 球和多面体的处理.

`geometry` 二维 Euclid 几何的命令, 包括点, 直线, 三角形和圆的处理.

`Grobner` 计算 Gröbner 基, 处理和求解较大的多项式表达式集合时特别有用.

`group` 置换群和有限表示群计算的命令.

`inttrans` 积分变换及其逆的有关命令.

`liesymm` 偏微分方程紧对称系统表示命令.

`linalg` 包括 100 个以上的命令, 用于处理矩阵和向量运算, 从矩阵加法到符号特征根和特征向量, 几乎无所不包.

`LinearAlgebra` 另一个处理线性代数的程序包, 它特别适用于处理大矩阵.

`LinearFunctionalSystems` 解具有多项式系数的线性泛函方程组的命令.

`ListTools` 管理列表的工具.

`LREtools` 线性递归方程的求解及其图像处理命令.

`MathML` 将 Maple 表达式导入或导出为 MathML 形式的文本.

`Matlab` 连接和使用 Matlab 系统的命令

`networks` 构造, 绘制和分析组合网络的工具, 具有处理有向图及其点和边的任意加权表达式的功能.

`numapprox` 计算在指定区间上函数的多项式逼近.

`numtheory` 经典数论的某些命令, 包括素性判定, 求第 n 个素数, 整数因子分解, 生成循环多项式等, 该程序包还包括处理收敛性的指令.

`Ore_algebra` 处理线性算子代数的命令

`orthopoly` 生成各种类型的正交多项式, 这对微分方程求解非常重要.

`padic` 计算实数的 $p-$ 进逼近的命令.

`plots` 不同类型的专用图像命令, 包括轮廓图, 二维和三维透视图, 图像文本, 以及不同坐标系下的图像.

`PDEtools` 求解或者画出偏微分方程的工具.

`plottools` 生成和管理图形对象的工具.

`PolynomialTools` 处理多项式对象的工具.

`powseries` 创建和管理一般形式的形式幂级数.

`process` 允许用户在 UNIX 系统下书写多进程 Maple 程序.

`RandomTools` 处理随机对象的命令.

`RationalNormalForms` 将有理函数构造为多项式典范形式和有理范式的命令.

`RealDomain` 提供了一个环境, 使得基本数域是实数域而不是复数域.

`simplex` 利用单纯形算法进行线性优化的命令.

`Sockets` Maple 的网络通讯工具.

`Slode` 求线性常微分方程的形式幂级数解的命令.

`SolveTools` 解代数方程组的命令.

`Spread` 在 Maple 中处理电子数据表的命令.

`stats` 简单的统计数据管理, 包括平均值, 标准差, 相关系数, 方差和回归分析等.

`StringTools` 优化串操作的命令

`student` 由浅入深的微积分计算命令, 包括分部积分,Simpson 法则, 极大化函数, 求极值等.

`sumtools` 计算不定的和与确定的和的命令, 包括 Gosper 算法和 Zelberger 算法.

`tensor` 计算张量及张量在广义相对论中的应用的命令.

`Units` 不同计量单位之间的转换命令.

`XMLTools` 将 Maple 表示为 XML 文档的命令.

除了我们上面提到的三组库函数以外, 在某些 Maple 系统的标准发布中还提供共享库. 在早期的 Maple V 的各个版本中, 其标准发布中包含了共享库, 但是在 Maple 6 和 Maple 7 以及以后的标准发布中不再包含共享库, 用户可以从 `http://www.maplesoft.com` 的 Application Center 下载共享库的程序包.

共享库是由 Maple 的用户用 Maple 程序语言编写的一些额外命令和程序包的

汇集. 在 Maple V 中使用共享库的方法是: 首先调用 with(share) 调入共享库, 然后可以使用 ?share,contents 等命令查询一下共享库的内容. 共享库的内容分为下列几个大类, 可以使用相应的查询命令查询.

范畴	查询命令
Algebra	?share,algebra
Analysis	?share,analysis
Calculus	?share,calculus
Combinatorics	?share,combinat
Conversions	?share,convert
Courses	?share,courses
Engineering	?share,engineer
Geometry	?share,geometry
Linear Algebra	?share,linalg
Modular computations	?share,mod
Numerics	?share,numerics
Number Theory	?share,numtheor
Graphics	?share,graphics
Programming	?share,program
Science	?share,science
Statistics	?share,stats
System Tools	?share,system

当你找到了你需要的共享库时, 可以使用 readshare 命令调入. 例如, 我需要使用计算特征列的共享库 charsets, 从上表中可以查到 charsets 是在 Algebra 这个范畴中, 那么调用它的命令就是 readshare(charsets,algebra); 当调入共享库以后, 你可以使用 ?command 来看这个共享库中的各个命令的帮助文本.

像标准库一样, 共享库的命令也存储在 maple.lib 文件中, 但是这个文件在 share 目录中. 此外, share 目录树中包含了大量的辅助文件: 包括程序代码的 ASCII 文件 (*.mpl 文件), 帮助文件 (*.mph 文件), 说明这些函数应用的工作区文件 (*.mws 文件). 以及描述这些程序算法、数学背景的 TeX 文件或 LaTeX 文件等. 通过阅读这些文件, 读者可以对你所使用的命令有更深入的了解.

作为 Maple 系统的重要的组成部分,Maple 还提供了两个应用程序: march 和 mint. march 程序是用来管理 Maple 库的命令. mint 是对用户编写的 Maple 程序进行语法检查的程序. 有关它们的使用细节可以参考相应的帮助文档, 我们将在以后的章节中讨论.

最后, 我们还要说明一点, Maple 是一个开放的系统, 除了核心部分与编译部分的代码以外, 它的绝大部分程序代码都是公开的. 通过阅读 Maple 的程序代码, 你可以更深入的了解 Maple 的工作方式. 要想看到这些代码, 你只需要将 `interface` 变量 verboseroc 设置为 2, 然后对于 Maple 的函数使用 `print` 命令. 例如

```
>   interface(verboseproc=2);
>   print(cos);
```

```
proc(x)
local  n, t;
option 'Copyright(c) 1992 by the University of Waterloo.
        All rights reserved.';
    if nargs <> 1 then ERROR('expecting 1 argument, got '.nargs)
    elif type(x, 'complex(float)') then evalf('cos'(x))
    elif type(x, '*') and member(I, {op(x)}) then cosh( - I * x)
    elif type(x, 'complex(numeric)') then
        if csgn(x) < 0 then cos( - x) else 'cos'(x) fi
    ......
end
```

这里我们仅列出了程序的很少一部分, 关于程序设计的更多细节将在以后的章节中讨论.

1.6 输入与输出

在 Maple 的工作区内用户可以直接作许多工作. 你可以要求作计算, 作图和把结果作成文档. 然而, 在某些时候, 为了与其他软件配合, 你可能需要输入数据或输出结果到文件. 这些数据可能是科学实验的测量值或由其他程序生成的数据. 一旦把这些数据输入 Maple, 你就可以利用 Maple 的作图功能显示结果, 利用 Maple 的运算功能构造和研究其相应的数学模型.

1.6.1 读入文件

在从文件读入信息时, 两个最常用的操作是从文本文件读入数据和读入存储在文本文件中的 Maple 命令.

第一种情况适用于读入由实验生成的数据或其他程序产生的数据, 在文本文件中存储的数据要求是由空格和换行符分割开的数据. 对于这种文本文件使用 Maple 的 `readdata` 命令就可以把它们读入 Maple. 例如下面的文本文件 `data.txt`, 它的格式如下:

```
0 1 0
```

```
1 .540302 .841470
2 -.416146 .909297
3 -.989992 .141120
4 -.653643 -.756802
5 .283662 -.958924
6 .960170 -.279415
```

readdata的用法是: readdate('filename',n). 这里 *filename* 是文件名, n 是列数. 如果 n 是 1, 则 readdata 给出一个数字的列表. 不然, readdata 返回一个列表的列表, 每一个子列表对应文件中的一行. 文件 data.txt 有三列. 读入的方式如下:

>   L:=readdata('data.txt',3);

$$L := [[0, 1., 0], [1., .540302, .841470],$$

$$[2., -.416146, .909297], [3., -.989992, .141120],$$

$$[4., -.653643, -.756802], [5., .283662, -.958924],$$

$$[6., .960170, -.279415]]$$

第二种情形是由文本文件读入命令. 当你编写一个 Maple 程序时, 当然可以直接在 Maple 工作区中工作, 但是当你编写的程序比较复杂时, 最好的工作方式是: 使用你所喜欢的文本编辑器把它写出来并存为文本文件. 然后你可以用 read 命令读入文件, 或者在 File 菜单选择 Import Text 来读入文件. read 命令的具体用法: read 'filename'. 例如下列文件 ks.mpl 是用 Maple 语言写的一个函数的定义.

```
S:= n -> sum( binomial(n,beta)
   * ( (2*beta)!/2^beta-beta!*beta ), beta=1..n);
```

在一般情况下, 当你读入这个文件时, Maple 只显示命令执行的结果, 而不显示命令本身.

>   read 'ks.tst';

$$S := n \to \sum_{\beta=1}^{n} \mathrm{binomial}(n, \beta)\,(\frac{(2\,\beta)!}{2^\beta} - \beta!\,\beta)$$

如果你设置 interface 变量 echo 为 2, Maple 就把文件中的命令在你的工作区中显示出来.

>   interface(echo=2);
>   read 'ks.tst';
>   S:= n -> sum(binomial(n,beta)
>   * ((2*beta)!/2^beta-beta!*beta), beta=1..n);

$$S := n \to \sum_{\beta=1}^{n} \mathrm{binomial}(n, \beta)\,(\frac{(2\,\beta)!}{2^\beta} - \beta!\,\beta)$$

read命令也能读 Maple 的内部格式文件, 这些文件的名字一般为 `filename.m`, 它们通常是在 Maple 中用 save 命令保存产生的, 对于 Maple 内部文件格式,Maple 系统可以有效的检索它们. save 命令的使用方式是: save nameseq, `filename.m`. 这里 *nameseq* 是一系列名字, 你仅能保存命名的对象, 这个对象可以是一个变量, 也可以是一个过程. 例如, 下面是几个表达式.

```
> qbinomial:=(n,k)->product(1-q^i,i=n-k+1..n)/
> product(1-q^i,i=1..k);
```

$$qbinomial := (n,\, k) \to \frac{\displaystyle\prod_{i=n-k+1}^{n} (1-q^i)}{\displaystyle\prod_{i=1}^{k} (1-q^i)}$$

```
> expr:=qbinomial(10,4);
```

$$expr := \frac{(1-q^7)\,(1-q^8)\,(1-q^9)\,(1-q^{10})}{(1-q)\,(1-q^2)\,(1-q^3)\,(1-q^4)}$$

```
> nexpr:=normal(expr);
```

$$nexpr :=$$

$$(q^6+q^5+q^4+q^3+q^2+q+1)\,(q^4+1)\,(q^6+q^3+1)$$

$$(q^8+q^6+q^4+q^2+1)$$

现在你可以把这些表达式存入文件 qbinom.m 中.

```
> save qbinomial,expr,nexpr,`qbinom.m`;
```

restart 命令将这三个表达式从记忆中清除. 于是下面 expr 所求的值为它自己的名字.

```
> restart;
> expr;
```

$$expr$$

用 read 命令恢复你存入 qbinom.m 的表达式.

```
> read `qbinom.m`;
```

现在 expr 又具有了它的值.

```
> expr;
```

$$\frac{(1-q^7)\,(1-q^8)\,(1-q^9)\,(1-q^{10})}{(1-q)\,(1-q^2)\,(1-q^3)\,(1-q^4)}$$

1.6.2   把数据写入文件

在用 Maple 完成某个计算后, 你可能想把结果存入文件. 使得你以后可以再用 Maple 或其他程序处理这个结果.

如果 Maple 的运算结果是数字的长列表或大的阵列, 你可能想把这些数字结构化地写入文件. 命令 `writedata` 用于写入数值列数据, 使得你可以把这些数字输入其他程序. 使用 `writedata` 命令的方式为 `writedate('filename',data)`. 这里, `filename` 是 `writedata` 放数据的文件, 而 `data` 是一个列表、向量、列表的列表或矩阵. 如果 `filename` 是专用名称 `terminal`, 则 `writedata` 把数据写在你的屏幕上. 注意 `writedata` 覆盖已经存在的 `filename`. 如果你想把数据添加到已经存在的文件中, 可以使用 `writedata[APPEND]('filename',data)` 命令.

如果数据是数字的向量或列表, 则 `writedata` 一个数字写一行.

```
>  L:=[3,3.1415,-65,0];
```
$$L := [3, 3.1415, -65, 0]$$

```
>  writedata('terminal',L);
```

```
3
3.1415
-65
0
```

如果数据是数字的矩阵或列表的列表, 则 `writedata` 写数据列并用表格键分隔列.

```
>  A:=[[1,2,3],[-1.45,0,3/2]];
```
$$A := [[1, 2, 3], [-1.45, 0, \frac{3}{2}]]$$

```
>  writedata('terminal', A);
```

```
1    2    3
-1.45    0    1.5
```

`writedata` 期望数据是数值的. 你必须在调入 `writedata` 之前, 把诸如 π 和 e^9 等常数值化成浮点小数.

```
>  L:=[Pi,exp(9)];
```
$$L := [\pi, e^9]$$

```
>  Lf:=evalf(L);
```
$$Lf := [3.141592654, 8103.083928]$$

```
>  writedata('terminal',Lf);
```

```
3.141592
8103.083928
```

有关 `writedata`命令更详细的用法请参见帮助文档.

1.6.3 转换成 LaTeX 格式

TeX 是一个数学排版的程序, LaTeX 是 TeX 的一个宏软件包. `latex` 命令把 Maple 表达式转换为 LaTeX 格式. 因此, 你可以用 Maple 求解问题, 然后把结果转换为 LaTeX 代码, 你可以将它并入 LaTeX 文件中. `latex` 命令的使用方式如下. `latex(expr,'filename')`.

`latex` 命令把对应 Maple 表达式 expr 的 LaTeX 代码写入文件 `filename`. 如果 `filename` 已经存在, `latex` 就覆盖它. 你可以省略 `filename`, 在这种情形 `latex` 将 LaTeX 代码打印在屏幕上然后你可以把它剪切下来粘贴进你的 LaTeX 文件.

此外 Maple 还可以把整个工作区以 LaTeX 的格式输出. 通过在菜单 `File` 中选 `Export as LaTeX`, 就可以把一个 Maple 工作区以 LaTeX 的格式输出.

当你选择 `Export as LaTeX` 时, 一个对话框将询问排版文件的宽度. Maple 使用这个规格调整多行显示的表达式. 如果你的工作区含有图像,Maple 生成与图像对应的 PostScript 文件以及为了包含这些 PostScript 文件于你的 LaTeX 文件中的 LaTeX 代码. 此外在 Maple 6 以后的版本中, 还可以把工作区输出为 html 文件, RTF 文件等.

1.6.4 打印图像

在通常情况下, 我们是在屏幕上观察 Maple 产生的图形, 但有的时候, 我们需要将 Maple 产生的图形保存为文件, 以便其他程序使用. 此时, 你可以用 `plotsetup` 命令把图像以你选择的格式输出到文件中. 命令的具体用法是

`plotsetup(DeviceType, plotoutput='filename',plotoption='options'`
这里 `DeviceType` 是 Maple 使用的图像设备, `filename` 是输出文件的名字, `options` 是一些图像驱动程序所能识别的选择项. 例如下面的例子就以 PostScript 的格式把图像输出到文件 `myplot.ps`.

```
> plotsetup( postscript, plotoutput='myplot.ps' );
```

由 `plot` 命令生成的图像不出现在屏幕上, 而是输出到文件 `myplot.ps`.

如果你想要打印一个以上的图像, 你必须在每一个图像之间改变选择项 `plotoutput`,否则新的图像将覆盖旧的. 在你完成了输出图像之后, 你必须告诉 Maple 把以后的图像重新送到屏幕.

```
> plotsetup( default );
```

参看 `?plot,device` 可了解 Maple 对作图设备的描述.

在 Maple 6 以后的版本中, 提供了更方便的输出图形文件的方法. 具体方法是用鼠标右键单击 Maple 图形, 会弹出一个菜单, 选择其中的 `Export As` 项就可以把

图形存为你需要的各种图形格式.

1.7   Maple 版本的变迁

Maple 的版本变化很快, 通常情况下一到两年就会有一次版本升级. 本书刚开始写作的时候, 流行的 Maple 版本还是 Maple Release 4, 可是到 2004 年 Maple 公司已经开始发布最新的版本 Maple 9.5. 虽然 Maple 的版本变化非常快, 但是其基本用法始终没有大的变化. 主要的变化是 Maple 的程序库进行了更新, Maple 的用户界面做了改进.

在 Maple 版本变迁的过程中, 从 Maple V 到 Maple 6 之间, Maple 的编程语言变化很大. 在 Maple 6 中提供了一种新的编程方法: 模块编程. 模块编程有些类似于 C++ 等面向对象的编程语言. 模块编程方法极大的丰富了 Maple 语言编程的能力, 使 Maple 能解决更复杂的数学问题. Maple 7 与 Maple 6 相比, 我认为最主要的变化是 Maple 7 的网络功能. 在 Maple 7 中提供了一个 Sockets 程序包, 应用这个程序包, 用户的程序可以通过 TCP/IP 协议与其他主机进行通讯, 应用这个程序包, 用户也可以编写自己的客户端程序或服务器程序.

在 Maple 8 的新功能中可以看出: Maple 的主要变化在于其教学功能. 例如它的新微积分程序包可以提示用户一步一步的解决微积分的问题, 此外它的 Maplets 程序包允许用户自己设计用户图形界面. 这些新功能极大的丰富了 Maple 的教学能力.

在 Maple 9.5 的新版本中, Maple 充分发掘了 Maplets 的功能, 提供了丰富的交互界面, 使得用户可以更好的使用 Maple.

第二章　数值计算

2.1　整数和有理数

Maple 的最基本计算是数值计算, 与其他计算器不同的是, Maple 自己能区分整数、有理数计算和无理数、浮点数的区别. 进入 Maple 以后, 在工作区中按照自然语法输入表达式, 以分号结束, 即可进行计算.

```
>   1023+43251;
```

$$44274$$

```
>   21-4/3;
```

$$\frac{59}{3}$$

```
>   32*(2-1/2)*(3+1/3)/21;
```

$$\frac{160}{21}$$

在输入表达式的过程中需要注意的是: 每个表达式都要以分号结束, 按回车键以后 Maple 就开始计算. 如果你忘记了分号, 回车以后 Maple 会给出错误提示, 它认为你的表达还没有输入完全, 只有当你输入了分号 ';' 以后, Maple 才开始计算.

```
>   (12+34-4)*12
```

```
Warning, incomplete statement or missing semicolon
```

还有一点需要注意的是: Maple 用 ∗ 代表乘法, 在表达式中如果忘记输入乘法符号, 会得到奇怪的结果, 例如:

```
>   (1+2)(3+4);
```

$$3$$

此时计算的结果是第一个括号内的表达式. 在两个括号之间加上 ∗ 以后才能得到正确的结果.

```
>   (1+2)*(3+4);
```

$$21$$

Maple 能计算几乎任意大的整数, 实际上整数计算的极限差不多达到 500 000 位十进制数, 准确的数字是 $2^{19} - 9 = 524\,279$ 位十进制数. 这主要取决于 Maple 表示整数的方式. 在系统内部, Maple 用联贯的字来表示整数, 它们构成的线性列表称为动态数据向量. 其结构如下:

intpos	integer i_0	integer i_1	$\cdots$	integer i_n

这个向量的第一个字记录了这个数据结构的所有信息: 它指明这个向量表示一个整数, 向量的长度是 $n+2$ 等. 后面的 $n+1$ 个字包含了一组非负整数 $i_0, i_1, \cdots, i_n$. 设 B 是基, 则上述的向量表示整数

$$i_0 + i_1 B + i_2 B^2 + i_3 B^3 + \cdots + i_n B^n$$

Maple 选择基 B 的原则是: B 是 10 的幂, 并且 B^2 可以用一个计算机的字表示, 对于 32 位的计算机, $B = 10^4$. 由于向量的长度可以动态地选择, 因此 Maple 可以表示很大的整数, 唯一的限制是这些字的个数必须在第一个字中指定. Maple 用 17 个位来表示向量的长度, 因此整个向量的长度最大是 $2^{17} - 1$, 它可以表达的最大整数的位数为 $4((2^{17} - 1) - 1) - 1 = 2^{19} - 9$. Maple 在计算时自己可以确定整数是否超出了范围, 如果超出, 它给出错误信息. 例如

```
>  123456789^987654321;
```

```
Error, object too large
```

除了一般的整数计算以外, Maple 还有许多函数可以处理整数的问题. 例如求整数的位数, 分解因数等.

```
>  123456789^987654321;
```

```
Error, object too large
```

```
>  number:=10^31-10^16-1;
```
$$number := 9999999999999989999999999999999$$

```
>  isprime(number);
```
$$false$$

```
>  settime:=time():
>  ifactor(number);
```
$$(27615280443656567)\,(3246769)\,(111531913)$$

```
>  cpu_time:=(time()-settime)*seconds;
```
$$cpu\_time := 7.012\ seconds$$

```
>  nextprime(number);
```
$$9999999999999990000000000000049$$

```
>  isqrt(number);
```
$$3162277660168378$$

当整数特别大时, 分解因数将耗费很多时间. 使用 Maple 提供的 `time` 过程可以大致的求出所用的时间. 具体作法见上例. 在下表中我们给出了 Maple 提供的与整数计算有关的命令.

与整数计算有关的命令

abs	sign	max	min	factorial
irem	iquo	modp	mods	mod
isqrt	iroot	isprime	ifactor	ifactors
igcd	ilcm	igcdex	iratrecon	rand

在整数的计算过程中, 整数的带余除法, 求两个整数的最大公因数和最小公倍数起了关键的作用.

```
>   a:=1234:  b:=56:
>   q:=iquo(a,b);
```
$$q := 22$$

```
>   r:=irem(a,b);
```
$$r := 2$$

```
>   a=q*b+r;
```
$$1234 = 1234$$

```
>   igcd(a,b);
```
$$2$$

```
>   igcdex(a,b,'s','t');
```
$$2$$

```
>   s;
```
$$1$$

```
>   t;
```
$$-22$$

```
>   a*s+b*t;
```
$$2$$

使用 `igcdex` 过程, Maple 可以计算整数的扩充最大公因数; 也就是对任意两个整数 a,b, 求出两个整数 s,t 满足 $as + bt = \gcd(a,b)$. 在使用 `igcdex` 命令时, 我们给 s,t 加了单引号, 它的含义是抑制对变量求值, 我们将在下一章中详细解释这个概念, 在这里的作用是记录 `igcdex` 的另外两个返回值.

在整数分解和整数的素性检验过程中, 模算术起了非常重要的作用. Maple 提供了三种形式的模函数 `mod`, `modp`, `mods`. 模函数 `mod` 有下列两种调用方式

```
>   11 mod 7;
```

$$4$$

```
>  'mod'(11,7);
```

$$4$$

第一种方式是把 mod 作为中置算子来使用, 这符合我们通常的使用习惯. 第二种方式是把 mod 作为函数来调用, 此时必须用左单引号将 mod 括起来. 有关单引号的具体用法和含义将在下一章介绍. 模运算的结果取决于环境变量 'mod' 的值, 省确情况下 'mod' 的值为 modp.

```
>  modp(11,7);
```

$$4$$

此时得到的结果与直接调用 modp 的结果是一样的. 如果是模 n 的算术, 那么它返回的结果是 $[0, |n| - 1]$ 区间中的正整数. 如果你把 'mod' 的值设置为 mods, 或者直接调用 mods, 那么得到的结果在下列关于 0 对称的序列中

$$-\left\lfloor \frac{|n|-1}{2} \right\rfloor, \cdots, -1, 0, 1, \cdots, \left\lfloor \frac{|n|}{2} - 1 \right\rfloor, \left\lfloor \frac{|n|}{2} \right\rfloor$$

例如:

```
>  'mod':=mods:
>  'mod'(11,7);
```

$$-3$$

在与整数计算有关的 Maple 命令中, 有一个比较特殊的命令 iratrecon, 它的作用是从一个有理数模 m 的像 u 重新构造出原有理数. 具体用法是

```
iratrecon(u,m,N,D,'n','d')
```

其中 N, D 是有理数分子和分母的上界. 如果 iratrecon 返回的值为真, 则它返回的 n, d 将满足:

$$n/d \equiv u \pmod{m}$$

这里 $|n| \leqslant N, |d| \leqslant D$. 使用方法如下:

```
>  readlib(iratrecon):  m := 11;
```

$$m := 11$$

```
>  u := 1/2 mod m;
```

$$u := 6$$

```
>  iratrecon(u,m,2,2,'n','d');
```

$$true$$

```
>  n/d;
```

$$\frac{1}{2}$$

对于这种不很常用的函数, Maple 启动时并不把它调入系统中, 你需要用 `readlib` 命令手动的调入. `readlib(iratrecon)` 就是完成这项工作的命令.

2.2 无理数和浮点数

在上一节中, 我们看到对于有理数, Maple 可以自动化简. 一般情况下, Maple 并不这样做. 它总是按照你的命令来工作. 例如:

> `25^(1/6);`

$$25^{1/6}$$

> `simplify(%);`

$$5^{1/3}$$

> `evalf(%%);`

$$1.709975947$$

> `convert(%%%,'float');`

$$1.709975947$$

在这个例子中, 我们看到对于第一个输入 `25^(1/6)`, Maple 并不作化简的工作 (主要的原因是, 直接化简有可能犯错误), 你必须用 `simplify` 命令强迫它化简. 但是由于 25 是整数, 因此 Maple 也不会自动计算 `25^(1/6)` 的值, 你需要用 `evalf` 命令来求出它的浮点值. `convert` 命令是一个用途广泛的函数, 它主要用来在 Maple 的不同数据结构之间进行转换, 在上面的例子中, 我们用 `convert` 把一个整数表达式转换为浮点数.

在上面的计算过程中, 出现了 `%`, 它的含义是上一次计算的结果. 在不同的 Maple 版本中, 代表上一次运算结果的符号是不同的. 在 Maple V Release 4 以前的版本中是用 `"` 来代表上一次的运算结果, 而在 Maple V Release 5 以后的版本中, 都是用 `%` 来表示上一次计算的结果.

如果你输入的数据包含一个小数点, 那么 Maple 的解释器就认为这个数是浮点数, 上述的计算就可以直接进行. 在这种情况下, Maple 会自动的进行整数类型到浮点数类型的转换. 例如:

> `25.0^(1/6);`

$$1.709975947$$

> `%^6;`

$$25.00000003$$

> `100045*0.15;`

$$15006.75$$

浮点算术的位数由 Maple 变量 Digits 控制, 省缺情况下, Digits 的值是 10.
从前面的计算可以看出浮点数在小数点后的位数不超过 10. 改变 Digits 的值, 就
可以得到不同精度的浮点值.Maple 在进行浮点数计算时经常使用的函数是 evalf,
它的作用是计算一个表达式的浮点值. 例如:
```
>  evalf(sqrt(2));
```
$$1.414213562$$

```
>  Digits;
```
$$10$$

```
>  Digits:=20:  evalf(sqrt(2));
```
$$1.4142135623730950488$$

```
>  evalf(Pi,150);
```

3.14159265358979323846264338327950288419716939937510582097494459231\
07816406286208998628034825342117067982148086513282306647093844609\
55058223172535940813

evalf 过程用第二个参数来指定浮点数的精度, 如果没有第二个参数, 浮点数
的位数由 Digits 决定.

Maple 知道许多数学常数, 例如圆周率 π 等. 它们存储在序列 constants 中. 当
然, 你也可以定义自己的符号常数, 定义的方法就是附加在 constants 之后. 例如
```
>  constants;
```
$$false,\ \gamma,\ \infty,\ true,\ Catalan,\ FAIL,\ \pi$$

```
>  constants:=constants,A,B,C;
```
$$\text{constants} := false,\ \gamma,\ \infty,\ true,\ Catalan,\ FAIL,\ \pi,\ A,\ B,\ C$$

在上面的常量中, $false, true, FAIL$ 是 Boolean 常量, 常量 γ 是 Euler 常数, 定
义是:
$$\gamma = \lim_{n\to\infty}\left(\sum_{k=1}^{n}\frac{1}{k} - \ln n\right)$$
Catalan 数的定义是: $\sum_{n=0}^{\infty}\frac{(-1)^n}{(2n+1)^2}$.

除了基本的数学常量以外, Maple 也提供了大量的常用数学函数, 例如: 指数函
数、对数函数、三角函数、反三角函数、双曲函数、反双曲函数等. 使用 ?inifcns
命令可以得到一个完整的数学函数列表. 对于常见的数学函数, 我们不再进行说明,
对于部分特殊的数学函数, 我们给出它们的定义及说明:

binomial(n,m)   如果 $0 \leqslant m \leqslant n$, 则二项式系数 $\left(m = \frac{n!}{m!(n-m)!}\right)$ 更一般的
                       定义由 Γ 函数给出: $\text{binomial(n,m)} = \frac{\Gamma(n+1)}{\Gamma(m+1)\Gamma(n-m+1)}$

`GAMMA(z)`	Γ 函数, 定义为: $\Gamma(z)=\int_0^\infty e^{-t}t^{z-1}dt$.
`GAMMA(z,a)`	不完备的 Γ 函数, 定义为: $\Gamma(z,a)=\int_0^\infty e^{-t}t^{a-1}dt$.
`Psi(z)`	二次 Γ 函数, 定义为: $\Psi(x)=\dfrac{\frac{d}{dx}\Gamma(x)}{\Gamma(x)}$.
`Psi(n,z)`	n 次 Γ 函数 (也就是二次 Γ 函数的 n 次导数), 定义为: $\Psi(n,x)=\dfrac{d^n}{dx^n}\Psi(x)$.
`Beta(x,y)`	β 函数, 定义为: $\beta(x,y)=\dfrac{\Gamma(x)\Gamma(y)}{\Gamma(x+y)}$
`Zeta(x)`	黎曼 ζ 函数和它的 n 次导数, 定义为: $\zeta(x)=$
`Zeta(n,x)`	$\sum_{i=1}^\infty 1/i^x, \zeta(n,x)=\dfrac{d^n\zeta(x)}{dx^n}$.
`BesselJ(n,z)`	`BesselJ` 是第一类贝塞尔函数; `BesselI` 是改进的第一
`BesselI(n,z)`	类贝塞尔函数; `BesselY` 是第二类贝塞尔函数 (Weber
`BesselY(n,z)`	函数); `BesselK` 是改进的第二类贝塞尔函数 (Macdon-
`BesselK(n,z)`	ald 函数).
`LegendreF(x,k)`	`LegendreF` 和 `LegendreE` 分别表示第一和第二类椭圆
`LegendreE(x,k)`	积分; `LegendreKc` 和 `LegendreEc` 分别表示完备的第一
`LegendreKc(k)`	和第二类椭圆积分.
`LegendreEc(k)`	
`Si(z),Ci(z)`	`Si(z)` 是正弦积分: $\int_0^z \frac{\sin(t)}{t}dt$; `Ci(z)` 是余弦积分: $\gamma+$
`Ei(z),Li(z)`	$\ln(Iz)-\frac{I\pi}{2}+\int_0^z\frac{\cos(t)-1}{t}dt$; `Ei(z)` 是指数积分 $\int_{-\infty}^z\frac{e^t}{t}dt$; `Li(z)` 是对数积分 $Ei(\ln(z))$.
`FresnelS(z)`	Fresnel 的正弦积分函数和余弦积分函数, 分别定义为:
`FresnelC(z)`	$\int_0^z \sin\left(\frac{\pi t^2}{2}\right)dt$ 和 $\int_0^z \cos\left(\frac{\pi t^2}{2}\right)dt$.
`with(orthopoly)`	关于变量 x 的 n 阶拉格朗日多项式.
`P(n,x)`	
`erf(x)`	误差函数, 定义为: $\mathrm{erf}(x)=\frac{2}{\sqrt{\pi}}\int_0^x e^{-t^2}dt$.

所有这些特殊函数可以直接使用, 或者从 `orthopoly`, `numtheory`, `combinat`, `stats` 等程序包中调用. 对于某些函数, Maple 知道它们在某些特殊点的准确值, 例如对于三角函数, Maple 能求出在 $\frac{\pi}{2},\frac{\pi}{4},\frac{\pi}{8},\frac{\pi}{10}$ 等点的准确值. 对于黎曼 ζ 函数, Maple 可以直接求出在小于 50 的偶数点的值. 当偶数大于等于 50 时, Maple 不直接给出值, 你需要用 `expand` 展开. 对于奇数点, 则需要使用 `evalf` 来求出它的值.

```
>  sin(Pi/10),cos(Pi/10);
```
$$\frac{1}{4}\sqrt{5}-\frac{1}{4}, \frac{1}{4}\sqrt{2}\sqrt{5+\sqrt{5}}$$

```
>  Zeta(10);
```
$$\frac{1}{93555}\pi^{10}$$

```
> Zeta(50);
```
$$\zeta(50)$$

```
> expand(%);
```
$$\frac{39604576419286371856998202}{285258771457546764463363635252374414183254365234375}\pi^{50}$$

```
> Zeta(3);
```
$$\zeta(3)$$

```
> evalf(%);
```
$$1.202056903$$

下面的例子更准确的说明了符号计算与浮点计算的差别.
```
> sin(4)-2*sin(2)*cos(2);
```
$$\sin(4) - 2\sin(2)\cos(2)$$

```
> combine(%,'trig');
```
$$0$$

```
> evalf(%%);
```
$$-.1\,10^{-9}$$

```
> (1+sqrt(2))^2-2*(1+sqrt(2))-1;
```
$$(\sqrt{2}+1)^2 - 3 - 2\sqrt{2}$$

```
> simplify(%);
```
$$0$$

```
> evalf(%%);
```
$$-.1\,10^{-8}$$

2.3 代　数　数

在前面我们已经看到了根式计算的例子, 例如整数的平方根和三次方根. 在计算根式的过程中, Maple 一般不直接进行计算, 而是等待用户发出化简或展开的命令. 这是为了保证计算的准确性. 例如:
```
> (1/2+1/2*sqrt(5))^2;
```
$$(\frac{1}{2}+\frac{1}{2}\sqrt{5})^2$$

```
> expand(%);
```
$$\frac{3}{2}+\frac{1}{2}\sqrt{5}$$

```
> (-8)^(1/3);
```
$$(-8)^{1/3}$$

```
> simplify(%);
```
$$1 + I\sqrt{3}$$

```
> %^3;
```
$$(1 + I\sqrt{3})^3$$

```
> expand(%);
```
$$-8$$

在上面的计算中, 当我们求 $(-8)^{\frac{1}{3}}$ 时, 并没有得到我们所期待的结果, 这与 Maple 处理有理根式的方式有关.

对于有理根式, 也称为代数数, 一般可以看成是一个有理数域上的不可约多项式的根. 例如 $\sqrt{2}$ 是多项式 $x^2 - 2$ 的根, $\sqrt{2} + \sqrt{3} + \sqrt{5}$ 是多项式 $x^8 - 40x^6 + 353x^4 - 960x^2 + 576$ 的根, 而 $\sqrt[3]{-8}$ 则是 $x^3 + 8$ 的根. 有些不可约多项式的根不能写成根式的形式, 例如 $x^5 + x + 1$ 的根 α, 但是 Maple 同样可以对 α 进行有关的计算.

当然对代数数进行计算是比较费时的, Maple 对代数数的计算有内建的方法. 每个代数数都可用 RootOf 过程表示, 例如 $\sqrt{2}$ 作为代数数就表示为

```
> alpha:=RootOf(z^2-2,z);
```
$$\alpha := \text{RootOf}(\_Z^2 - 2)$$

```
> alpha^2;
```
$$\text{RootOf}(\_Z^2 - 2)^2$$

```
> simplify(%);
```
$$2$$

```
> simplify(1/(1+alpha));
```
$$\text{RootOf}(\_Z^2 - 2) - 1$$

这里 Maple 用以下划线开始的内部变量名 $\_Z$ 来表示. 而 simplify 命令则用 $\alpha^2 = 2$ 这一公式来化简一切包含 α 的表达式.

为了使计算看起来更清楚, 我们可以使用 alias.

```
> alias(beta=RootOf(z^2-2,z)):
> 1/(beta+1)+1/(beta-1);
```
$$\frac{1}{1+\beta} + \frac{1}{\beta - 1}$$

```
> simplify(%);
```
$$2\beta$$

你也可以用 convert 命令把根式形式与 RootOf 的形式互相转变.

```
> convert((-8)^(1/3),'RootOf');
```
$$\text{RootOf}(\_Z^3 + 8)$$

```
> convert(%,'radical');
```
$$(-8)^{1/3}$$

实际上 α, β 可以是 $x^2 - 2$ 的任何一个根, 使用 allvalues 命令可以显示它的所有根.

```
> allvalues(alpha);
```
$$\sqrt{2}, -\sqrt{2}$$

2.4   复   数

与代数数不同, 复数是一个基本的数据类型. 复数 $i\,(\sqrt{-1})$ 在 Maple 中表示为 I. 关于复数的算术计算是自动进行的. 例如:

```
> complex_num:=(2+3*I)+(4-5*I)*(1-I);
```
$$\text{complex\_num} := 1 - 6\,\mathrm{I}$$

```
> Re(%);
```
$$1$$

```
> Im(%%);
```
$$-6$$

```
> conjugate(%%%);
```
$$1 + 6\,\mathrm{I}$$

```
> argument(complex_num);
```
$$-\arctan(6)$$

```
> 1/complex_num;
```
$$\frac{1}{37} + \frac{6}{37}\,\mathrm{I}$$

在 Maple 中许多数学函数都可以识别复数, 并按照复数的规则进行计算.

```
> cos(I),ln(I),arccoth(0);
```
$$\cosh(1), \frac{1}{2}\,\mathrm{I}\,\pi, \frac{1}{2}\,\mathrm{I}\,\pi$$

```
> GAMMA(1+2*I);
```
$$\Gamma(1 + 2\,\mathrm{I})$$

```
> evalf(%);
```
$$.1519040027 + .01980488016\,\mathrm{I}$$

```
>   plot3d(abs(GAMMA(x+y*I)),x=-Pi..Pi,y=-Pi..Pi, view=0..5,
>   grid=[30,30],
>   orientation=[-120,45], axes=framed, style=patchcontour);
```

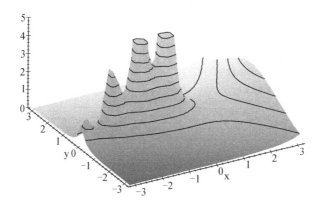

在上述 plot3d 命令中, 我们指定了许多的选项以生成上述图形, 实际上, 这些选项都可以通过窗口环境的设置来完成.

如果要对复数进行符号计算, 我们经常要使用 evalc 命令. evalc 命令假设在表达式中的变量都是实数并将复数用标准的 $a+bi$ 的形式表示.

```
>   1/(3+a-b*I);
```

$$\frac{1}{3+a-Ib}$$

```
>   evalc(%);
```

$$\frac{3+a}{(3+a)^2+b^2}+\frac{Ib}{(3+a)^2+b^2}$$

```
>   abs(%%);
```

$$\frac{1}{|3+a-Ib|}$$

```
>   evalc(%);
```

$$\frac{1}{\sqrt{9+6a+a^2+b^2}}$$

```
>   sqrt(a+b*I);
```

$$\sqrt{a+Ib}$$

```
>   evalc(%);
```

$$\frac{1}{2}\sqrt{2\sqrt{a^2+b^2}+2a}+\frac{1}{2}I\operatorname{csgn}(b-Ia)\sqrt{2\sqrt{a^2+b^2}-2a}$$

这里复符号函数 csgn 定义如下:

$$\mathrm{csgn}(z) = \begin{cases} 1, & \text{如果}\Im(z) > 0\text{或}(\Im(z) = 0, \Re(z) > 0); \\ 1, & \text{如果}z = 0; \\ -1, & \text{其他情况}. \end{cases}$$

当我们对 a, b 加一些假设以后, evalc 就可以直接工作了.

```
>   assume(a>0):assume(b>0):
>   evalc(sqrt(a+b*I));
```

$$\frac{1}{2}\sqrt{2\sqrt{a^{\sim 2}+b^{\sim 2}}+2\,a^{\sim}} + \frac{1}{2}\,I\sqrt{2\sqrt{a^{\sim 2}+b^{\sim 2}}-2\,a^{\sim}}$$

第三章 变量管理

在 Maple 中, 一个变量名可以有值, 也可以没有值. 例如:

>   3*x^2+a+b;

$$3\,x^2 + a + b$$

其中变量 x, a, b 就没有任何值.

另一方面, Maple 的任一变量名都可以指给另一个 Maple 对象, 如,

>   a:=100;

$$a := 100$$

我们说: "数 100 已经**赋值**给名称 a". 从此以后, Maple 每当遇到 a 时都把它作为 100 看待. 我们说: "变量名 a 就指的是数 100". 例如

>   a^2*t-2*a-1;

$$10000\,t - 201$$

现在我们可以说 Maple 已经求出了 a^2*t-2*a-1 的值, 术语**求值**(evaluation) 在计算机语言中有不同的含意. 严格讲, Maple 里的求值是求变量的值 (即通过对名称所指向的内存的搜寻过程), 并不包含任何计算的意义. 在 Maple 的术语里, 计算 (calculation) 叫做**化简**(simplification). 一般地, 化简必须由用户提出要求, 但某些基本的化简是可以自动执行的, 例如像计算 100 的平方, 合并 −200 与 −1 等. 实际上 Maple 在上例中是通过以下几步计算求出结果的:

- 将 a 的值计为 100
- **自动化简**(autosimplification) 所得的表达式
- 根据 Maple 内存的内部序对结果表达式的子式进行分类

在这一章中, 我们将讨论变量的赋值、管理和求值等问题. 此外我们还要介绍 Maple 中可以使用的各种基本数据类型.

3.1 变量的赋值

在前面的计算中, 我们经常使用双引号来代表前一次的计算结果, 然而每次都这样作或重新输入 Maple 表达式毕竟不太方便, 因此 Maple 允许为表达式命名, 其语法如下:

```
name:= expression;
```

含义是将表达式 expression赋值给变量 name. 以后就可以用变量名 name来代替表达式 expression进行各种运算. 我们把这种赋值也称为给表达式命名. 任何 Maple 表达式均可以被命名. 例如:

```
>  var:=x;
```
$$var := x$$

```
>  term:=x*y;
```
$$term := x\,y$$

方程也可以命名,

```
>  eqs:=x=y+z;
```
$$eqs := x = y + z$$

Maple 的名字可以由任何字母, 数字和下划线构成, 但不能以数字开头, 应避免以下划线开头,Maple 中以下划线开头的名字用于内部变量. 合法的 Maple 名字如 polynomial, test_data, RoOt_10cUs, pLoT和 value2, 不合法的 Maple 名字如 2ndphase (以数字开头), x&y (因 &不是字母, 数字).

然而, 并非所有名字均可用于自定义变量, Maple 有一些预定义的名字和保留字, 试图给这些预定义名字或保留字赋值, 将会受到警告.

```
>  Pi:=3.14;
```

```
Error, attempting to assign to `Pi` which is protected
```

```
>  set:={1,2,3};
```

```
Error, attempting to assign to `set` which is protected
```

有时用户希望对自己定义的变量名进行保护, 这时可以使用 protect命令. 对变量进行保护以后, 就不能再给这个变量赋值, 如果赋值就会出现保护错误. 如果你一定要改变被保护的变量的值, 可以使用 unprotect命令取消对变量的保护. 例如:

```
>  abc:=12345;
```
$$abc := 12345$$

```
>  protect('abc');
>  abc:=32434;
```

```
Error, attempting to assign to `abc` which is protected
```

```
>  unprotect('abc');
>  abc:=134452;
```
$$abc := 134452$$

可以利用 Maple 的箭头记号 (->) 定义自己的函数, 使 Maple 知道当这些函数出现在表达式中时, 如何求它们的值, 下面的例子利用 plot 命令为自定义函数画图.

> f:=x->2*x^2-3*x+4;

$$f := x \rightarrow 2\,x^2 - 3\,x + 4$$

> plot(f(x),x=-5..5);

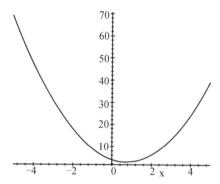

赋值操作 (:=) 将函数名与函数定义相关联, 函数名出现在 :=的左侧, 而函数定义 (利用箭头记号) 出现在右侧, 下列语句将 f 定义为平方函数,

> f:=x->x^2;

$$f := x \rightarrow x^2$$

于是, 给 f 的参数指派一个值将得到该值的平方,

> f(5);

$$25$$

> f(y+1);

$$(y+1)^2$$

3.1.1 变量的内部管理

对于所有的变量,Maple 提供了用于内部管理的命令. 你可以用 assigned命令来检查一个变量是否已被赋值. 例如:

> x:=4;

$$x := 4$$

> assigned(x);

$$true$$

> assigned(a);

$$false$$

当一个变量已经被赋值后, assigned命令的结果是ture. 此外也可以用unassign命令取消对某个变量的赋值, 例如在下例中, 我们先给变量a,b,c赋值, 然后用unassign命令取消对它们的赋值, 当我们再次求它们的值时, 得到的结果是它们的名字.(一般情况下当一个变量没有被赋值时, 对它求值得到的结果就是变量名).

```
> a:=1:b:=2:c:=3:
> unassign('a,b,c');
> a,b,c;
```
$$a, b, c$$

前面我们提到, 变量可以存储任意的数据类型, 那么我们如何知道一个变量所存储的数据类型呢? 最简单的方法是用 whattype命令来了解变量的类型.

```
> w:=1:x:=a^2+b^2:y:={a+b=5,a-b=1}:
> z:=array([[1,2],[3,4]]):
> whattype(w);
```
$$integer$$

```
> whattype(x);
```
$$+$$

```
> whattype(y);
```
$$set$$

```
> whattype(z);
```
$$string$$

不过 whattype命令只能知道基本的数据类型, 对于它所不了解的数据类型, 它就简单的返回一个 string类型, 此时你可以用 type命令来检查变量是否是某种数据类型. 当然这需要用户对 Maple 所支持的数据类型有所了解.

```
> type(y,set);
```
$$true$$

```
> type(z,array),type(z,matrix);
```
$$true, true$$

在 Maple 系统中, 对变量的使用比较自由, 不像其他程序语言需要对使用的变量进行说明, 因此, 在计算过程中经常会出现误用已经赋值的变量的情况. 例如:

```
> a:=1/2;
```
$$a := \frac{1}{2}$$

```
> solve({a*x^2+b*x+c=0},{x});
```
$$\{x = -b + \sqrt{b^2 - 2\,c}\}, \{x = -b - \sqrt{b^2 - 2\,c}\}$$

在这个例子中, 第二个命令原意是要求出一元二次方程 $ax^2 + bx + c = 0$ 的符号解, 但是由于我们前面给 a 赋了值 $\frac{1}{2}$, 因此第二个命令就变成了求 $\frac{1}{2}x^2 + bx + c = 0$ 的根. 因此在做某些计算之前, 我们有必要了解一下那些变量已经被赋了值, 那些变量虽然被使用, 但是并没有赋值. 为此 Maple 提供了两个函数, 分别为 anames 和 unames. 当我们在系统中无参数的调用这两个函数时, 它们会返回当前状态下已经赋值的变量和使用过但是没有被赋值的变量.

3.2　数据类型与结构

Maple 系统提供多种数据类型和结构, 最基本的数据类型有我们前面见过的整数类型 (integer), 浮点数类型 (floating-point number) 和字符串 (string). 复杂的数据类型结构则由基本的数据类型所组成, 主要包括: 表达式序列, 列表, 向量, 表, 和阵列.

3.2.1　表达式序列

Maple 的基本数据结构是表达式序列, 表达式序列是一组用逗号分隔的表达式.
> 1,2,3,4;

$$1, 2, 3, 4$$

> x,y,z,w;

$$x, y, z, w$$

表达式序列既不是列表也不是集合. 在 Maple 中, 这些类型代表不同的数据结构, 各有其不同的性质, 例如表达式序列保持其中的表达式顺序, 允许一个表达式重复出现, 即表达式顺序与键入顺序一致, 允许重复键入相同的表达式. 利用连接操作构造更复杂的对象时, 常常用到表达式序列.

表达式序列扩展了许多 Maple 基本操作的功能, 例如串连接是构造名字的基本操作, 在 Maple V 中, 连接操作符是 ".". 在 Maple 6 以后的版本中连接操作符改为 "||". 连接操作符的用法如下:
> a||b;

$$ab$$

如果连接操作用于表达式序列, 则连接作用于序列的每一元素, 例如, 若 S 为一序列, 则连接 a 和 S, 可以把 a 缀于 S 的每一元素之前, 构成新的名字序列.
> S:=1,2,3,4;

$$S := 1, 2, 3, 4$$

> a||S;

$$a1, a2, a3, a4$$

3.2.2　列表

把若干以逗号分隔的 Maple 对象用一对方括号括起来, 就构成一个列表,
```
> data_list:=[1,2,3,4,5];
```
$$\text{data\_list} := [1,\,2,\,3,\,4,\,5]$$

```
> polynormials:=[x^2+3,x^2+3*x-1,2*x];
```
$$\text{polynormials} := [x^2 + 3,\, x^2 + 3\,x - 1,\, 2\,x]$$

```
> participants:=[Kathy, Frank, Rene, Niklaus, Liz];
```
$$\text{participants} := [\textit{Kathy, Frank, Rene, Niklaus, Liz}]$$

换句话说, 列表是将表达式序列用方括号括起来.

Maple 保持列表中表达式顺序和重复次数, 因此 $[a, b, c]$, $[b, c, a]$, $[a, a, b, c, b]$ 是彼此不同的列表.
```
> [a,b,c],[b,c,a],[a,a,b,c,b];
```
$$[a,\,b,\,c],\ [b,\,c,\,a],\ [a,\,a,\,b,\,c,\,b]$$

由于保持顺序, 用户可以抽取列表中的指定元素,
```
> letters:=[a,b,c];
```
$$\text{letters} := [a,\,b,\,c]$$

```
> letters[2];
```
$$b$$

使用 nops 命令可以求出列表中元素个数,
```
> nops(letters);
```
$$3$$

使用 op 命令可以把一个列表转换为一个表达式序列,
```
> op(letters);
```
$$a,\,b,\,c$$

这两条命令还可以用来把表达式拆分成若干部分, 并从中抽取子表达式. 将 nops 作用于表达式时, 可以告诉我们表达式有多少部分. 例如:
```
> nops(x^2);
```
$$2$$

```
> nops(x+2);
```
$$2$$

op 命令允许用户访问表达式的各个部分, 并按顺序返回部分表达式.
```
> op(x^2);
```
$$x,\,2$$

也可以指定序号或范围, 以抽取表达式的指定部分.

```
>  op(1,x^2);
```

$$x$$

```
>  op(2,x^2);
```

$$2$$

```
>  op(1..2,x+y+z+w);
```

$$x, y$$

3.2.3 集合

Maple 支持数学意义上的集合, 如同序列和列表一样, 集合是用一对花括号括起的以逗号分隔的一组 Maple 对象.

```
>  data_set:={1,-1,0,10,2};
```

$$\text{data\_set} := \{0, -1, 1, 2, 10\}$$

```
>  unkown:={x,y,z};
```

$$\text{unkown} := \{x, z, y\}$$

Maple 不保持集合元素的顺序和重复次数, 因此 Maple 的集合与数学的集合具有相同的性质, 下面的三个集合是相同的,

```
>  {a,b,c},{c,b,a},{a,a,b,c,a};
```

$$\{a, c, b\}, \{a, c, b\}, \{a, c, b\}$$

注意在 Maple 中, 整数 2 不同于浮点近似值 2.0, 因此下面的集合有三个元素, 而不是两个元素.

```
>  {1,2,2.0};
```

$$\{1, 2, 2.0\}$$

集合的性质使之成为 Maple 中十分有用的概念, 正如数学中的集合概念一样, Maple 提供多种集合运算. 包括通常的并和交, 操作符为 union 和 intersect.

```
>  {a,b,c}union{c,d,e};
```

$$\{a, c, d, b, e\}$$

```
>  {1,2,3,a,b,c}intersect{0,1,y,a};
```

$$\{1, a\}$$

与列表情形一样, 命令 nops 也求出集合中元素的个数,

```
>  nops(%);
```

$$2$$

另一个表达式处理命令 op, 同样可以将集合转化为表达式序列,

```
>  op({1,2,3,a,b});
```

$$1, 2, 3, a, b$$

3.2.4 集合和列表上的运算

命令 member 可以判定一个表达式是否是集合或列表的成员,

```
> participants:=[Kate,Tom,Steve];
```
$$participants := [Kate,\ Tom,\ Steve]$$

```
> member(Tom,participants);
```
$$true$$

```
> data_set:={5,6,3,7};
```
$$data\_set := \{3,\ 5,\ 6,\ 7\}$$

```
> member(2,data_set);
```
$$false$$

从列表中选择一项可使用下标记号 $[n]$, 其中 n 表示所求元素在列表中的位置.

```
> participants:=[Kate,Tom,Steve];
```
$$participants := [Kate,\ Tom,\ Steve]$$

```
> participants[2];
```
$$Tom$$

Maple 理解空集和空列表, 即没有元素的集合和列表.

```
> empty_set:={};
```
$$empty\_set := \{\}$$

```
> empty_list:=[];
```
$$empty\_list := []$$

通过集合运算可以从已有集合出发构造新集合, 例如用 union 命令得到两个集合的并, 用 minus 命令从集合中去除某些元素等.

```
> old_set:={2,3,4} union {};
```
$$old\_set := \{2,\ 3,\ 4\}$$

```
> new_set:=old_set union {2,5};
```
$$new\_set := \{2,\ 3,\ 4,\ 5\}$$

```
> third_set:=old_set minus {2,5};
```
$$third\_set := \{3,\ 4\}$$

3.2.5 阵列

阵列是列表数据结构的扩展, 列表是由若干项构成的组, 每个项对应一个正整数作为它的指标, 表示列表中项的位置.Maple 中阵列数据结构是这种思想的推广, 每一元素仍关联于一个指标, 但不再限于一维, 此外允许指标为任意整数, 还可以修改个别元素, 而不必重新定义整个阵列.

阵列需要声明, 以通知 Maple 阵列的维数.

```
> squares:=array(1..3);
```

$$squares := array(1..3, [])$$

为阵列元素赋值

```
> squares[1]:=1;squares[2]:=2^2;squares[3]:=3^2 ;
```

$$squares_1 := 1$$
$$squares_2 := 4$$
$$squares_3 := 9$$

也可以在定义阵列的同时为元素赋值,

```
> cubes:=array(1..3,[1,8,27]);
```

$$cubes := [1, 8, 27]$$

与列表情形相同, 可以选取阵列的单个元素,

```
> squares[2];
```

$$4$$

阵列必须事先声明, 要看到阵列的内容, 须使用类似于 print 的命令.

```
> squares;
```

$$squares$$

```
> print(squares);
```

$$[1, 4, 9]$$

使用 print 命令, 起初可能使用户感到麻烦, 然而这一特点不仅使 Maple 能更加有效地工作, 而且在处理较大规模的阵列时, 用户就可以发现这种简捷安排的好处.

前述例子中的阵列都是一维的, 一般情形, 阵列维数可以大于 1 维, 定义一个 3×3 阵列.

```
> pwrs:=array(1..3,1..3);
```

$$pwrs := array(1..3, 1..3, [])$$

此阵列是二维的 (有两个指标集). 下面我们首先为阵列的第一行元素赋值.

```
> pwrs[1,1]:=1;pwrs[1,2]:=1;pwrs[1,3]:=1;
```

$$pwrs_{1,1} := 1$$
$$pwrs_{1,2} := 1$$
$$pwrs_{1,3} := 1$$

然后再为阵列的其他元素赋值, 可以用 (:) 代替 (;) 结束命令, 以减少大量不必要的
输出.

```
>   pwrs[2,1]:=2:pwrs[2,2]:=4:pwrs[2,3]:=8:
>   pwrs[3,1]:=3:pwrs[3,2]:=9:pwrs[3,3]:=27:
>   print(pwrs);
```

$$\begin{bmatrix} 1 & 1 & 1 \\ 2 & 4 & 9 \\ 3 & 9 & 27 \end{bmatrix}$$

可以选取阵列中指定行列的元素.

```
>   pwrs[2,3];
```

$$9$$

与一维情形类似, 可以在定义二维阵列的同时为元素赋值. 此时, 应在列表中使用
列表, 即构造一个列表, 其每一元素为包含阵列一行元素的列表, 定义阵列 pwrs 的
方式如下:

```
>   pwrs2:=array(1..3,1..3,[[1,1,1],[2,4,8],[3,9, 27]]);
```

$$pwrs2 := \begin{bmatrix} 1 & 1 & 1 \\ 2 & 4 & 8 \\ 3 & 9 & 27 \end{bmatrix}$$

阵列不限于二维, 但高维阵列的显示比较困难, 对于高维阵列也可以在定义阵列的
同时声明所有元素.

```
>   array3:=array(1..2,1..2,1..2,
>   [[[1,2],[3,4]],[[5,6],[7,8]]]);
```

$$array3 := array(1..2, 1..2, 1..2, [$$
$$(1, 1, 1) = 1$$
$$(1, 1, 2) = 2$$
$$(1, 2, 1) = 3$$
$$(1, 2, 2) = 4$$
$$(2, 1, 1) = 5$$
$$(2, 1, 2) = 6$$
$$(2, 2, 1) = 7$$
$$(2, 2, 2) = 8$$
$$])$$

3.2.6 表

表是阵列数据结构的扩展, 两者的区别在于表的指标任意, 不仅限于整数.

```
> translate:=table([one=un,two=deux,three=trois ]);
```

$$translate := table([$$
$$two = deux$$
$$three = trois$$
$$one = un$$
$$])$$

```
> translate[two];
```

$$deux$$

表似乎只是在阵列的基础上前进了一小步, 但事实上表是非常强有力的结构, 表允许对数据结构使用自然的记号, 因此可以表达更复杂的对象. 例如可以使用 Maple 的表来描述地球的物理特征.

```
> earth_data:=table([mass=[5.976*10^24,kg],
>                     radius=[6.378164*10^6,m],
>                     circumference=[4.00752*10^7,m]]);
```

$$earth\_data := table([$$
$$circumference = [.4007520000\,10^8,\ m]$$
$$radius = [.6378164000\,10^7,\ m]$$
$$mass = [.5976000000\,10^{25},\ kg]$$
$$])$$

```
> earth_data[mass];
```

$$[.5976000000\,10^{25},\ kg]$$

本例中, 每一个指标是一个名字, 而每一个元素是一个列表, 这还是相当简单的情形. 在更一般的情况下, 指标常常是很有用的, 例如我们可以构造一个表, 它以代数公式为指标, 而对应的元素为其导数.

3.3 求 值

一般情况下当 Maple 遇到一个变量时, 它总是搜索这个变量所指向的对象. 我们把这个过程称为 Maple 对变量求值. 如果你给变量名 x 指定的值为 y, 给 y 指定的值为 z, 给 z 指定的值为 5, 那么 x 应该是什么值呢?

3.3.1 求值的层次

在大多数情形, Maple 对名字作完全的求值. 也就是说, 当你使用一个名字或符号时,Maple 就检查这个名字或符号是否被指定了什么值. 如果它有一个值, Maple 就把这个名字代换成那个值. 如果那个值本身有一个指定的值, Maple 就再一次执行代换, 如此递归下去直至不再有可能的代换.

```
>   x:=y;
```
$$x := y$$

```
>   y:=z;
```
$$y := z$$

```
>   z:=5;
```
$$z := 5$$

现在 Maple 对 x 完全地求值. 也就是,Maple 把 x 代换成 y, 把 y 代换成 z, 最后, 把 z 代换成 5.

```
>   x;
```
$$5$$

你可以使用 eval 命令来控制一个表达式的求值层次. 如果你调入 eval 时只有一个参数, 那么 eval 对那个参数进行完全求值.

```
>   eval(x);
```
$$5$$

eval 的第二个的参数指明你想要对第一个参数作多少层的求值.

```
>   eval(x,1);
```
$$y$$

```
>   eval(x,2);
```
$$z$$

```
>   eval(x,3);
```
$$5$$

完全求值规则的主要例外是诸如表, 阵列和过程之类的特殊数据结构以及在一个过程内的局部变量的求值.

3.3.2 最后名字的求值

数据结构 array, table 和 proc 有一个称作最后名字求值的特殊求值方式.

```
>   x:=y;
```
$$x := y$$

```
> y:=z;
```
$$y := z$$

```
> z:=array([[1,2],[3,4]]);
```
$$z := \begin{bmatrix} 1 & 2 \\ 3 & 4 \end{bmatrix}$$

Maple 把 x代换成 y和把 y代换成 z, 然后打住, 这是由于最后的名称 z将产生一种特殊的结构: 阵列.

```
> x;
```
$$z$$

Maple 之所以对阵列, 表, 过程使用最后名字求值是因为这些结构常常是非常大的, 而按照缺省的方式进行完全求值会在 Maple 对话区中产生多余的输出结果. 不过你可以通过明确调用 eval命令来进行强迫的完全求值.

```
> eval(x);
```
$$\begin{bmatrix} 1 & 2 \\ 3 & 4 \end{bmatrix}$$

```
> add2:=proc(x,y) x+y; end;
```
$$add2 := proc(x, y)\, x + y\, end$$

```
> add2;
```
$$add2$$

你可以轻而易举的使用 eval或 print来强迫完全求值.

```
> eval(add2);
```
$$proc(x, y)\, x + y\, end$$

注意在缺省状态下, 对 Maple 的内部程序进行完全求值是受到抑止的. 为说明这一点, 从软件包 finance中装入 effectiverate命令.

```
> with(finance,effectiverate):
> effectiverate;
```
$$effectiverate$$

```
>  eval(effectiverate);
```

$$proc(Rate, N)$$

description‘*effective rate when stated Rate is calculated*‘

‘*N times in a period, N can be infinity*‘

$$end$$

此时我们只能看到对这个程序的简单描述, 得不到更多的信息.   但是当我们把 interface变量 verboseproc设置为 2后, 再试一下刚才的命令, 就会得到有趣的结果.

```
>  interface(verboseproc=2);
>  eval(effectiverate);
```

$$proc(Rate, N)$$

option‘*Copyright (c) 1994 by Je'ro^me M. Lang. All rights reserved.*‘;

description‘*effective rate when stated Rate is*‘

‘*calculated N times in a period, N can be infinity*‘

$$\textbf{if } N = \infty \textbf{ then } \exp(Rate) - 1 \textbf{ else } (1 + Rate/N)^N - 1 \textbf{ fi}$$

$$end$$

我们现在所看到的是 effectiverate这个命令的 Maple 语言的源程序.

verboseproc的缺省值为 1.

```
>  interface(verboseproc=1);
```

?interface的帮助页提供了 verboseproc的可能设置和其他 interface变量的解释. 在下一节 Maple 的内部变量中, 我们将讨论 interface 变量的作用.

此外在一个过程中, 我们可以使用局部变量,Maple 对局部变量使用一层求值. 也就是说, 如果你给一个局部变量赋值, 那么求值的结果就是最近一次直接赋给这个变量的值. 关于局部变量的求值问题, 我们将在第 十一章 Maple 编程中讨论.

3.3.3   具有特殊求值规则的命令

assigned和 evaln命令: 函数 assigned和 evaln对其参数求值仅到它们的名字之处为止.

```
>  x:=y;
```

$$x := y$$

```
>   y:=z;
```

$$y := z$$

```
>   evaln(x);
```

$$x$$

assigned命令检查一个名字是否指定了一个值.

```
>   assigned(x);
```

$$true$$

　　seq命令: 用于产生表达式序列的 seq命令对其参数不求值, 以至于即使一个变量具有一个指定的值, seq仍能够把它用作计数变量. 事实上, 对于 seq 的计数变量,Maple 是作为局部变量来处理的, 它不同于在 Maple 会话区中已经赋值的同名变量.

```
>   i:=2;
```

$$i := 2$$

```
>   seq(i^2,i=1..5);
```

$$1, 4, 9, 16, 25$$

```
>   i;
```

$$2$$

与此形成对比的是 sum的行为.

```
>   sum(i^2,i=1..5);
```

```
Error, (in sum) summation variable previously assigned,
  second argument evaluates to, 2 = 1 .. 5
```

你可以使用**向前单引号**来解决这个问题.

3.3.4　延迟求值和求值消去

　　Maple 语言使用**向前单引号**以延迟一个层次的求值. 用向前单引号 (')括起的一个名字阻止 Maple 对其求值. 它能禁止 Maple 再去查看内存中这些向前引号间名称所代表的值; 而 Maple 所做的只不过是剥去这对向前引号.

```
>   i:=4;
```

$$i := 4$$

```
>   i;
```

$$4$$

```
>   'i';
```

$$i$$

用这一方法可以避免上面关于 sum 的问题.

```
>  i;
```
$$4$$

```
>  sum(i^2,i=1..5);
```

Error, (in sum) summation variable previously assigned,
 second argument evaluates to, 4 = 1 .. 5

```
>  sum('i^2','i'=1..5);
```
$$55$$

```
>  i;
```
$$4$$

对一个带单引号的表达式进行完全求值可以剥去一层引号.

```
>  x:=0;
```
$$x := 0$$

```
>  '''x'+1'';
```
$$''x' + 1'$$

```
>  %;
```
$$'x' + 1$$

```
>  %;
```
$$x + 1$$

```
>  %;
```
$$1$$

对一个表达式加单引号可以延迟求值, 但是不阻止表达式自动的化简和算术运算.

```
>  '1-1';
```
$$0$$

```
>  'p+q-i-p+3*q';
```
$$4q - i$$

如果对一个简单的变量附加单引号, 结果是这个变量的名字. 你可以使用这一方法来消去对某个变量的指定.

```
>  x:=1;
```
$$x := 1$$

```
>  x;
```
$$1$$

```
>  x:='x';
```
$$x := x$$

```
>  x;
```
$$x$$

然而, 要消去一个变量的值, 最好是使用 evaln. 例如, 在下例中, 我们要消去对 a_4 的值

```
>  i:=4;
```
$$i := 4$$

```
>  a[i]:=9;
```
$$a_4 := 9$$

此时就不能使用 'a[i]', 这是因为 'a[i]' 现在是 a[i] 而不是 a[4].

```
>  'a[i]';
```
$$a_i$$

使用 evaln 命令可以消去对 a[i] 的指定.

```
>  evaln(a[i]);
```
$$a_4$$

```
>  a[i]:=evaln(a[i]);
```
$$a_4 := a_4$$

3.3.5　使用单引号变量作为函数参数

一些 Maple 命令使用名字作为一种除了标准的返回值以外的返回信息. 例如

```
>  divide(x^2-1,x-1,'q');
```
$$true$$

在 divide 命令中, 把商指定为全局名字, q.

```
>  q;
```
$$x+1$$

使用一个带单引号的名字是为了确保你不会把已经被赋了值变量引入这个过程. 如果能确保所使用的名字先前没有被赋值, 你也可以不必使用单引号.

```
>  q:=2;
```
$$q := 2$$

```
>  divide(x^2-y^2,x-y,q);
```

```
Error, wrong number (or type) of parameters in function divide
```

```
>  q:=evaln(q);
```
$$q := q$$

```
>  divide(x^2-y^2,x-y,q);
```
$$true$$

```
>   q;
```

$$x + y$$

rem, quo, irem和iquo命令有相似的特征.

3.3.6   名字的并置

并置是一种用其他变量名来生成新变量名的方法.

```
>   a||b;
```

$$ab$$

在一个名字中的并置算子" || "导致对算子右边而不是左边的求值.

```
>   a:=x;
```

$$a := x$$

```
>   b:=2;
```

$$b := 2$$

```
>   a||b;
```

$$a2$$

```
>   c:=3;
```

$$c := 3$$

```
>   a||b||c;
```

$$a23$$

在并置运算中, 如果对一个名字求值的结果不是单一的符号, Maple 就不会对这个并置求值. 例如

```
>   a:=x;
```

$$a := x$$

```
>   b:=y+1;
```

$$b := y + 1$$

```
>   new_name:=a||b;
```

$$new\_name := a||(y + 1)$$

```
>   y:=3;
```

$$y := 3$$

```
>   new_name;
```

$$a4$$

你可以使用并置名字来创造表达式.

```
>   i:=1;
```

$$i := 1$$

```
> a||i:=0;
```
$$a1 := 0$$

在下面的计算中需要单引号.
```
> sum('a||k'*x^k,k=0..8);
```
$$a0 + a2\,x^2 + a3\,x^3 + a4\,x^4 + a5\,x^5 + a6\,x^6 + a7\,x^7 + a8\,x^8$$

如果丢掉单引号, Maple 对 a||k 求值的结果为 ak.
```
> sum(a||k*x^k,k=0..8);
```
$$ak + ak\,x + ak\,x^2 + ak\,x^3 + ak\,x^4 + ak\,x^5 + ak\,x^6 + ak\,x^7 + ak\,x^8$$

此外还可以使用并置来作图的标题.

3.4 系 统 变 量

Maple 有许多系统变量在不同的情况下起作用. 系统变量大致可分为两类: 环境变量 (environment) 和界面变量 (interface).

环境变量有 Digits、Order、Normalizer、Testzero、mod和 printlevel 等. 此外前面用过的 %, %%和 %%%也是环境变量. Maple 认为凡是以 _Env开头的变量都是环境变量.

环境变量有其省缺值, 用户可以用赋值语句改变环境变量的值, 以得到用户所需要的结果.

例如在作浮点计算是, Maple 在省缺情况下输出的浮点值精度只有 10 位, 改变 Digits的值, 就可以得到更高精度的输出. 例如
```
> evalf(1/3);
```
$$.3333333333$$

```
> Digits:=20;
```
$$\text{Digits} := 20$$

```
> evalf(1/3);
```
$$.33333333333333333333$$

环境变量 Order是用来控制级数展开的次数的, 其省缺值为 6, 改变它的值就可以得到更高阶的级数展开, 例如:
```
> series(sin(x)/(x+1),x);
```
$$x - x^2 + \frac{5}{6}\,x^3 - \frac{5}{6}\,x^4 + \frac{101}{120}\,x^5 + O(x^6)$$

```
> Order:=10;
```
$$\text{Order} := 10$$

```
>   series(sin(x)/(x+1),x);
```
$$x - x^2 + \frac{5}{6}\,x^3 - \frac{5}{6}\,x^4 + \frac{101}{120}\,x^5 - \frac{101}{120}\,x^6 + \frac{4241}{5040}\,x^7 - \frac{4241}{5040}\,x^8 + \frac{305353}{362880}\,x^9 + O(x^{10})$$

环境变量 mod 涉及整数的模运算, 它的初始值为 modp, 也可以把它设置为 mods, 有关它的用法在第二章有相关说明, 这里不再详细讨论.

环境变量 Normalizer 和 Testzero 都与级数的展开有关, 它们的用法我们将在第八章级数中说明.

环境变量 printlevel 控制 Maple 的显示层次, 它的省缺值是 1, 如果你把它的值设为负整数, 则 Maple 对你输入的任何命令, 都不显示计算结果. 另一方面, printlevel 的值设置的越大, Maple 显示的信息就越多, 当我们对程序进行调试时, 甚至可以把 printlevel 的值设置为 1000.

interface 变量控制着 Maple 核心与它的用户界面的连接, 通过改变 interface 变量的值, 我们可以控制 Maple 核心提供给用户界面的信息量. interface 的变量有:

ansi	echo	errorbreak	indentamount	labelling
labelwidth	patchlevel	plotdevice	plotoptions	plotoutput
postplot	preplot	prettyprint	prompt	quiet
screenheight	screenwidth	showassumed	terminal	verboseproc
version	warnlevel			

设置 interface 变量的方法是: interface(var=value). 常用的 interface 变量有 verboseproc, showassumed, plotdevice, plotoutput 等.

在前面的例子中, 我们已经看到, 当把 verboseproc 的值设置为 2 时, 使用 eval 或 print 命令可以显示出 Maple 程序的原代码.

plotdevice 和 plotoutput 是用来控制图形输出的, 具体用法是:

```
>   interface(plotdevice=pcx);
>   interface(plotoutput='myfile.pcx');
>   plot(cos(x),x=0..2*Pi);
```

第一个命令的含义是将图形输出格式设置为 pcx 图形, Maple 所支持的图形格式还有很多, 具体可以参见 plot[device] 的帮助. 第二个命令的含义是将产生的图形输出到文件 myfile.pcx, 通常这个文件所在的目录是 Maple 的工作目录. 此时画图命令所产生的图形将不在窗口上显示, 而直接输出到文件中. 如果你要画许多图形, 就需要不断改变 plotoutput 的值, 以避免新的图形覆盖就的图形.

showassumed 的作用是显示具有假设特征的变量, 通常当一个变量具有假设特征时, Maple 在变量名后面加一个 ~ 来表示. 如果我们把 showassumed 的值设置为 2, Maple 就会去掉变量名后面的 ~, 而用一句话来说明变量具有假设. 例如:

```
>  interface(showassumed=2);
>  assume(n,odd);
>  sin(n*x);
```

$$\sin(n\,x)$$

$$\text{with assumptions on } n$$

3.5 变量的假设特征

当你对一个变量没有赋值时, Maple 对这个变量的特征一无所知. 但是在你处理数学问题时, 实际上对问题中的某些符号有内在的假设. 比如说考察一个一元二次方程 $ax^2 + bx + c = 0$, 对于系数 a, b, c 你通常有自己的假设, 如 $a \neq 0, a, b, c$ 都是实数等. 当然这些假设都不是必需的. 不过对于 Maple 而言, 如果一个符号没有被赋值, Maple 认为它就是一个普通的符号, 没有任何内在的假设存在. 因此在处理一些多值函数或进行表达式化简的过程中就出现了问题. 为了解决这类问题, Maple 提供了对变量进行假设设置的处理机制. assume可以帮助 Maple 较好地处理符号表达式的化简, 特别是多值函数的问题. 例如: 平方根.

```
>  sqrt(a^2);
```

$$\sqrt{a^2}$$

由于结果对于正的和负的 a 是不同的, Maple 不能化简这个表达式. 给出关于 a 的假设就使 Maple 能够化简这个表达式.

```
>  assume(a>0);
>  sqrt(a^2);
```

$$a\tilde{}$$

具有代字号 (˜) 的变量表明该变量作了某种假设.

用新的假设代替旧的假设, 会得到新的结果

```
>  assume(a<0);
>  sqrt(a^2);
```

$$-a\tilde{}$$

用 about命令可以得到对未知量的假设信息.

```
>  about(a);
```

```
Originally a, renamed a~:
  is assumed to be: RealRange(-infinity,Open(0))
```

利用 additionally命令可以对未知量作进一步的假设.
```
>   assume(m,nonneg);
>   additionally(m<=0);
>   about(m);
```

```
Originally m, renamed m~:
  is assumed to be: 0
```

许多函数使用对未知量的假设. 例如 frac 命令返回一个数的分数部分. 如果对变量 n 没有任何假设, Maple 无法知道 n 有没有分数部分, 因此它就直接返回未求值的 frac(n). 当你对 n 加了适当的假设后, Maple 才能得到真正的结果.
```
>   frac(n);
```
$$\mathrm{frac}(n)$$

```
>   assume(n,integer);
>   frac(n);
```
$$0$$

下面的极限与 b 有关.
```
>   limit(b*x,x=infinity);
```
$$\mathrm{signum}(b)\,\infty$$

```
>   assume(b>0);
>   limit(b*x,x=infinity);
```
$$\infty$$

使用 infolevel命令可以得到 Maple 关于一个命令所执行时的细节.
```
>   infolevel[int]:=2;
```
$$\mathrm{infolevel}_{\mathrm{int}} := 2$$

```
>   int(exp(c*x),x=0..infinity);
```

```
Definite integration: Can't determine if the integral \
is convergent.
Need to know the sign of --> -c
Will now try indefinite integration and then take limits.
int/indef:    first-stage indefinite integration
int/indef2:   second-stage indefinite integration
int/indef2:   applying derivative-divides
int/indef:    first-stage indefinite integration
```

$$\lim_{x\to\infty}\frac{e^{(c\,x)}}{c} - \frac{1}{c}$$

int命令需要知道 c 的符号 (或更确切地是 $-c$ 的符号).

```
> assume(c>0);
> int(exp(c*x),x=0..infinity);
```

```
int/cook/nogo1:    Given Integral    Int(exp(x),x = 0
.. infinity)
Fits into this pattern:
Int(exp(-Ucplex*x^S1-U2*x^S2)*x^N*ln(B*x^DL)^M*cos(C1*
x^R)/((A0+A1*x^D)^P),x = t1 .. t2)
int/cook/IIntd1:
--> U must be <= 0 for converging integral
--> will use limit to find if integral is +infinity
--> or - infinity or undefined
```

$$\infty$$

对数函数 (Logarithms) 是多枝的; 对于一般的复值 $x, \ln(e^x)$ 与 x 是不同的.

```
> ln(exp(3*Pi*I));
```

$$\text{I}\,\pi$$

因此, Maple 不化简下式, 除非假定 x 是实的.

```
> ln(exp(x));
```

$$\ln(e^x)$$

```
> assume(x,real);
> ln(exp(x));
```

$$x^\sim$$

你可以用 is命令检查未知量的性质.

```
> is(c>0);
```

$$true$$

```
> is(x,complex);
```

$$true$$

```
> is(x,real);
```

$$true$$

在下面的例子中, Maple 仍然假设变量 a 是负的.

```
> eq:=xi^2=a;
```

$$eq := \xi^2 = a^\sim$$

```
> solve(eq,{xi});
```

$$\{\xi = \text{I}\,\sqrt{-a^\sim}\}, \{\xi = -\text{I}\,\sqrt{-a^\sim}\}$$

为了除去你对某个名字的假设, 只要除去对这个名字的指定就行了. 然而, 符号 eq依旧指的是 $a\tilde{}$.

> eq;
$$\xi^2 = a\tilde{}$$

因此, 在除去关于 a 的假设之前, 你必须先除去在 eq中的对 a 的假设. 首先, 除去在 eq中的对 a 的假设.

> eq:=subs(a='a',eq);
$$eq := \xi^2 = a$$

然后, 除去对 a 的指定.

> a:='a';
$$a := a$$

关于假设设置的进一步信息, 参看 assume的帮助.

3.6　宏 与 别 名

别名 alias与宏 macro都可以用来定义缩写, 这两者的主要差别在于宏的缩写仅应用于 Maple 的输入, 对于 Maple 的输出没有影响, 而别名定义的缩写不仅作用于 Maple 的输入, 也作用于 Maple 的输出.

下面我们通过例子来说明宏与别名的用法及其差别.

宏的用法是: macro(x=expression). 它的含义是用符号 x代表表达式 expression. 这里 Maple 对于符号 x和表达式 expression都不求值. 符号 x仅仅是代表一个表达式 expression, 而没有别的含义. 例如

> macro(s=solve);
> s(x^2-2);
$$\sqrt{2}, -\sqrt{2}$$

> macro(s=sin);
> s(x^2-2);
$$\sin(x^2 - 2)$$

宏也可以用来定义常量, 使用宏定义的常量将受到保护, 任何改变这个常量或删除它的企图都会失败, 如果你真的要删除这个常量, 还得使用宏来解决.

> macro(s=1.234567);
> s;
$$1.234567$$

> s:=3;

Error, Illegal use of an object as a name

```
>  macro(s=s); #delete the macro for s
>  s:=3;
```
$$s := 3$$

此外不仅可以用变量, 也可以用数学表达式来作为宏的名字, 例如 macro(sin(x)=0)是合法的. sin(x)的新含义只是作为 Maple 的输入起作用, 例如:
```
>  macro(sin(x)=0);
>  sin(x)+1;
```
$$1$$
```
>  diff(cos(x),x);
```
$$-\sin(x)$$

sin(x)的宏定义对于 Maple 的输出没有影响. 这也是宏定义的特点.

需要说明的是: 命令 macro(a=b)和赋值语句 a:=b 在三个方面有区别: 首先宏的缩写仅应用于 Maple 的输入, 其次 a 可以是一般的数学表达式 (例如 x^2+y^2), 第三点是宏定义的名字 a 只能用 macro 命令来删除或改变, 而不能用赋值语句改变它的值.

别名 alias 的用法和宏 macro 的用法类似, 用法是: alias(x=expression), 不过它产生的输出与 macro 不同, 它是目前已经定义的别名的列表. 例如
```
>  alias(s=sin);
```
$$I, s$$
```
>  sin(x);
```
$$s(x)$$

这里 I 是 $\sqrt{-1}$ 的别名.

与宏不同的是别名的定义不仅影响输入, 也影响输出, 上面我们输入了 sin(x), 由于定义了 sin 的别名为 s, 因此它的输出为 s(x).

别名经常用来隐藏一个函数的自变量, 例如我们在求函数 $f(x)$ 的微分时, 经常省略掉变量 x, 不过在 Maple 中这样作就会得到错误的结果. 使用别名可以解决这种问题. 例如:
```
>  alias(f=f(x)):
>  diff(f^2,x);
```
$$2f\left(\tfrac{\partial}{\partial x}f\right)$$

别名与宏的区别主要表现在以下几点:
(1) 别名不仅影响 Maple 的输入, 也影响 Maple 的输出.
(2) 在别名定义中的表达式在以缩写方式存储之前将被求值.
(3) 不能用别名来定义常量.

第四章　表达式的处理和化简

表达式的化简是符号计算系统的核心问题, 在 Maple 系统中提供了大量处理表达式的命令, 其中也包括化简的命令 `simplify`. 在本章中, 我们将介绍这些命令的用法, 以及有关多项式和有理分式的命令. 我们还要说明在 Maple 内部是如何表示一个数学表达式的. 最后我们介绍代换命令 `subs`.

4.1　多　项　式

Maple 中的多项式是含有未知量的表达式, 多项式的每一项是未知量的乘积. 多项式可以含有一个或多个未知量, 只含一个未知量的多项式称为一元多项式, 如多项式 $x^3 - 2x + 1$ 就是一元多项式, 这个多项式的项是 x^3, $x^1 = x$ 和 $x^0 = 1$. 含有多个未知量的多项式称为多元多项式, 如多项式 $x^3 + 3x^2y + y^2$, 其各项为一个未知量的幂或多个未知量的乘积. 多项式的系数可以是整数 (如上述各例), 有理数, 无理数, 浮点数, 复数, 乃至其他变量.

多项式是最简单的表达式, 复杂的表达式都以多项式为基础构造出来的. 在 Maple 系统中有大量的命令处理多项式. 而且大部分的命令都属于 Maple 的核心, 这是因为处理多项式的命令在 Maple 语言中使用的非常频繁, 因此 Maple 系统需要以极快的速度完成计算. 下面我们将分别讨论一部分处理多项式的命令。

4.1.1　多项式的序

要想对多项式进行抽象的数学描述, 首先需要确定多项式的表示方法. 对于一元多项式, 我们通常是按照降幂或升幂的方式表示一个多项式, 如

$$a_n x^n + a_{n-1} x^{n-1} + \cdots + a_1 x + a_0$$

然而在 Maple 中, 情况有所不同, 当我们输入一个多项式时, Maple 并不会自动把它写成降幂或升幂的方式, 而是原样输出. 如

```
>   x^5-4*x^7+3*x^3-12*x+4;
```
$$x^5 - 4x^7 + 3x^3 - 12x + 4$$

我们需要使用 `sort` 命令把多项式的各项按未知量的降幂排列, 排序时, Maple 并不复制原多项式, 而只修改原多项式的存储方式. 显示排序后的多项式时, 将会发现多项式已按新的顺序排列.

```
>   sort_poly:=x+x^2-x^3+1-x^4;
```

$$\text{sort\_poly} := x + x^2 - x^3 + 1 - x^4$$

```
>  sort(sort_poly);
```
$$-x^4 - x^3 + x^2 + x + 1$$

```
>  sort_poly;
```
$$-x^4 - x^3 + x^2 + x + 1$$

对于多元多项式, 就不能简单的用降幂或升幂的方式表达多项式, 为此, 我们需要引入单项式序的概念. 令 $T(x_1, x_2, \cdots, x_n)$ 表示在未知量 $\{x_1, \cdots, x_n\}$ 上所有单项式的集合, 我们在这个集合上可以定义单项式的序 $\leqslant$. 这个序的定义可以很随意, 不过我们一般要求它满足两个条件:

(1) $\forall s \in T(x_1, x_2, \cdots, x_n), 1 \leqslant s$;

(2) 对每个 $s, t_1, t_2 \in T(x_1, x_2, \cdots, x_n)$, 如果 $t_1 \leqslant t_2$, 那么 $t_1 \cdot s \leqslant t_2 \cdot s$.

满足这两个要求的序有很多种, 不过在 Maple 中一般只使用两种序, 缺省情况是按照各项总次数排序, 这样 $x^2 y^2$ 就排在 x^3 与 y^3 之前. 当两项总次数相同时, 则按照字典序的方式排列. 用字典序排序时, 首先按变量表 (sort 命令的第二参数) 中第一变量的幂次排序, 然后按第二变量的幂次排序, 依次类推. 另一种选择是纯粹的字典序 (plex), 下面的例子展示了两种序的区别.

```
>  poly1:=x^3*y-y^3*x;
```
$$\text{poly1} := x^3 y - y^3 x$$

```
>  sort(poly1);
```
$$x^3 y - x y^3$$

```
>  sort(poly1,[y,x]);
```
$$-y^3 x + y x^3$$

```
>  poly2:=y^3+x^2*y^2+x^3;
```
$$\text{poly2} := y^3 + x^2 y^2 + x^3$$

```
>  sort(poly2,[x,y]);
```
$$x^2 y^2 + x^3 + y^3$$

```
>  sort(poly2,[x,y],'plex');
```
$$x^3 + x^2 y^2 + y^3$$

4.1.2 数学运算

对于多项式, Maple 可以作各种运算, 当我们作普通的加减法运算时, Maple 会自动合并同类项. 如

```
>  p1:=x^3-3*x^2+4*x-2:
>  p2:=x^4-x^3+2*x^2-5*x+3:
>  p1+p2;
```

$$-x^2 - x + 1 + x^4$$

对于多元多项式, Maple 只对完全相同的单项式才自动合并同类项. 如果要对某个变量合并同类项, 则需要用到 collect 命令, 它将幂次相同的各项系数合并. 例如, 若 ax 与 bx 为同一个多项式的项, 则 Maple 把它们合并为 $(a+b)x$.

> poly3:=x*y+z*x*y+y*x^3-z*y*x^3+x+z*x;
$$\text{poly3} := x\,y + z\,x\,y + y\,x^3 - z\,y\,x^3 + x + z\,x$$

> collect(poly3,x);
$$(y - z\,y)\,x^3 + (y + z\,y + 1 + z)\,x$$

> collect(poly3,z);
$$(x\,y - y\,x^3 + x)\,z + x\,y + y\,x^3 + x$$

如果一次要对多于一个变量合并系数, 这里有两种选择: 递归形式, 或分布形式. 递归形式先对第一个指定的变量合并, 然后是对下一个, 如此下去. 这里的缺省状态是递归形式.

> poly:=x*y+z*x*y+y*x^2-z*y*x^2+x+z*x;
$$\text{poly} := x\,y + z\,x\,y + y\,x^2 - z\,y\,x^2 + x + z\,x$$

> collect(poly,[x,y]);
$$(1 - z)\,y\,x^2 + ((1 + z)\,y + 1 + z)\,x$$

分布形式是同时对所有的变量合并其系数.

> collect(poly,[x,y],distributed);
$$(1 + z)\,x + (1 + z)\,x\,y + (1 - z)\,y\,x^2$$

对多项式进行的各种运算中, 最基本的运算之一是除法, 即用一个多项式去除另一个多项式, Maple 提供了 rem 和 quo 两个命令分别用于求多项式除法的商和余式.

> r:=rem(x^3+x+1,x^2+x+1,x);
$$r := 2 + x$$

> q:=quo(x^3+x+1,x^2+x+1,x);
$$q := x - 1$$

> collect((x^2+x+1)*q+r,x);
$$x^3 + x + 1$$

有时需要了解一个多项式是否被另一多项式整除时, 可以用 divide 命令来检测多项式整除性.

> divide(x^3-y^3,x-y);
$$\textit{true}$$

```
>  rem(x^3-y^3,x-y,x);
```
$$0$$

对于多项式的乘法, Maple 不会自动进行计算, 当你用 expand 命令强迫 Maple 展开时, Maple 才进行计算.
```
>  poly:=(x+1)*(x+2);
```
$$poly := (x + 1)(x + 2)$$

```
>  expand(poly);
```
$$x^2 + 3x + 2$$

你可以指定你不想展开的子表达式作为 expand 命令的一个参数.
```
>  expand((x+1)*(y+z));
```
$$xy + xz + y + z$$

```
>  expand((x+1)*(y+z),x+1);
```
$$(x + 1)y + (x + 1)z$$

用户还可以在一个特定的整环上展开一个表达式.
```
>  poly:=(x+2)^2*(x-2);
```
$$poly := (x + 2)^2(x - 2)$$

```
>  expand(poly);
```
$$x^3 + 2x^2 - 4x - 8$$

```
>  " mod 3;
```
$$x^3 + 2x^2 + 2x + 1$$

然而, 运用 Expand 命令更有效.
```
>  Expand(poly) mod 3;
```
$$x^3 + 2x^2 + 2x + 1$$

当 Expand 与 mod 一起使用时, Maple 是在模算术中直接执行所有的计算. 你可以编写你自己有关 expand 的子程序, 有关细节参看 ?expand.

此外 expand 命令也含盖许多标准数学函数的展开规则.
```
>  expand(sin(2*x));
```
$$2\sin(x)\cos(x)$$

```
>  ln(abs(x^2)/(1+abs(x)));
```
$$\ln\left(\frac{|x|^2}{1 + |x|}\right)$$

```
>  expand(");
```
$$2\ln(|x|) - \ln(1 + |x|)$$

36   第四章   表达式的处理和化简

4.1.3   次数与系数

degree 和 coeff 命令可以分别确定多项式的次数以及特定项系数.

```
> poly4:=3*z^4-z^2+2*z-3*z+1;
```
$$poly4 := 3\,z^4 - z^2 - z + 1$$

```
> coeff(poly4,z^2);
```
$$-1$$

```
> degree(poly4);
```
$$4$$

ldegree 还可以求出最底次项的次数

```
> ldegree(poly4,x);
```
$$0$$

使用 lcoeff 和 tcoeff 可以分别求出多项式的首项系数和尾项系数. 而 coeffs 命令则可以给出多项式所有的系数, 不过它产生的序列不一定是按降幂排列的, 因此还应该使用第三个参数来得到相应的单项式.

```
> lcoeff(poly4);
```
$$3$$

```
> tcoeff(poly4);
```
$$1$$

```
> coeffs(poly4,z,'power');
```
$$1, -1, 3, -1$$

```
> power;
```
$$1, z, z^4, z^2$$

需要说明的是, 在 Maple V 版本中, 求一个多项式的系数之前应该先合并同类项, 否则 coeff 命令可能得到错误的结果. 但在 Maple 6 以后的版本中, 不合并同类项, coeff 也能得到正确的结果.

```
> poly5:=(x+2)*x^2-x^2*(1+n);
```
$$poly5 := (x + 2)\,x^2 - x^2\,(1 + n)$$

```
> coeff(poly5,x^2);
```
$$-1 - n$$

```
> new_poly:=collect(poly5,x);
```
$$new\_poly := x^3 + (1 - n)\,x^2$$

```
> coeff(new_poly,x^2);
```
$$1 - n$$

4.1.4 因式分解

在代数中一个非常重要的算法是求两个正整数最大公因数的 Euclid 算法. 应用 Euclid 算法同样可以求两个一元多项式的最大公因式. 由于许多数学算法都要用到最大公因式算法, 因此数学家们对 Euclid 算法进行了很多改进. 现在符号计算系统所提供的最大公因式算法比传统的 Euclid 算法快了许多. 在 Maple 中计算最大公因式的命令是 gcd.

```
>   p3:=-3*x+7*x^2-3*x^3+7*x^4;
```
$$p3 := -3\,x + 7\,x^2 - 3\,x^3 + 7\,x^4$$

```
>   p4:=5*x^5+3*x^3+x^2-2*x+1;
```
$$p4 := 5\,x^5 + 3\,x^3 + x^2 - 2\,x + 1$$

```
>   gcd(p3,p4);
```
$$x^2 + 1$$

一个更复杂的算法是多项式因子分解算法, factor 命令可以有理系数的多项式分解为有理数域上的不可约多项式的乘积.

```
>   poly5:=expand(p3*p4);
```
$$poly5 := -17\,x^6 + 11\,x^4 - 20\,x^3 + 13\,x^2 - 3\,x + 56\,x^7 + 4\,x^5 - 15\,x^8 + 35\,x^9$$

```
>   factor(poly5);
```
$$x\,(7\,x - 3)\,(5\,x^3 - 2\,x + 1)\,(x^2 + 1)^2$$

factor 命令同样可以分解多元多项式.

```
>   factor(x^3+y^3+z^3-3*x*y*z);
```
$$(y + x + z)\,(y^2 - x\,y - y\,z - x\,z + x^2 + z^2)$$

分解因式的计算不仅可以在有理数域上进行, 也可以在其他数域, 例如有限域、代数扩域、函数域以及各种整环上施行. 下面我们举例说明.

- 在 Gauss 整环 $\mathbb{Z}[i]$ 上分解多项式;

```
>   factor(poly5,I);
```
$$(5\,x^3 - 2\,x + 1)\,(7\,x - 3)\,x\,(x + \mathrm{I})^2\,(x - \mathrm{I})$$

- 在有限域 $\mathbb{Z}_2$ 上分解多项式

```
>   Factor(poly5)mod 2;
```
$$x\,(x + 1)^6\,(x^2 + x + 1)$$

```
>   expand(%)mod 2;
```
$$x^6 + x^4 + x^2 + x + x^8 + x^9$$

在有限域 $\mathbb{Z}_2$ 上分解多项式需要用 factor命令的另一种形式 Factor. 它的作用就像一个占位子的人, 它本身并不进行因式分解, 当你作模运算时, 它才发挥作用. 例如在下面的例子中, Factor(poly5) 并未分解 poly5 而在作模 2 的运算时, Factor 在模 2 的数域 $\mathbb{Z}_2$ 上分解多项式 poly5. 如果你用 factor 来分解多项式 poly5 然后再做模运算, 得到的结果则是对分解后的多项式进行模运算, 而不是在 $\mathbb{Z}_2$ 上分解因式.

> `factor(poly5)mod 2;`
$$x\,(x+1)\,(x^3+1)\,(x^2+1)^2$$

- 在 Galois 域 $GF(4)$ 上分解因式. 其中 $GF(4)$ 是 $\mathbb{Z}_2$ 的代数扩域, 对应的不可约多项式为 x^2+x+1.
  > `alias(alpha=RootOf(x^2+x+1,x)):`
  > `Factor(poly5,alpha)mod 2;`
  $$x\,(x+\alpha)\,(x+\alpha+1)\,(x+1)^6$$

- 在 $\mathbb{Q}(\sqrt{6})$ 上分解因式.
  > `factor(8*x^3-12*x,sqrt(6));`
  $$2\,(2\,x+\sqrt{6})\,(2\,x-\sqrt{6})\,x$$

- 在代数函数域 $\mathbb{Q}(\sqrt{1+y})$ 上分解因式
  > `alias(beta=RootOf(z^2-1-y,z)):`
  > `x^2+2*beta*x+1+y;`
  $$x^2+2\,\beta\,x+1+y$$
  > `factor(x^2+2*beta*x+1+y,beta);`
  $$(x+\beta)^2$$

与多项式分解有关的其他命令见下表, 有关它们的具体用法请读者参见 Maple 的帮助.

多项式因式分解的一些其他命令

content	返回多项式中指定不定元系数的最大公因子
compoly	多项式分解
discrim	多项式的判别式
gcd	最大公因式
gcdex	扩展 Euclidean 算法
interp	多项式插值
lcm	最小公倍式
norm	多项式范数
prem	伪余式
primpart	多变量多项式的本原部分
randpoly	随机多项式
recipoly	互反多项式
resultant	两个多项式的结式
roots	代数数域上的根
sqrfree	非平方因子

4.2 有理分式

一个有理分式通常可以写成两个多项式的商 f/g, 其中 g 是非零的多项式. 例如
> f:=x^2+3*x+2: g:=x^2+5*x+6:
> f/g;

$$\frac{x^2+3\,x+2}{x^2+5\,x+6}$$

对于有理分式, 可以使用 numer 和 denom 命令分别求出有理分式的分子和分母.
> numer(%);

$$x^2+3\,x+2$$

> denom(%%);

$$x^2+5\,x+6$$

与有理数计算不同的是, Maple 不会自动化简有理分式. 只有当 Maple 能立即识别公因子时, 才自动消去公因子.
> ff:=(x-1)*f;

$$ff := (x-1)\,(x^2+3\,x+2)$$

> gg:=(x-1)^2*g;

$$gg := (x-1)^2\,(x^2+5\,x+6)$$

> ff/gg;

$$\frac{x^2+3\,x+2}{(x-1)\,(x^2+5\,x+6)}$$

要想消去分子和分母的公因式有两种方法, 一种是使用分解因式命令 factor, 它可以同时将分子和分母的多项式分解因式, 然后 Maple 会自动消去分子和分母的公因子.
> factor(f/g);

$$\frac{x+1}{x+3}$$

> factor(ff/gg);

$$\frac{x+1}{(x+3)\,(x-1)}$$

另一种方法是使用 normal 命令, 它的作用是将有理分式转化为规范形式. 这个过程包括以下几个步骤: 首先对于一个包含分式的表达式进行通分, 转换成一个大分式, 然后消去分子和分母中的公因式, 从而导出较简单的表达式.

```
>   normal(f/g);
```
$$\frac{x+1}{x+3}$$

```
>   normal(ff/gg);
```
$$\frac{x+1}{(x+3)(x-1)}$$

```
>   expr:=x/(x+1)+1/x+1/(x+1);
```
$$\text{expr} := \frac{x}{x+1} + \frac{1}{x} + \frac{1}{x+1}$$

```
>   normal(expr);
```
$$\frac{x+1}{x}$$

normal 命令一般将分子展开, 不展开分母. 如果想要 normal 也展开分母, 可用它的第二个参数 expanded.

```
>   expr:=(x-1/x)/(x-2);
```
$$\text{expr} := \frac{x - \dfrac{1}{x}}{x-2}$$

```
>   normal(expr);
```
$$\frac{x^2-1}{x(x-2)}$$

```
>   normal(expr,expanded);
```
$$\frac{x^2-1}{x^2-2x}$$

normal 命令还可以递归地作用在函数, 集合和列表上.

```
>   normal([expr,exp(x+1/x)]);
```
$$[\frac{x^2-1}{x(x-2)}, e^{(\frac{x^2+1}{x})}]$$

```
>   big_expr:=sin((x*(x+1)-x)/(x+2))^2
>   +cos((x^2)/(-x-2)^2);
```
$$\text{big\_expr} := \sin\left(\frac{x(x+1)-x}{x+2}\right)^2 + \cos\left(\frac{x^2}{(-x-2)^2}\right)$$

```
>   normal(big_expr);
```
$$\sin\left(\frac{x^2}{x+2}\right)^2 + \cos\left(\frac{x^2}{(x+2)^2}\right)$$

由上面的最后一个例子可以看到 normal 命令不知道如何化简三角表达式, 仅对有理函数有效.

既然 normal 命令有如此多的功能, Maple 为什么不将有理分式自动化简为规范形式? 这里有三个原因:

- 有理分式的规范形式未必是最简的形式, 例如 $(x^{100}-1)/(x-1)$ 的规范形式就将包含 100 项.
- 将有理分式化为规范形式将耗费 Maple 许多时间.
- 用户有时需要对有理分式进行其他处理, 例如将有理分式分解为部分分式.

在有限域和代数扩域上同样可以计算有理分式的规范形式, 此时应当使用 Normal 命令. 在有限域上计算规范形式的方法是 Normal(a) mod p. 其中 a 是有理分式, p 是素数为有限域的特征. 在代数扩域上计算有理分式的规范形式则需要使用 evala 命令. 用法如下:

```
>  Normal((x^3-2*x^2+2*x+1)/(x^4+1))mod 5;
```
$$\frac{x+3}{x^2+3}$$

```
>  evala(Normal((x^2-3)/(x-RootOf(z^2-3,z))));
```
$$x + \mathrm{RootOf}(\_Z^2 - 3)$$

对于有理分式也可以使用 expand 命令, 它的作用是展开有理分式的分子.

```
>  expand((x+1)*(x+3)/((x^2+x)*x));
```
$$\frac{x}{x^2+x} + \frac{4}{x^2+x} + \frac{3}{(x^2+x)\,x}$$

通常人们认为有理 (表达) 式在分母上没有分数指数的形式比较好. rationalize 命令通过有理式的分子和分母同时乘以一个适当的因子来除去其分母上的根式.

```
>  1/(2+root[3](2));
```
$$\frac{1}{2+2^{1/3}}$$

```
>  rationalize(%);
```
$$\frac{2}{5} - \frac{1}{5}\,2^{1/3} + \frac{1}{10}\,2^{2/3}$$

```
>  (x^2+5)/(x+x^(5/7));
```
$$\frac{x^2+5}{x+x^{5/7}}$$

```
>  rationalize(%);
```
$$\frac{(x^2+5)\,(x^{6/7} - x^{12/7} - x^{4/7} + x^{10/7} + x^{2/7} - x^{8/7} + x^2)}{x^3+x}$$

有理化以后的结果常常比原来的长.

4.3   表达式化简

对表达式进行化简是符号计算系统必须具有的基本功能, 这是因为在处理数学问题时, 符号计算系统所产生的结果可能非常的长, 虽然它们在数学上是正确的, 但是对于用户来说, 这样的结果是很难理解的, 更不可能从中得出什么结论. 因此我们必须对表达式进行化简.

对于符号计算系统, 化简一个数学表达式并不是一件很容易的事情. 主要的困难在于符号计算系统无法确定什么样的数学表达式是最简单的表达式. 与人的认识比较接近的定义是最简表达式应包含尽可能少的项, 然而从数学的观点来看这并不一定总是正确的. Maple 处理这个难题的方法是把主动权交给用户.

对于一个表达式, 除非有明显的可以化简的项以外, Maple 通常不自动化简表达式. 用户可以用 `simplify` 命令化简表达式, 此时 Maple 应用一系列规则去寻求较简单的表达式.

```
>  expr:=4^(1/2)+3;
```
$$expr := \sqrt{4} + 3$$

```
>  simplify(expr);
```
$$5$$

```
>  expr:=cos(x)^5+sin(x)^4+2*cos(x)^2-2*sin(x)^2 -cos(2*x);
```
$$expr := \cos(x)^5 + \sin(x)^4 + 2\cos(x)^2 - 2\sin(x)^2 - \cos(2\,x)$$

```
>  simplify(expr);
```
$$\cos(x)^5 + \cos(x)^4$$

对于三角表达式, 对数和指数表达式, 带根号的表达式, 带幂的表达式, RootOf 表达式以及各种特殊函数, Maple 知道它们的化简规则.

如果把某个特定的化简规则作为 `simplify` 命令的参数特别指定, 则 `simplify` 命令仅使用这个 (类) 化简规则.

```
>  expr:=ln(3*x)+sin(x)^2+cos(x)^2;
```
$$expr := \ln(3\,x) + \sin(x)^2 + \cos(x)^2$$

```
>  simplify(expr,trig);
```
$$\ln(3\,x) + 1$$

```
>  simplify(expr,ln);
```
$$\ln(3) + \ln(x) + \sin(x)^2 + \cos(x)^2$$

```
>  simplify(expr);
```
$$\ln(3) + \ln(x) + 1$$

关于 Maple 内部化简规则的一览表, 参看 `?simplify`.

4.3.1 带有假设的化简

Maple 可能拒绝执行一个明显的化简, 这是因为, 虽然用户了解某个变量具有特殊性质, 但 Maple 不一定了解, 在一般的方式下可能无法处理这个变量.

> `expr:=sqrt((x*y)^2);`

$$\mathrm{expr} := \sqrt{x^2 y^2}$$

> `simplify(expr);`

$$\sqrt{x^2 y^2}$$

选项 assume=*property* 告诉 simplify 在特定的表达式中未知量具有性质 *property*.

> `simplify(expr,assume=real);`

$$\mathrm{signum}(x)\, x\, \mathrm{signum}(y)\, y$$

> `simplify(expr,assume=positive);`

$$x\, y$$

也可以使用一般的 assume 命令对单个变量逐一加假设.

4.3.2 带有附加关系的化简

有时你需要用特殊的变换规则来化简一个表达式. simplify 命令使用附加关系来完成这项工作.

> `expr:=x*y*z+x*y+x*z+y*z;`

$$\mathrm{expr} := x\, y\, z + x\, y + x\, z + y\, z$$

> `simplify(expr,{x*z=1});`

$$x\, y + y + 1 + y\, z$$

你可以用集合或列表的方式给出一个或多个附加关系. simplify 命令把给定的方程作为附加的化简规则.

指定 simplify 执行化简的次序提供了另一水平的控制.

> `expr:=x^3+y^3;`

$$\mathrm{expr} := x^3 + y^3$$

> `siderel:=x^2+y^2=1;`

$$\mathrm{siderel} := x^2 + y^2 = 1$$

> `simplify(expr,{siderel},[x,y]);`

$$y^3 + x - x\, y^2$$

> `simplify(expr,{siderel},[y,x]);`

$$x^3 - y\, x^2 + y$$

在第一种情况, Maple 在表达式中作代换 $x^2 = 1 - y^2$, 然后再试图对 y^2 项作代换.
由于没找到, 它就停止了. 在第二种情况, Maple 在表达式中作代换 $y^2 = 1 - x^2$, 然
后再试图对 x^2 项作代换. 由于没找到, 它就停止了.

多项式的 Gröbner 基理论是 `simplify` 工作的基础. 要更多的了解这方面情况,
参见 Maple 的帮助 `?simplify, siderels`.

4.3.3 展开与组合

在上一节中, 我们曾经介绍过展开多项式乘积的命令 expand. 实际上 expand
不仅可以展开多项式的乘积, 也可以对许多标准数学函数实行展开规则. 例如

> `expand(sin(2*x));`
$$2\sin(x)\cos(x)$$

> `ln(abs(x^2)/(1+abs(x)));`
$$\ln\left(\frac{|x|^2}{1+|x|}\right)$$

> `expand(%);`
$$2\ln(|x|) - \ln(1+|x|)$$

与 expand 命令作用相反的命令是 combine, 它可以按照数学规则将表达式中
的某些项组合在一起. 例如

> `combine(sin(x)^2+cos(x)^2);`
$$1$$

> `combine(sin(x)*cos(x));`
$$\frac{1}{2}\sin(2x)$$

> `combine(exp(x)^2*exp(y));`
$$e^{(2x+y)}$$

> `combine((x^a)^2);`
$$x^{(2a)}$$

与 simplify 命令相似, 在使用 combine 命令时也可以用第二个参数来指定某
种规则. 例如

> `combine(4*cos(x)^3+x^a*x^b,power);`
$$4\cos(x)^3 + x^{(a+b)}$$

> `combine(4*cos(x)^3+x^a*x^b,trig);`
$$\cos(3x) + 3\cos(x) + x^a x^b$$

> `combine(exp(sin(a)*cos(b))*exp(cos(a)*sin(b)) ,[trig,exp]);`
$$e^{\sin(a+b)}$$

combine 命令还可以组合具有相同的积分区间的积分项, 具有相同的指标的和式, 以及具有相同极限点的极限.

```
> combine(int(f(x),x=a..b)+int(g(x),x=a..b));
```
$$\int_a^b f(x) + g(x)\, dx$$

虽然 combine 命令相当于是 expand 命令的逆命令, 但是 combine 并不能完全复原用 expand 命令展开的表达式.

```
> expand((sin(5*x)-cos(5*x))^3);
```

$10080\sin(x)\cos(x)^6 + 420\sin(x)^2\cos(x)^3 - 7200\cos(x)^7 + 1500\cos(x)^5$
$+ 75\sin(x)\cos(x)^2 - 125\cos(x)^3 - 15\sin(x)^2\cos(x) + \sin(x)^3 - 36\sin(x)^3\cos(x)^2$
$- 4096\cos(x)^{15} + 17472\sin(x)^2\cos(x)^7 + 4096\sin(x)^3\cos(x)^{12} + 480\sin(x)^3\cos(x)^4$
$- 39936\sin(x)\cos(x)^{12} + 50688\sin(x)\cos(x)^{10} - 9216\sin(x)^3\cos(x)^{10}$
$- 31680\sin(x)\cos(x)^8 + 17600\cos(x)^9 + 33792\sin(x)^2\cos(x)^{11} + 7680\sin(x)^3\cos(x)^8$
$- 12288\sin(x)^2\cos(x)^{13} - 35328\sin(x)^2\cos(x)^9 - 4128\sin(x)^2\cos(x)^5$
$- 2880\sin(x)^3\cos(x)^6 + 12288\sin(x)\cos(x)^{14} - 1500\sin(x)\cos(x)^4 - 23040\cos(x)^{11}$
$+ 15360\cos(x)^{13}$

```
> combine(%,trig);
```
$$-\frac{3}{2}\cos(5x) + \frac{3}{2}\sin(5x) + \frac{1}{2}\cos(15x) + \frac{1}{2}\sin(15x)$$

4.3.4 等价形式之间的转换

许多数学函数能够被写成几种等价的形式. 例如: 可以用指数函数来表示 $\sin(x)$. convert 命令的功能就是完成这些转换.

```
> convert(sin(x),exp);
```
$$-\frac{1}{2}I\left(e^{(Ix)} - \frac{1}{e^{(Ix)}}\right)$$

```
> convert(cot(x),sincos);
```
$$\frac{\cos(x)}{\sin(x)}$$

```
> convert(arccos(x),ln);
```
$$-I\ln(x + I\sqrt{1-x^2})$$

```
> convert(binomial(n,k),factorial);
```
$$\frac{n!}{k!\,(n-k)!}$$

参数 parfrac 表示部分分式.

```
> convert((x^5+1)/(x^4-x^2),parfrac,x);
```
$$x + \frac{1}{x-1} - \frac{1}{x^2}$$

也可以利用 convert 命令找到一个浮点小数的近似分数.

```
> convert(.3284879342,rational);
```
$$\frac{19615}{59713}$$

注意, 这些转换不一定是互逆的.

```
> convert(tan(x),exp);
```
$$-\frac{I((e^{(Ix)})^2 - 1)}{(e^{(Ix)})^2 + 1}$$

```
> convert(%,trig);
```
$$-\frac{I((\cos(x) + I\sin(x))^2 - 1)}{(\cos(x) + I\sin(x))^2 + 1}$$

使用 simplify 命令可以把这个表达式化简为 $\tan(x)$.

```
> simplify(%);
```
$$\frac{\sin(x)}{\cos(x)}$$

convert 命令不仅可以完成不同类型表达式之间的转换, 它还可以在不同数据类型之间进行转换. 有关数据类型的转换问题我们将在相关的章节讨论, 这里不做更多的说明.

4.4 表达式的结构

在前面几节, 我们介绍了对表达式进行化简和转换的命令. 然而对于符号计算系统而言, 仅用这样的手段处理表达式是不够的. 要想更有效的处理表达式, 我们需要了解在 Maple 内部表达式是如何表示的, 它的数据结构是什么样的. 对于表达式的各个项可以用什么样的方法来处理.

4.4.1 表达式的内部表示

在 Maple 系统中, 表达式的种类是非常多的, 常见的有: 常量、变量、公式、方程、Boolean 表达式、级数, 以及其他数据类型. 严格的讲, 过程也是一种合法的表达式.

为了说明在 Maple 中表达式的内部表示方式, 我们从一个公式开始

```
> f:=sin(x)+2*cos(x)^2*sin(x)+3;
```
$$f := \sin(x) + 2\cos(x)^2 \sin(x) + 3$$

在 Maple 内部, 为了表示这个公式, 我们可以构造一个树. 我们把这种树称为表达式树. 表达式树的结构体现了表达式在 Maple 内部的表示方式.

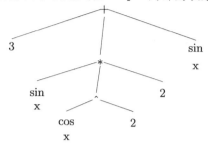

表达式树的第一个节点标记为 "+", 它表示这个表达式是一个和式, 以此说明表达式的类型. 此表达式有三个分枝分别对应和式中的三项. 每个分枝的节点表示和式中每项的类型. 如此向下直到树叶. 本例中树叶是变量名和整数.

当我们编写程序处理表达式的时候, 我们需要知道表达式的类型, 以及这个表达式中包含有多少项, 我们还需要如何选择和处理表达式中的某些项. 要想完成上述工作, 最基本的命令有 whattype, type, op, nops. 下面, 我们就用这些命令来考察上面的表达式.

首先用 whattype 命令可以确定表达式的类型

> whattype(f);

$$+$$

使用 op 命令可以列出这个和式的所有项.

> op(f);

$$\sin(x), \, 2\cos(x)^2\sin(x), \, 3$$

f 由三项组成. 使用 nops 可以求出表达式中项的个数.

> nops(f);

$$3$$

既然 op(f) 是一个序列, 我们就可以取出这个序列的第二项.

> term2:=op(f)[2];

$$\text{term2} := 2\cos(x)^2\sin(x)$$

term2 是三个因子的乘积.

> whattype(term2);

$$*$$

> op(term2);

$$2, \, \cos(x)^2, \, \sin(x)$$

从 term2 中我们可以取出它的第二个因子
> factor2:=op(term2)[2];
$$factor2 := \cos(x)^2$$

进一步考察 factor2 的类型, 发现它是一个幂
> whattype(factor2);
$$\char`\^$$

factor2 由两项组成
> op(factor2);
$$\cos(x),\ 2$$

第一项的类型是函数
> op1:=op(factor2)[1];
$$op1 := \cos(x)$$

> whattype(op1);
$$function$$

对于函数, 它的项只有一个, 就是函数的变元.
> op(op1);
$$x$$

变元 x 的类型是串
> whattype(op(op1));
$$string$$

由于没有给 x 赋值, x 仅有一项, 即它自己.
> op(op(op1));
$$x$$

> nops(op(op1));
$$1$$

通过使用 op, nops 等命令, 我们可以确定一个表达式中项的各数, 也可以取出我们需要处理的各个项. whattype 命令则帮助我们确定了表达式的类型. 在处理表达式的时候, 我们经常需要检测一个表达式的类型, 此时就需要用到 type 命令.
> type(f,'+');
$$true$$

> type(f,'*');
$$false$$

> type(op1,function);
$$true$$

```
>  type(op(3,f),integer);
```
$$true$$

```
>  type(factor2,'^');
```
$$true$$

对于一个数学表达式, 我们经常需要研究它的子表达式, has 命令可以决定一个表达式中是否有某种子表达式.

```
>  has(f,cos);
```
$$true$$

```
>  has(f,cos(x)^2);
```
$$true$$

hastype 命令决定一个表达式是否包含某种类型的子表达式.

```
>  hastype(sin(1+sqrt(Pi)),'+');
```
$$true$$

如果你感兴趣的是某种类型的子表达式, 而不是包含它们的项, 可以使用 indets 命令把它们找出来.

```
>  expr:=(3+x)*x^2*sin(1+sqrt(Pi+3));
```
$$\mathrm{expr} := (3 + x)\, x^2 \sin(1 + \sqrt{\pi + 3})$$

```
>  indets(expr,'+');
```
$$\{3 + x, \pi + 3, 1 + \sqrt{\pi + 3}\}$$

4.4.2 结构运算

结构运算包括选择和改变对象的某些部分, 这里所指的对象可以是 Maple 中的各种结构, 例如列表、集合、矩阵, 也可以是表达式. 常用的结构运算有 map, seq, add, mul, select, remove, zip 等. 它们共同的特点是对一个结构的各个组成部分进行某种运算. 下面我们就分别介绍这些命令的用法.

map 命令的作用是把一个函数或命令作用到结构的每一个元素上, 而不是把这个结构作为一个整体. 这种运算通常与集合和列表有关. 例如我们想把函数 f 作用到列表 $[a, b, c]$ 的每个元素上, 就可以使用 map 命令.

```
>  f([a,b,c]);
```
$$\mathrm{f}([a, b, c])$$

```
>  map(f, [a,b,c]);
```
$$[\mathrm{f}(a), \mathrm{f}(b), \mathrm{f}(c)]$$

```
>  map(expand,{(x+1)*(x+2),x*(x+2)});
```
$$\{x^2 + 2x, x^2 + 3x + 2\}$$

```
>  map(x->x^2,[a,b,c]);
```
$$[a^2,\, b^2,\, c^2]$$

在上面的第一个命令中, 我们把函数 f 作用到列表 $[a,b,c]$ 上, Maple 没有得到任何结果. 在第二个命令中使用 map 命令可以把函数 f 作用到列表 $[a,b,c]$ 的每个元素上, 得到一个新的列表. 在第三个命令中, 我们使用 expand 命令展开了集合 $\{(x+1)*(x+2), x*(x+2)\}$ 中的每个多项式. 第四个命令则使用了一个未命名的函数.

如果给 map 多于两个参数, 它会把多余的参数传递给函数作为函数的参数.
```
>  map(f,[a,b,c],p,q);
```
$$[f(a,\, p,\, q),\, f(b,\, p,\, q),\, f(c,\, p,\, q)]$$
```
>  map(diff,[(x+1)*(x+2),x*(x+2)],x);
```
$$[2\,x+3,\, 2\,x+2]$$

map2 命令与 map 密切相关. map 把一个列表或集合的元素作为第一参数传递给函数, map2 命令则把它们作为函数的第二参数.
```
>  map2(f,p,[a,b,c],q,r);
```
$$[f(p,\, a,\, q,\, r),\, f(p,\, b,\, q,\, r),\, f(p,\, c,\, q,\, r)]$$

使用 map2 可以列出一个表达式的偏导数.
```
>  map2(diff,x^y/z,[x,y,z]);
```
$$[\frac{x^y\,y}{x\,z},\, \frac{x^y\ln(x)}{z},\, -\frac{x^y}{z^2}]$$

甚至可以将 map2 与 map 一起使用.
```
>  map2(map,{[a,b],[c,d],[e,f]},p,q);
```
$$\{[a(p,\, q),\, b(p,\, q)],\, [c(p,\, q),\, d(p,\, q)],\, [e(p,\, q),\, f(p,\, q)]\}$$

map 命令不仅可以作用到列表与集合上, 也可以作用到一般的表达式上
```
>  map(g,x^2);
```
$$g(x)^{g(2)}$$

它所产生的效果是把函数 g 作用到表达式的每一项上.

seq 命令的作用是生成序列. seq 借助函数 f 作用于某个集合或列表的元素来生成序列.
```
>  seq(f(i),i={a,b,c});
```
$$f(a),\, f(b),\, f(c)$$
```
>  seq(f(p,i,q,r),i=[a,b,c]);
```
$$f(p,\, a,\, q,\, r),\, f(p,\, b,\, q,\, r),\, f(p,\, c,\, q,\, r)$$

add 和 mul 命令可以像 seq 一样工作, 它们生成的分别是和与积, 而不是序列.
```
>  add(i^2,i=[5,y,sin(x),-5]);
```
$$50+y^2+\sin(x)^2$$

与 map 命令一样, seq, add, mul 也能够作用于一般的表达式.

对于一个集合或列表, 如果我们想从中选出某些元素, 可以使用 select 命令. 此时我们首先要有一个决定选择那些元素的 Boolean 值函数, select 命令根据 Boolean 值函数来选择相应的元素. 例如我们定义一个 Boolean 值函数 large, 在其变量取值大于 4 时取真值 true.

> large:=x->is(x>4);
$$\mathrm{large} := x \to \mathrm{is}(4 < x)$$

现在可以从列表或集合中选出满足条件 large 的元素

> L:=[8,3,2*Pi,sin(4)];
$$L := [8, 3, 2\pi, \sin(4)]$$

> select(large,L);
$$[8, 2\pi]$$

类似地, remove 命令从 L 中除去满足条件 large 的元素

> remove(large,L);
$$[3, \sin(4)]$$

Maple 中的 type 命令也可以用来从列表中选择元素. 这里 select 的作用是传递第三个参数 numeric 给 type 命令.

> select(type,L,numeric);
$$[8, 3]$$

进行结构运算的命令也可以用来化简表达式. 下面我们通过例子来说明它们的用途.

例 化简 $\frac{x}{1-\sin(x)}$ 的三阶导数.

> f:=diff(x/(1-sin(x)),x$3);

$$f := 6\frac{\cos(x)^2}{(1-\sin(x))^3} - 3\frac{\sin(x)}{(1-\sin(x))^2} + 6\frac{x\cos(x)^3}{(1-\sin(x))^4} - 6\frac{x\cos(x)\sin(x)}{(1-\sin(x))^3} - \frac{x\cos(x)}{(1-\sin(x))^2}$$

对于这个表达式, 我们希望把它的具有相同分母的项合并起来. 如果我们直接用 normal 命令, Maple 会把所有的分母通分, 得不到想要的结果. 我们的方法是首先用 select 命令将 f 按照分母分成三组. 这里我们用到了一个未命名的函数作为选择函数. 然后用 seq 命令将结果转换为序列.

> f1:=seq(select(p->has(p,1/(1-sin(x))^n),f),n= 2..4);

$$f1 := -3\frac{\sin(x)}{(1-\sin(x))^2} - \frac{x\cos(x)}{(1-\sin(x))^2}, 6\frac{\cos(x)^2}{(1-\sin(x))^3} - 6\frac{x\cos(x)\sin(x)}{(1-\sin(x))^3}, 6\frac{x\cos(x)^3}{(1-\sin(x))^4}$$

由于每组的分母相同, 我们用 `normal` 命令把每个分组通分, 然后用 `add` 将这些分组相加. 就得到了我们想要的形式.

```
> add(normal(p),p=[f1]);
```
$$-\frac{3\sin(x)+x\cos(x)}{(-1+\sin(x))^2}+6\frac{\cos(x)\,(-\cos(x)+x\sin(x))}{(-1+\sin(x))^3}+6\frac{x\cos(x)^3}{(-1+\sin(x))^4}$$

```
> simplify(%-f);
```
$$0$$

有时需要按某种方式合并两个列表. 这里是一个 x 值的列表和一个 y 值的列表.

```
> X:=[seq(ithprime(i),i=1..6)];
```
$$X := [2, 3, 5, 7, 11, 13]$$

```
> Y:=[seq(binomial(6,i),i=1..6)];
```
$$Y := [6, 15, 20, 15, 6, 1]$$

为了作出 y- 值对 x- 值的图, 就要构造一列表: $[[x1, y1], [x2, y2], \ldots]$. 也就是, 对每一对值, 构造一个二元素的列表.

使用 `zip` 命令可以完成这项工作, 具体做法是首先构造一个配对函数

```
> pair:=(x,y)->[x,y];
```
$$pair := (x, y) \to [x, y]$$

`zip` 命令可以按照二元函数 `pair` 的方式合并列表 X 和 Y.

```
> P:=zip(pair,X,Y);
```
$$P := [[2, 6], [3, 15], [5, 20], [7, 15], [11, 6], [13, 1]]$$

如果两个列表的长度不同, 那么 `zip` 给出一个与较短的列表等长的列表.

```
> zip((x,y)->x.y,[a,b,c,d,e,f],[1,2,3]);
```
$$[a1, b2, c3]$$

`zip` 命令可以指定第四个参数. 利用第四个参数作缺省值, `zip` 能给出与较长的输入列表同样长的列表.

```
> zip((x,y)->x.y,[a,b,c,d,e,f],[1,2,3],99);
```
$$[a1, b2, c3, d99, e99, f99]$$

```
> zip(igcd,[7657,342,876],[34,756,213,346,123], 6!);
```
$$[1, 18, 3, 2, 3]$$

有关 zip 命令的其他用法参见 ?zip.

在多项式一节中, 我们讨论过多项式的排序. 事实上对于一般的列表也可以用 sort 排序.

如果列表由数字组成, 排序时通常是按照数字的大小排列.

> sort([1,3,2,4,5,3,6,3,6]);
$$[1, 2, 3, 3, 3, 4, 5, 6, 6]$$

对于字符串列表, sort 是按照字典序排列.

> sort([Mary,has,a,little,lamb]);
$$[Mary,\ a,\ has,\ lamb,\ little]$$

如果列表中既有数字又有字符串, 或列表包含有数字和字符串以外的表达式, sort 使用机器地址, 这种地址与当时的环境有关.

> sort([x,1,a]);
$$[1,\ a,\ x]$$

> sort([-5,10,sin(34)]);
$$[-5,\ 10,\ \sin(34)]$$

注意 π 对 Maple 来说不是数值.

> sort([4.3,Pi,2/3]);
$$[\pi,\ 4.3,\ \frac{2}{3}]$$

你可以指定一个 Boolean 函数来为已知的列表定义序. 这个 Boolean 函数必须包含两个参数, 如果第一个参数在第二个的前面时, 返回的值是 true. 利用这一方式, 你可以对一个数值表按递减顺序排列.

> sort([3.12,1,1/2],(x,y)->evalb(x>y));
$$[3.12,\ 1,\ \frac{1}{2}]$$

is 命令能够把诸如 π 和 sin(5) 的常数与纯数值相比较.

> bf:=(x,y)->is(x<y);
$$bf := (x, y) \to is(x < y)$$

> sort([4.3,Pi,2/3,sin(5)],bf);
$$[\sin(5),\ \frac{2}{3},\ \pi,\ 4.3]$$

你还能够按长度对字符串排序.

> shorter:=(x,y)->evalb(length(x)<length(y));
$$shorter := (x, y) \to evalb(length(x) < length(y))$$

> sort([Mary,has,a,little,lamb],shorter);
$$[a,\ has,\ lamb,\ Mary,\ little]$$

除了按机器地址, Maple 没有内设的方法对既含字符串又含数值的表排序. 对于这种列表, 可以按下面的方法做.

```
> big_list:=[1,d,3,5,2,a,c,b,9];
```
$$big\_list := [1, d, 3, 5, 2, a, c, b, 9]$$

从原有的列表造出两个表, 一个由数值组成, 一个由字符串组成.

```
> list1:=select(type,big_list,string);
```
$$list1 := [d, a, c, b]$$

```
> list2:=select(type,big_list,numeric);
```
$$list2 := [1, 3, 5, 2, 9]$$

然后对这两个列表独立地排序.

```
> list1:=sort(list1);
```
$$list1 := [a, b, c, d]$$

```
> list2:=sort(list2);
```
$$list2 := [1, 2, 3, 5, 9]$$

最后把这两个列表合在一起.

```
> sorted_list:=[op(list1),op(list2)];
```
$$sorted\_list := [a, b, c, d, 1, 2, 3, 5, 9]$$

4.5　代 换 命 令

在我们用 Maple 进行数学计算时, 常常要将变量代换成数值. 例如, 对于函数 $f(x) = \ln\left(\sin(xe^{\cos(x)})\right)$, 求 $f'(2)$ 的值. 那么, 你必须在导数中用 2 来代换 x. 用 diff 命令求得其导数.

```
> y:=ln(sin(x*exp(cos(x))));
```
$$y := \ln(\sin(x\,e^{\cos(x)}))$$

```
> yprime:=diff(y,x);
```
$$yprime := \frac{\cos(x\,e^{\cos(x)})\,(e^{\cos(x)} - x\sin(x)\,e^{\cos(x)})}{\sin(x\,e^{\cos(x)})}$$

现在用 subs 命令在 yprime 中为 x 代值.

```
> subs(x=2,yprime);
```
$$\frac{\cos(2\,e^{\cos(2)})\,(e^{\cos(2)} - 2\sin(2)\,e^{\cos(2)})}{\sin(2\,e^{\cos(2)})}$$

evalf 命令给出结果的浮点近似值.

```
> evalf(%);
```
$$-.1388047428$$

subs 命令做的是语法代换而不是数学代换. 这意味着你能够对任何的子表达式做代换.

> subs(cos(x)=3,yprime);
$$\frac{\cos(x\,e^3)\,(e^3 - x\sin(x)\,e^3)}{\sin(x\,e^3)}$$

对子表达式做代换时仅限于 Maple 能识别的子表达式. 例如:

> expr:=a*b*c*a^b;
$$\text{expr} := a\,b\,c\,a^b$$

> subs(a*b=3,expr);
$$a\,b\,c\,a^b$$

对 Maple 来说, expr 是四个因子的乘积.

> op(expr);
$$a,\ b,\ c,\ a^b$$

乘积 a*b 不是 expr 的一个子表达式. 对于这个问题, 我们有两种方法来处理: 一种方法是从这个子表达式中解出一个变量.

> subs(a=3/b,expr);
$$3\,c\left(\frac{3}{b}\right)^b$$

另一种方法是对 simplify 使用附加关系 a*b=3

> simplify(expr,{a*b=3});
$$3\,c\,a^b$$

注意在第一种情形所有出现的 a 都被 3/b 代替. 而在第二种情形变量 a 和 b 保留在结果中. 因此使用 simplify 更好一些.

algsubs 命令也可以完成同样的工作.

> algsubs(a*b=3,expr);
$$3\,c\,a^b$$

与 subs 不同, algsubs 作的是数学代换不是语法代换. 如果在代换过程中涉及多个变量, 则可能发生不确定的情况. 例如在下列代换中, 第一个代换变量 x 被消去.

> algsubs(x+y=3,2*x+y+z);
$$-y + 6 + z$$

如果我们用第三个参数指定要消去的变量是 y, 得到的结果如下:

> algsubs(x+y=3,2*x+y+z,[y]);
$$x + 3 + z$$

如果我们要求代换仅在数学表达式完全符合的时候发生, 可以指定第三个参数为
exact, 在这种情况下, 上述代换不会发生.

>   algsubs(x+y=3,2*x+y+z,exact);
$$2\,x + y + z$$

Maple 可以在 subs 的一次调用中作多个代换.

>   expr:=z*sin(x^2)+w;
$$expr := z\sin(x^2) + w$$

>   subs(x=sqrt(z),w=Pi,expr);
$$z\sin(z) + \pi$$

但是代换的先后次序是重要的, subs 命令是从左到右做代换.

>   subs(z=x,x=sqrt(z),expr);
$$\sqrt{z}\sin(z) + w$$

如果你想做同时代换, 可以把要代换的表达式做成一个集合, 此时 subs 就同时
做这些代换.

>   subs({z=x,x=sqrt(z)},expr);
$$x\sin(z) + w$$

>   subs({x=sqrt(Pi),z=3},expr);
$$3\sin(\pi) + w$$

一般你必须明确地对代换的结果求值, Maple 才会化简代换的结果.

>   eval(%);
$$w$$

subsop 命令用于代换一个表达式中的指定的项.

>   expr:=5^x;
$$expr := 5^x$$

>   op(expr);
$$5, x$$

>   subsop(1=t,expr);
$$t^x$$

一个函数的第零项特指函数的名字.

>   expr:=cos(x);
$$expr := \cos(x)$$

>   subsop(0=sin,expr);
$$\sin(x)$$

下面的例子用代换的方法来化简表达式.

例 把积分 $\int(1+x^5)^{-1}dx$ 化为最简形式.

```
> g:=int(1/(1+x^5),x);
```

$$g := \frac{1}{5}\ln(1+x) - \frac{1}{20}\ln(2x^2 - x - \sqrt{5}x + 2) - \frac{1}{20}\ln(2x^2 - x - \sqrt{5}x + 2)\sqrt{5}$$

$$+ \frac{\arctan\left(\frac{4x-1-\sqrt{5}}{\sqrt{10-2\sqrt{5}}}\right)}{\sqrt{10-2\sqrt{5}}} - \frac{1}{5}\frac{\arctan\left(\frac{4x-1-\sqrt{5}}{\sqrt{10-2\sqrt{5}}}\right)\sqrt{5}}{\sqrt{10-2\sqrt{5}}} - \frac{1}{20}\ln(2x^2 - x + \sqrt{5}x + 2)$$

$$+ \frac{1}{20}\ln(2x^2 - x + \sqrt{5}x + 2)\sqrt{5} + \frac{\arctan\left(\frac{4x-1+\sqrt{5}}{\sqrt{10+2\sqrt{5}}}\right)}{\sqrt{10+2\sqrt{5}}} + \frac{1}{5}\frac{\arctan\left(\frac{4x-1+\sqrt{5}}{\sqrt{10+2\sqrt{5}}}\right)\sqrt{5}}{\sqrt{10+2\sqrt{5}}}$$

观察上述表达式我们发现根式 $\sqrt{10+2\sqrt{5}}$ 和 $\sqrt{10-2\sqrt{5}}$ 出现了许多次, 我们不妨用缩写 A 和 B 来表示. 为了在代换是书写方便, 我们用 a 和 b 表示 $\sqrt{10+2\sqrt{5}}$ 和 $\sqrt{10-2\sqrt{5}}$. 然而在进行代换时, 我们使用 $1/a$ 和 $1/b$, 原因是 Maple 无法把位于分母位置的根式作为子表达式.

```
> a:=sqrt(10-2*sqrt(5)):
> b:=sqrt(10+2*sqrt(5)):
> g1:=subs(1/a=1/A,1/b=1/B,g);
```

$$g1 := \frac{1}{5}\ln(1+x) - \frac{1}{20}\ln(2x^2 - x - \sqrt{5}x + 2) - \frac{1}{20}\ln(2x^2 - x - \sqrt{5}x + 2)\sqrt{5}$$

$$+ \frac{\arctan\left(\frac{4x-1-\sqrt{5}}{A}\right)}{A} - \frac{1}{5}\frac{\arctan\left(\frac{4x-1-\sqrt{5}}{A}\right)\sqrt{5}}{A} - \frac{1}{20}\ln(2x^2 - x + \sqrt{5}x + 2)$$

$$+ \frac{1}{20}\ln(2x^2 - x + \sqrt{5}x + 2)\sqrt{5} + \frac{\arctan\left(\frac{4x-1+\sqrt{5}}{B}\right)}{B} + \frac{1}{5}\frac{\arctan\left(\frac{4x-1+\sqrt{5}}{B}\right)\sqrt{5}}{B}$$

下一步, 我们要把分母相同的项合并. 为此我们把上式分成五部分. 在上一节的例子中, 我们用 `select` 来选择相同的分母. 在这个例子这种方法就不太合适. 我们直接用 `op` 命令来处理. 对于分母相同的项, 我们可以用 `collect` 和 `normal` 来合并.

```
> part1:=op(1,g1);
```

$$part1 := \frac{1}{5}\ln(1+x)$$

```
> part2:=normal(collect(op(2,g1)+op(3,g1),ln));
```

$$part2 := -\frac{1}{20}(1+\sqrt{5})\ln(2x^2 - x - \sqrt{5}x + 2)$$

```
> part3:=normal(collect(op(6,g1)+op(7,g1),ln));
```
$$\text{part3} := \frac{1}{20}(-1+\sqrt{5})\ln(2\,x^2-x+\sqrt{5}\,x+2)$$

```
> part4:=normal(op(4,g1)+op(5,g1));
```
$$\text{part4} := -\frac{1}{5}\frac{\arctan\left(\dfrac{4\,x-1-\sqrt{5}}{A}\right)(-5+\sqrt{5})}{A}$$

```
> part5:=normal(op(8,g1)+op(9,g1));
```
$$\text{part5} := \frac{1}{5}\frac{\arctan\left(\dfrac{4\,x-1+\sqrt{5}}{B}\right)(5+\sqrt{5})}{B}$$

最后, 把这五部分合并起来就得到了我们想要的结果.

```
> g2:=sum('part.i',i=1..5);
```

$$g2 := \frac{1}{5}\ln(1+x)-\frac{1}{20}(1+\sqrt{5})\ln(2\,x^2-x-\sqrt{5}\,x+2)$$

$$+\frac{1}{20}(-1+\sqrt{5})\ln(2\,x^2-x+\sqrt{5}\,x+2)-\frac{1}{5}\frac{\arctan\left(\dfrac{4\,x-1-\sqrt{5}}{A}\right)(-5+\sqrt{5})}{A}$$

$$+\frac{1}{5}\frac{\arctan\left(\dfrac{4\,x-1+\sqrt{5}}{B}\right)(5+\sqrt{5})}{B}$$

第五章 解 方 程

解方程是最古老的数学课题, 在本章中我们将介绍用 Maple 解方程的各种方法, 包括最常用的命令 solve, fsolve, 以及 Gröbner 基方法.

5.1 符 号 解

Maple 的 solve 命令可以解各种各样的方程和方程组, 它能处理一个或多个方程的集合. 对于给定的未知量集合, 可以求出方程组的精确符号解. 下面我们先求解一个未知量的方程.

```
>  solve({x^2=4},{x});
```
$$\{x = 2\}, \{x = -2\}$$

```
>  solve({a*x^2+b*x+c=0},{x});
```
$$\left\{ x = \frac{1}{2}\frac{-b+\sqrt{b^2-4\,a\,c}}{a} \right\}, \left\{ x = \frac{1}{2}\frac{-b-\sqrt{b^2-4\,a\,c}}{a} \right\}$$

Maple 以集合的形式返回每个可能的解, 因为上述方程都有两个解, Maple 返回解集合的序列. 若不指定未知量, Maple 将对所有未知量求解.

```
>  solve({x+y=0});
```
$$\{x = -y, y = y\}$$

此例得到一个参数化的解, y 是参数.

以集合的方式表达方程和变量并不是必须的, 但这样做可迫使 Maple 以集合的方式返回解. 下面的例子就不是以集合的方式表达方程和变量, 因此它返回的结果也不是集合的形式, 而是一个表达式序列. 例如:

```
>  eqn:=x^3-5*a*x^2+x=1;
```
$$\text{eqn} := x^3 - 5\,a\,x^2 + x = 1$$

```
>  solve(eqn,x);
```

$$\frac{1}{6}\%1^{1/3}-6\frac{\frac{1}{3}-\frac{25}{9}a^2}{\%1^{1/3}}+\frac{5}{3}a, -\frac{1}{12}\%1^{1/3}+3\frac{\frac{1}{3}-\frac{25}{9}a^2}{\%1^{1/3}}+\frac{5}{3}a+\frac{1}{2}\mathrm{I}\sqrt{3}\left(\frac{1}{6}\%1^{1/3}+6\frac{\frac{1}{3}-\frac{25}{9}a^2}{\%1^{1/3}}\right),$$

$$-\frac{1}{12}\%1^{1/3}+3\frac{\frac{1}{3}-\frac{25}{9}a^2}{\%1^{1/3}}+\frac{5}{3}\,a-\frac{1}{2}\,\mathrm{I}\,\sqrt{3}\left(\frac{1}{6}\%1^{1/3}+6\frac{\frac{1}{3}-\frac{25}{9}a^2}{\%1^{1/3}}\right)$$

$$\%1 := -180\,a+108+1000\,a^3+12\sqrt{93-75\,a^2-270\,a+1500\,a^3}$$

从这个例子我们可以看出当 Maple 返回一个复杂的表达式的时候, 它的表达方式是
用缩写的形式来表示公共的子表达式, 通常使用的名字是 %1,%2 的形式. 对于这样
的标记我们同样可以进行计算.

```
>   %1^2-1;
```
$$(-180\,a + 108 + 1000\,a^3 + 12\,\sqrt{93 - 75\,a^2 - 270\,a + 1500\,a^3})^2 - 1$$

需要说明的是: 上述结果是在 Maple V Release 4 中解方程得到的. 在 Maple 6
以后的版本中, Maple 不再使用缩写的形式来表达公共的子表达式, 而是直接给出
结果. 我个人还是喜欢 Maple V 的处理方法, 因为这样处理复杂的表达式使我们更
容易了解表达式的结构.

若给出一个表达式而不是方程时,Maple 将自动假定该表达式等于 0.

```
>   solve({x^3-13*x+12},{x});
```
$$\{x = 1\},\ \{x = 3\},\ \{x = -4\}$$

solve命令也可用于解方程组

```
>   solve({x+2*y=3,y+x=1},{x,y});
```
$$\{y = 2,\ x = -1\}$$

对于 5 次以上的方程, 通常无法求出其符号解, Maple 经常以 RootOf 的形式
返回其结果. 但是不同的 Maple 版本返回结果的形式不完全一样, 下面的结果是
Maple V Release 4 版本返回的结果.

```
>   solve({x^5+2*x+4=0},{x});
```
$$\{x = \mathrm{RootOf}(\_Z^5 + 2\,\_Z + 4)\}$$

RootOf(expr) 是一个占位者, 代表 expr 的所有根. Maple 告诉用户 x 是多项
式 $z^5 + 2z + 4$ 的一个根. 在异于复数域的代数数域上进行代数运算时这种表示方
式是很有用的. 利用 allvalues 命令可以得到所有解的显示形式.

```
>   allvalues(");
```

$$\{x = -1.119762609\},\ \{x = -.5662131468 - 1.169221069\,\mathrm{I}\},$$
$$\{x = -.5662131468 + 1.169221069\,\mathrm{I}\},\ \{x = 1.126094451 - .9211635491\,\mathrm{I}\},$$
$$\{x = 1.126094451 + .9211635491\,\mathrm{I}\}$$

由于 5 次以上多项式不存在符号解, 因此 Maple 只能返回浮点近似值解.

而在 Maple 7 中, solve 命令返回的结果是下列形式:

```
>   S:=solve(x^5+2*x+4,x);
```

用 evalf 命令可以直接求出 RootOf 的根, 下面的方法可以求出所有 5 个根.

```
>   map(evalf,[S]);
```

5.1.1 解的检验

对一个方程求解之后, 通常要做的第一件事就是把解代入原方程进行检验, 以保证 Maple 的解是正确的. 例如下列方程

> eqns:={x+2*y=3,y+1/x=1};

$$\text{eqns} := \left\{ x + 2\,y = 3,\, y + \frac{1}{x} = 1 \right\}$$

> soln:=solve(eqns,{x,y});

$$\text{soln} := \left\{ x = -1,\, y = 2 \right\},\, \left\{ x = 2,\, y = \frac{1}{2} \right\}$$

首先我们得到它的两组解

> soln[1];

$$\{ x = -1,\, y = 2 \}$$

> soln[2];

$$\left\{ x = 2,\, y = \frac{1}{2} \right\}$$

为了检验解只需把解集合带入原方程或原方程组.

> subs(soln[1],eqns);

$$\{ 1 = 1,\, 3 = 3 \}$$

> subs(soln[2],eqns);

$$\{ 1 = 1,\, 3 = 3 \}$$

不难看出, 对于解的检验, 用集合形式表示解是比较方便的.

subs 命令还有其他用处. 例如要从第一个解中取出 x 的值, 就可以用 subs 命令.

> x1:=subs(soln[1],x);

$$x1 := -1$$

同样可以从第一个解中取出 y 的值.

> y1:=subs(soln[1],y);

$$y1 := 2$$

利用这种替换技巧还可以把解集合转变为其他形式, 例如可以从第一个解出发构造一个列表, 以 x 为第一个元素, 以 y 为第二个元素. 具体方法是首先用同样顺序构造一个变量列表, 然后把第一个解带入这个列表.

> subs(soln[1],[x,y]);

$$[-1, 2]$$

第一个解现在变成了列表.

当方程的解数量较少时, 这样一个解一个解的检验是可行的. 如果方程的解数量很多, 这种检验方法的效率就太低了, 此时应当使用 map 命令. 由于 map 的语法设计, map 不能将函数应用于序列, 因此在检验解的过程中应当用方括号来界定解, 使之转换为列表.

```
> map(subs,[soln],eqns);
```
$$[\{1=1, 3=3\}, \{1=1, 3=3\}]$$

下面我们再考察一个方程 $\frac{(x-1)^2}{(x^2-1)}=0$

```
> expr:=(x-1)^2/(x^2-1);
```
$$\mathrm{expr} := \frac{(x-1)^2}{x^2-1}$$

用 Maple 的 solve 命令可以求的一个解

```
> soln:=solve(expr,x);
```
$$\mathrm{soln} := 1$$

但把解代入原方程将得到 0/0

```
> subs(soln,expr);
```

```
Error, wrong number (or type) of parameters in function subs
```

求极限表明 $x=1$ 几乎是一个解

```
> limit(expr,x=1);
```
$$0$$

出现这种错误的原因在于 Maple 在解方程之前, 进行了自动约分, 从而导致了增根. 因此不论用什么方法解方程, 都不要忘记检验你的根.

5.1.2 解三角方程

使用 solve 命令也可以解部分特殊的超越方程, 当然在大多数情况下处理超越方程是很困难的. 在解三角方程时, Maple 通常返回一个特解. 例如

```
> solve(sin(x)=cos(x),x);
```
$$\frac{1}{4}\pi$$

如果我们想要得到上述方程的通解 $x = \pi/4 + n\pi$, 我们必须把环境变量 _EnvAllSolutions 的值设为 true.

```
> _EnvAllSolutions:=true:
> solve(sin(x)=cos(x),x);
```
$$\frac{1}{4}\pi + \pi\_Z\tilde{}$$

在通常情况下, Maple 用 _Z 代表整数, _N 代表非负整数, _B 代表二值 (0/1).

用这种方式虽然能得到通解, 但是解的表达式可能具有病态. 例如:

> s:=solve(sin(x^2)=1/2);

$$s := \frac{1}{6}\sqrt{6\,\pi + 24\,\pi\,\_B1\tilde{} + 72\,\pi\,\_Z1\tilde{}},\ -\frac{1}{6}\sqrt{6\,\pi + 24\,\pi\,\_B1\tilde{} + 72\,\pi\,\_Z1\tilde{}}$$

我们希望检验第一个解, 但是化简以后并不能得到我们期待的结果.

> test:=subs(x=s[1],sin(x^2));

$$test := \sin\left(\frac{1}{6}\,\pi + \frac{2}{3}\,\pi\,\_B1\tilde{} + 2\,\pi\,\_Z1\tilde{}\right)$$

> simplify(test);

$$\sin\left(\frac{1}{6}\,\pi + \frac{2}{3}\,\pi\,\_B1\tilde{} + 2\,\pi\,\_Z1\tilde{}\right)$$

虽然 _Z1 和 _B1 都具有假设的标记 ~, 但是在 Maple 内部并没有关于它们的信息. 即使我们手工的加上有关的假设, 化简依然不能成功.

> about(_Z1);

_Z1:
nothing known about this object

> about(_B1);

_B1:
nothing known about this object

> assume(_Z1,integer,_B1,boolean);
> simplify(test);

$$\sin\left(\frac{1}{6}\,\pi + \frac{2}{3}\,\pi\,\_B1\tilde{} + 2\,\pi\,\_Z1\tilde{}\right)$$

5.1.3 解的探讨

考虑下列五个未知量三个方程的方程组,

> eqn1:=x+2*y+3*z+4*w+5*u=14:
> eqn2:=5*x+4*y-3*z+6*w-2*u=20:
> eqn3:=3*y-2*z+8*w+2*u=120:

由于未知量的个数比方程的个数多, 因此得到的解一定含有某些未知量. 我们不妨把 w, u 作为参数

> s:=solve({eqn1,eqn2,eqn3},{x,y,z});

$$s := \left\{ z = \frac{1}{11}\,w - \frac{23}{22}\,u - \frac{95}{11},\ y = -\frac{86}{33}\,w - \frac{15}{11}\,u + \frac{1130}{33},\ x = \frac{31}{33}\,w + \frac{19}{22}\,u - \frac{943}{33} \right\}$$

对于这个参数解, 我们以 $w=1, u=1$ 代入, 可以得到 x, y, z 的值.

```
>  subs({w=1,u=1},s);
```
$$\left\{ z=\frac{-211}{22},\, y=\frac{333}{11},\, x=\frac{-589}{22} \right\}$$

为了进一步了解这个方程组解的特征, 我们可以画出曲面的图像. 为此我们首先按照 x, y, z 的顺序返回解, 方法是先构造一个列表 $[x, y, z]$, 然后使用 subs 命令.

```
>  subs(s,[x,y,z]);
```
$$\left[\frac{31}{33}w+\frac{19}{22}u-\frac{943}{33},\, -\frac{86}{33}w-\frac{15}{11}u+\frac{1130}{33},\, \frac{1}{11}w-\frac{23}{22}u-\frac{95}{11} \right]$$

```
>  plot3d(%,w=0..2,u=0..2,axes=BOXED);
```

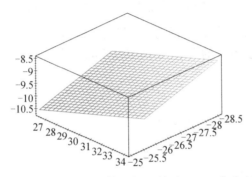

显然我们可以把 x, y, z 作为 w, u 的函数, 然而利用 subs 命令只能得到解的表达式

```
>  subs(s,x);
```
$$\frac{31}{33}w+\frac{19}{22}u-\frac{943}{33}$$

这里 x 是表达式, 不是函数. 所以下面的计算没有结果.

```
>  x(1,1);
```
$$x(1,\,1)$$

要想把表达式转换为函数, 需要用 unapply 命令. 提供给 unapply 以表达式和变量, Maple 将返回一个函数. 例如

```
>  x:=unapply(subs(s,x),w,u);
```
$$x:=(w,\,u)\rightarrow \frac{31}{33}w+\frac{19}{22}u-\frac{943}{33}$$

如果我们想得到 x, y, z 这三个函数, 可以把 map 和 unapply 联合使用. 我们用 s1 来代表这个函数列表, 那么 s1[1] 就是函数 $x=x(w,u)$, s1[2] 就是函数 $y=y(w,u)$, s1[3] 就是函数 $z=z(w,u)$.

```
>  s1:=map(unapply,subs(s,[x,y,z]),w,u);
```

$$s1 :=$$
$$\left[(w, u) \to \frac{31}{33}w + \frac{19}{22}u - \frac{943}{33}, \ (w, u) \to -\frac{86}{33}w - \frac{15}{11}u + \frac{1130}{33}, \right.$$
$$\left. (w, u) \to \frac{1}{11}w - \frac{23}{22}u - \frac{95}{11}\right]$$

```
> s1[1](1,2);
```
$$\frac{-285}{11}$$

```
> s1[2](1,1);
```
$$\frac{333}{11}$$

```
> s1[3](0,1);
```
$$\frac{-213}{22}$$

5.2 数 值 解

solve 命令虽然非常强大, 但是许多方程特别是超越方程还是不能得到符号解, 此时我们只能去求方程的数值解. fsolve 可以用来求方程或方程组的数值解. fsolve 是 Newton 方法的一个变异, 它可以计算方程或方程组, 产生浮点近似解.

我们首先解一个对数方程

```
> fsolve(ln(1+x)+ln(3+x)+x=5);
```
$$2.192154954$$

fsolve 非常轻松地找到了方程的解. 但是下一个方程给我们带来一些问题.

```
> f:=2*x+cos(x)-2*sin(2*x);
```
$$f := 2x + \cos(x) - 2\sin(2x)$$

直接使用 fsolve 命令没有得到解, 此时我们需要给定一个范围让 Maple 去搜索解. 我们给的第一个范围是 x=-2..2, 在这个范围内 Maple 还是没有找到解, 事实上在这个范围内方程是有解的, fsolve 没有找到解是因为这个范围太大了, 从图像上可以看出在 -1 附近有一个解, 缩小范围后就得到了解.

```
> fsolve(f);
```
$$\text{fsolve}(2x + \cos(x) - 2\sin(2x), x)$$

```
> fsolve(f,x=-2..2);
```
$$\text{fsolve}(2x + \cos(x) - 2\sin(2x), x, -2..2)$$

```
>  plot(f,x=-2..2);
```

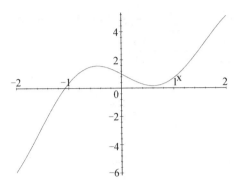

```
>  fsolve(f,x=-2..-1);
```
$$-1.074907239$$

对于一般的方程, fsolve 只找出方程的单一实根. 但对于多项式, fsolve 通常给出所有实数解

```
>  fsolve(3*x^4-16*x^3-3*x^2+13*x-16);
```
$$-1.228498600, 5.403790581$$

可以通过设定选项 maxsols 来求多项式一定数目的根

```
>  fsolve(3*x^4-16*x^3-3*x^2+13*x-16,x,maxsols=1);
```
$$-1.228498600$$

当我们设置复数选项时, fsolve 才计算复数解.

```
>  fsolve(3*x^4-16*x^3-3*x^2+13*x-16,x,complex);
```

$$-1.228498600, .5790206758 - .6841954755\,\mathrm{I}, .5790206758 + .6841954755\,\mathrm{I},$$
$$5.403790581$$

如果用 solve 命令可以求出方程的解, 就不要用 fsolve 命令, 这是因为 fsolve 可能无法找到所有根. 例如

```
>  fsolve({x+y=9/2,x*y=5},{x,y});
```
$$\{x = 2.500000000, y = 2.\}$$

```
>  solve({x+y=9/2,x*y=5},{x,y});
```
$$\left\{y = 2, x = \frac{5}{2}\right\}, \left\{y = \frac{5}{2}, x = 2\right\}$$

```
>  evalf(%);
```
$$\{x = 2.500000000, y = 2.\}, \{x = 2., y = 2.500000000\}$$

有时对非常简单的方程 `fsolve` 也找不到解, 例如:
> `fsolve(x^2+7);`

这是因为我们没有设置 `complex` 项. 因此在解多项式方程时, 最好是设置 `complex` 项.
> `fsolve(x^2+7,x,complex);`
$$-2.645751311\,I, 2.645751311\,I$$

用 `fsolve` 解一般方程时, 通常只能得到一个解, 要想得到更多的解, 最好的办法是先画出函数的图像, 从图中可以确定求解的区间.
> `f:=cos(x^2)-x/5;`
$$f := \cos(x^2) - \frac{1}{5}\,x$$

> `plot(f,x=0..4);`

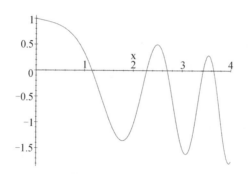

> `fsolve(f);`
$$2.277111200$$

> `fsolve(f,x,x=0..2);`
$$1.156456471$$

> `fsolve(f,x,x=2.5..3);`
$$2.698854693$$

> `fsolve(f,x,x=3..3.6);`
$$3.427972325$$

> `fsolve(f,x,x=3.6..4);`
$$3.649518579$$

在上面的例子中, 我们通过对图形进行观察来确定解的区间. 对于多项式, Maple 可以用 `realroot` 命令找到解所在的区间. 例如:
> `readlib(realroot);`
$$proc(poly, \, widthgoal) \ldots end$$

```
> poly:=x^7-2*x^6-4*x^5-x^3+2*x^2+6*x+4;
```
$$poly := x^7 - 2\,x^6 - 4\,x^5 - x^3 + 2\,x^2 + 6\,x + 4$$

```
> realroot(poly);
```
$$[[0,\,2],\,[2,\,4],\,[-2,\,0]]$$

```
> realroot(poly,1/100);
```
$$[[\frac{153}{128},\,\frac{77}{64}],\,[\frac{413}{128},\,\frac{207}{64}],\,[\frac{-171}{128},\,\frac{-85}{64}]]$$

realroot 命令的第二个参数指定解的孤立区间的大小, 这个值越小, 得到的区间就越接近多项式的根.

5.3 解方程的其他命令

5.3.1 解不等式

solve 命令不仅可以解方程, 也可以解不等式. 例如
```
> solve({abs(x)<1},x);
```
$$\{x < 1,\, -1 < x\}$$

得到的解是 x 所满足的不等式 $-1 < x < 1$.
```
> solve(x^2+x>2,{x});
```
$$\{x < -2\},\,\{1 < x\}$$

解第二个不等式的结果需要稍加解释: 由逗号分开的两个花括号意味着 '或'; 也就是说 $x^2 + x > 0$ 蕴涵着 $x < -2$ 或 $x > 1$.

solve 也能解简单的不等式方程组
```
> eq:={x+y>=5,x-y>=1,y-x/2<=1/2};
```
$$eq := \{5 \leqslant x + y,\, 1 \leqslant x - y,\, y - \frac{1}{2}\,x \leqslant \frac{1}{2}\}$$

```
> solve(eq,{x,y});
```
$$\{5 - x - y \leqslant 0,\, y - \frac{1}{2}\,x - \frac{1}{2} \leqslant 0,\, 1 - x + y \leqslant 0,\, 3 \leqslant x\}$$

5.3.2 求整数解

isolve 命令在整数范围内解方程, 也就是对表达式中所有未知量求整数解
```
> isolve(x+2*y+3*z=10);
```
$$\{x = 10 - 2\,\_N1 - 3\,\_N2,\, y = \_N1,\, z = \_N2\}$$

Maple 用全局变量 _N1, _N2 表示解的参数.
如果 Maple 找不到方程的整数解, 将什么也不返回. 例如
```
> isolve(x^5=5);
```

5.3.3 求模 m 的解

`msolve` 命令可以在模 m 的整数环上解方程.
```
> msolve({3*x-4*y=1,2*x+y=3},17);
```
$$\{y = 13, \ x = 12\}$$

如果解有参数, Maple 通常用 _NN1,…,_NNm 来表示
```
> msolve({2^n=3},11);
```
$$\{n = 8 + 10\_NN1\~\}$$

这里 `msolve` 对 _NN1 作了假设, 使用 `about` 命令可知对 _NN1 的假设是整数.
```
> about(_NN1);
```

```
Originally _NN1, renamed _NN1~:
  is assumed to be: integer
```

5.3.4 求解递推关系

使用 `rsolve` 命令, Maple 可以求解递推关系, 返回函数的通项表达式. 最典型的例子是 Fibonacci 数列.
```
> rsolve({f(n)=f(n-1)+f(n-2),f(0)=1,f(1)=1},{f(n)});
```
$$\left\{ f(n) = -\frac{2}{5} \frac{\sqrt{5}\left(-\dfrac{2}{-\sqrt{5}+1}\right)^n}{-\sqrt{5}+1} + \frac{2}{5} \frac{\sqrt{5}\left(-\dfrac{2}{\sqrt{5}+1}\right)^n}{\sqrt{5}+1} \right\}$$

由此我们得到了 Fibonacci 数列的通项. 其他例子还有:
```
> rsolve({T(n)=T(n-1)+n^2,T(1)=0},T(n));
```
$$2\,(n+1)\left(\frac{1}{2}n+1\right)\left(\frac{1}{3}n+1\right) - 3\,(n+1)\left(\frac{1}{2}n+1\right) + n$$

```
> factor(%);
```
$$\frac{1}{6}\,(n-1)\left(2\,n^2+5\,n+6\right)$$

```
> rsolve({T(n)=2*T(n/2)+n-1,T(1)=0},T(n));
```
$$n\left(2\left(\frac{1}{2}\right)^{\left(\frac{\ln(n)}{\ln(2)}+1\right)} + \frac{\ln(n)}{\ln(2)} - 1\right)$$

```
> simplify(%);
```
$$-\frac{-\ln(2) - \ln(n)\,n + n\ln(2)}{\ln(2)}$$

有关线性递归方程的进一步探讨请参阅 Maple 的 `LREtools` 程序包.

5.3.5　求解函数方程

通常 solve 可以求出方程的一个或几个解, 然而当方程的未知量是形如 $f(x)$ 的函数时, solve 将尝试生成函数作为方程的解. 例如:

> `sln:=solve(f(x)+f(x)^2=1+x^3,f(x));`

$$\text{sln} := -\frac{1}{2} + \frac{1}{2}\sqrt{5 + 4\,x^3}, \ -\frac{1}{2} - \frac{1}{2}\sqrt{5 + 4\,x^3}$$

我们用 test 来表示 sln 的第一个函数, 检验一下 test(x)^3+test(x) 是否是方程的解.

> `test:=unapply(sln[1],x);`

$$\text{test} := x \to -\frac{1}{2} + \frac{1}{2}\sqrt{5 + 4\,x^3}$$

> `simplify(test(x)+test(x)^2);`

$$1 + x^3$$

检验的结果说明, 我们的解是正确的.

5.3.6　方程系数的匹配

match(eqn1=eqn2,x,'sln') 命令可以比较 eqn1 和 eqn2 的系数, 也就是说 match 命令试图确定 eqn1 和 eqn2 中的未知系数, 使得两个方程恒等. 如果匹配成功, 返回值为 true, 否则返回值为 false. 而方程的未知系数可以用第三个参数 sln 返回.

> `match(x^2-1=(x-a)*(x-b),x,'sln');`

$$true$$

> `sln;`

$$\{b = -1, a = 1\}$$

solve 命令的 identity 子项也可以完成类似的工作, 它的用法是

solve(identity(eqn1=eqn2,x),{a,b,...}

因此上述问题用 identity 命令的解为

> `solve(identity(x^2-1=(x-a)*(x-b),x),{a,b});`

$$\{b = -1, a = 1\}, \{b = 1, a = -1\}$$

用 identity 得到的解要比用 match 得到的解多. 但是 identity 命令通常只能用在多项式上, 对于其他的函数它就无能为力了. 例如下面的方程用 match 命令可以解出, 但是用 identity 命令就不行.

> `match(2*sin(3*x^4)=a*sin(n*x^k),x,'sln');`

$$true$$

> `sln;`

$$\{k = 4, n = 3, a = 2\}$$

```
> solve(identity(2*sin(3*x^4)=a*sin(n*x^k),x),{a,n,k});
```

对于复杂的多项式变换 match 也可以使用, 此时得到的解可能会包含 RootOf 形式的表达式.

```
> match(x^2+3*x+5=a*(x+b)^2+c*x,x,'sln');
```
$$true$$

```
> sln;
```
$$\{b = \mathrm{RootOf}(-5 + \_Z^2), \, c = -2\,\mathrm{RootOf}(-5 + \_Z^2) + 3, \, a = 1\}$$

```
> allvalues(%);
```
$$\{a = 1, \, c = -2\sqrt{5} + 3, \, b = \sqrt{5}\}, \{a = 1, \, c = 2\sqrt{5} + 3, \, b = -\sqrt{5}\}$$

```
> subs(%[1],a*(x+b)^2+c*x);
```
$$(x + \sqrt{5})^2 + (-2\sqrt{5} + 3)\,x$$

虽然 match 和 identity 命令能力很强, 但是对于复杂的函数变换它们就无能为力了. 例如在下面的例子中, $c = \pi/2$ 显然可以使方程匹配, 但是 match 和 identity 都求不出结果.

```
> solve(identity(sin(2*x)+sin(x)=cos(x+c)+cos(2*x+c),x),{c});
> match(sin(2*x)+sin(x)=cos(x+c)+cos(2*x+c),x,'sln');
```
$$false$$

5.4　Gröbner 基原理

Gröbner 基算法是 Buchberger 在 1965 年提出的计算多项式理想基的算法. 这个算法的提出对符号计算系统的发展起到了巨大的推动作用. 在这一节中, 我们将介绍用 Maple 计算 Gröbner 基的方法, 以及如何利用 Gröbner 基解多个变量的多项式方程组.

我们首先考察一个多项式方程组

```
> eqns:={x^2+y^2=1,z=x-y,z^2=x+y};
```
$$\mathrm{eqns} := \{x^2 + y^2 = 1, \, z = x - y, \, z^2 = x + y\}$$

为了使用 Gröbner 基原理, 我们首先把这个方程组整理成一组多项式.

```
> polys:=map(lhs-rhs,eqns);
```
$$\mathrm{polys} := \{x^2 + y^2 - 1, \, z - x + y, \, z^2 - x - y\}$$

其中 lhs 和 rhs 分别表示方程的左边的项和右边的项. 在计算 Gröbner 基时, 我们需要调用 grobner 程序包. 此外我们还要确定变量的次序以及所使用的单项式序. 在这个例子中, 变量的次序为 $z > x > y$, 单项式序为字典序.

```
> with(grobner);
```
$$[finduni, \, finite, \, gbasis, \, gsolve, \, leadmon, \, normalf, \, solvable, \, spoly]$$

```
>  G:=gbasis(polys,[z,x,y],'plex');
```
$$G := [3\,z + 4\,y^3 - 3 + 2\,y^2,\, 3\,x - 3\,y - 3 + 4\,y^3 + 2\,y^2,\, -3\,y - y^2 + 2\,y^4 + 2\,y^3]$$

由于 Gröbner 基是多项式理想的基, 因此它的零点集和原方程组 eqns 的零点集是相同的. 从我们得到的基可以看出最后一个多项式 $2^4 + 2\,y^3 - y^2 - 3\,y$ 中只有一个变量 y, 因此我们可以解出 y. 在第二个多项式中只含变量 x 和 y, 由 y 可以解出 x. 具体的关系是

$$x = y + 1 - 4/3y^3 - 2/3y^2$$

同样道理, 我们也可以由第一个多项式解出 z. 具体的关系是

$$z = -4/3y^3 - 2/3y^2 + 1$$

```
>  rootlist:=[solve(G[3])];
```
$$\text{rootlist} := \left[0,\, 1,\, -1 + \frac{1}{2}\,I\,\sqrt{2},\, -1 - \frac{1}{2}\,I\,\sqrt{2}\right]$$

```
>  for i to nops(rootlist) do
>   'x'=simplify(subs(y=rootlist[i],solve(G[2],x))),
>   'y'=rootlist[i],
>   'z'=simplify(subs(y=rootlist[i],solve(G[1],z)));
>   simplify(subs({%},polys))
>  od;
```
$$x = 1,\, y = 0,\, z = 1$$
$$\{0\}$$
$$x = 0,\, y = 1,\, z = -1$$
$$\{0\}$$
$$x = -1 - \frac{1}{2}\,I\,\sqrt{2},\, y = -1 + \frac{1}{2}\,I\,\sqrt{2},\, z = -I\,\sqrt{2}$$
$$\{0\}$$
$$x = -1 + \frac{1}{2}\,I\,\sqrt{2},\, y = -1 - \frac{1}{2}\,I\,\sqrt{2},\, z = I\,\sqrt{2}$$
$$\{0\}$$

实际上, 使用 Gröbner 基方法解方程不用这么复杂, 直接使用 gsolve 命令即可.
```
>  gsolve(polys,[x,y,z]);
```
$$[[x - 1,\, y,\, z - 1],\, [x,\, y - 1,\, z + 1],\, [2\,x - z + 2,\, 2\,y + z + 2,\, z^2 + 2]]$$

gsolve 命令产生的结果是一系列的新的多项式组, 它们的根是原方程组的根, 而且这些新方程组通常很容易求解.

Gröbner 基的另一个重要应用是具有附加关系的化简. 我们首先看一个例子.

例　已知 $a + b + c = 3, a^2 + b^2 + c^2 = 9, a^3 + b^3 + c^3 = 24$. 计算 $a^4 + b^4 + c^4$.

首先我们可以使用具有附加关系的化简来解决这个问题
```
>  siderels:={a+b+c=3,a^2+b^2+c^2=9,a^3+b^3+c^3=24};
```
$$\text{siderels} := \{a + b + c = 3,\, a^2 + b^2 + c^2 = 9,\, a^3 + b^3 + c^3 = 24\}$$

```
> simplify(a^4+b^4+c^4,siderels);
```
$$69$$

在进行具有附加关系的化简过程中, 使 Maple 获得成功的依然是 Gröbner 基原理. 具体方法是首先把附加关系转换为一组多项式

```
> polys:=map(lhs-rhs,siderels);
```
$$polys := \{a+b+c-3,\, a^2+b^2+c^2-9,\, a^3+b^3+c^3-24\}$$

然后在字典序之下计算首系数为 1 的极小 Gröbner 基. 实际上用 gbasis 计算出来的 Gröbner 基都满足这些要求.

```
> G:=gbasis(polys,[a,b,c],'plex');
```
$$G := [a+b+c-3,\, b^2+c^2-3b-3c+bc,\, 1-3c^2+c^3]$$

Gröbner 基的计算依赖于单项式序 $\prec$ 的选择. 事实上, 当我们给定了单项式序 $\prec$, 以及一个多项式的集合 P, 我们就可以定义一个约化关系 $\to_P$. 所谓 f 可以约化到 g 实际上是说:

$$g = f - m_1 p_1 - m_2 p_2 - \cdots - m_l p_l$$

其中 $p_1, p_2, \cdots, p_l \in P$, $m_1, m_2, \cdots, m_l$ 是一组多项式, 并且满足 $m_i p_i$ 的最高次项在单项式序的意义下不超过 f 的最高次项. 也就是说, 在单项式序之下, 利用多项式集 P 中的多项式来消去多项式 f 的最高次项最终得到多项式 g. 此时在序 $\prec$ 之下, 我们有 $g \prec f$. 应用这种约化关系我们可以刻画 Gröbner 基.

定理 一个多项式的有限集合 G 是 Gröbner 基的充分必要条件是由 G 生成的理想中的每个多项式在约化关系 $\to_G$ 下都可以约化为零多项式.

为了使读者更好地理解约化的概念, 我们通过几个例子来说明. 以刚才计算的 Gröbner 基 G 为例. 从第一个多项式出发, 我们可以把 a 约化为

$$a \to_G 3 - b - c$$

从第二个多项式出发, 我们可以把 b^2 约化为

$$b^2 \to_G -bc + 3b - c^2 + 3c$$

从第三个多项式出发, 我们可以把 c^3 约化为

$$c^3 \to_G 3c^2 - 1$$

如果我们把这种约化反复应用到一个多项式 f, 一直到不能再约化为止, 这样得到的多项式叫做 f 对于 G 的范式.

Maple 通过 normalf 命令来计算范式. 下面我们来计算多项式 $a^4 + b^4 + c^4$ 对于 G 的范式.

```
>   normalf(a^4+b^4+c^4,G,[a,b,c],'plex');
```
                                69

它就是我们用具有附加关系化简的结果. 也就是说: 具有附加关系的化简实际的计算方法是首先求出由附加关系所导出的多项式理想的 Gröbner 基, 然后利用这个基求出要化简的多项式的范式.

有关 Gröbner 基理论的应用还有很多, 我们就不在这里一一说明了.

第六章　二维与三维图形

Maple 的图形功能是非常强大的, Maple 能以许多种方式作图. 其图像功能包括二维和三维动画, 变换视角的三维图形, 以及用各种坐标系画图等. 在这一章中我们将介绍 Maple 的基本图形功能, 至于更复杂的作图方法我们将在第十三章图形编程中介绍.

6.1　二 维 图 形

绘制一个已知函数 $y = f(x)$ 的图像, Maple 只需要知道函数及作图区域.

```
>  plot(cos(x),x=-2*Pi..2*Pi);
```

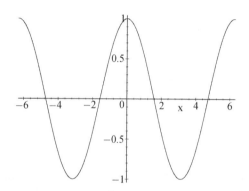

Maple 还能够绘制用户定义函数的图像.

```
>  f:=x->2*sin(x)+sin(3*x);
```

$$f := x \to 2\sin(x) + \sin(3\,x)$$

```
>  plot(f(x),x=0..10);
```

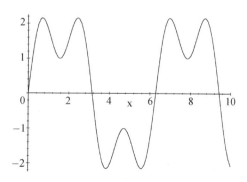

Maple 允许用户在 y 与 x 两个方向规定图像的范围.

>   plot(f(x),x=0..10,y=1..2.5);

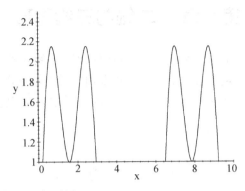

Maple 也可以处理无穷区域.

>   plot(sin(x)/x,x=0..infinity);

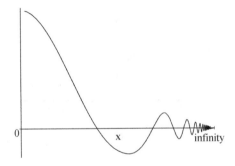

在处理无穷区域时, Maple 实际是作了一个变换, 因此有时画出的图形不太准确. 例如, 我们要画一条直线 $y = 2x + 1$. 在有限的区域内这条线是直线, 而在无限区域内线就不是直线了.

>   plot(2*x+1,x=0..5);

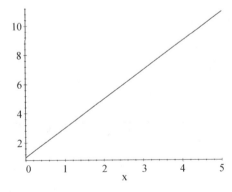

>   plot(2*x,x=0..infinity);

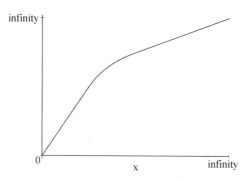

单击图像窗口内任意一点, 在窗口上可以显示图像坐标. 用户可利用图像窗口菜单修改图像的显示方式, 主要的变化有: 是否显示坐标轴、坐标轴的显示方式、线型的变化等. 这些显示方式的变化也可以利用 plot 命令的选项来完成. 通过帮助 ?plot,options 可以查阅 plot 命令的选项. 我们也将在其他章节中介绍相关的选项.

6.1.1 参数方程图像

某些图像无法用显函数来绘制, 也就是说无法把相关变量写成 $y = f(x)$ 的显函数的形式. 例如圆的函数 $x^2 + y^2 = 1$, 对于几乎所有 x 的值, 都有两个对应的 y 值. 对这种问题的解决方法是引进参数, 用参数表示 x 的坐标和 y 的坐标. 画参数图像的语法是

    plot([x-expr,y-expr,parameter=range])

即绘制由列表 x-expr，y-expr, 参数名及参数范围所确定的图像, 例如:

> plot([t^5,t^3,t=-1..1]);

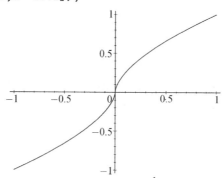

如果我们要画单位圆, 可以使用参数方程 $\begin{cases} x = \cos t, \\ y = \sin t, \end{cases}$ 其中 t 的变化范围是 0 到 2π.

> plot([cos(t),sin(t),t=0..2*Pi],scaling=constrained);

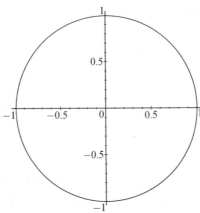

需要注意的是: 有时用 Maple 画出的圆看上去不太圆, 有些像椭圆. 这是因为 Maple 在省缺情形会自动设定图像的纵横比例, 使之适应图形窗口的显示. 借助 plot 的选项设定 scaling=constrained 可以使图像按照原始比例显示. scaling 选项的设定既可以利用窗口菜单, 也可以在 plot 命令中进行.

当然按照原始比例显示有可能隐藏某些图像的重要细节, 这些细节只有在改变图像的纵横比例时显现出来. 下面是一个图像.

> plot(exp(x),x=0..3);

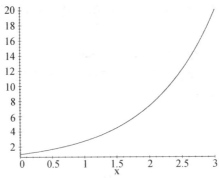

如果按照原始比例显示这个图像, 许多图像的细节就看不到了.

> plot(exp(x),x=0..3,scaling=constrained);

6.1.2 极坐标

在缺省情形, Maple 采用 Cartesian 坐标作图, 这也是表示平面上一点位置的最常用方法, 极坐标 (r, θ) 则是另外一种选择.

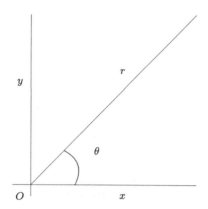

在极坐标下,r 表示从极点到平面上点的距离, θ 表示过极点与平面上点的射线与极轴所成的角, 利用 `polarplot` 命令 Maple 能够绘制极坐标方程表示的图像, 为使用这一命令, 必须先用 `with` 命令加载 `plots` 程序包. `with` 命令列出该程序包包括的所有命令的清单.

```
>  with(plots);
```

[*animate, animate3d, changecoords, complexplot, complexplot3d, conformal,*

contourplot, contourplot3d, coordplot, coordplot3d, cylinderplot, densityplot,

display, display3d, fieldplot, fieldplot3d, gradplot, gradplot3d, implicitplot,

implicitplot3d, inequal, listcontplot, listcontplot3d, listdensityplot, listplot,

listplot3d, loglogplot, logplot, matrixplot, odeplot, pareto, pointplot, pointplot3d,

polarplot, polygonplot, polygonplot3d, polyhedraplot, replot, rootlocus,

semilogplot, setoptions, setoptions3d, spacecurve, sparsematrixplot,

sphereplot, surfdata, textplot, textplot3d, tubeplot]

绘制极坐标方程图像的命令用法是 `polarplot(r=exor,angle=range)`. 在极坐标下可以直接画圆, 即 $r = 1$.

```
>  polarplot(1,theta=0..2*Pi,scaling=constrained );
```

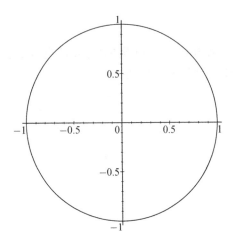

下面是 $r = \cos(5\theta)$ 的图像.

```
>   polarplot(cos(5*theta),theta=0..2*Pi);
```

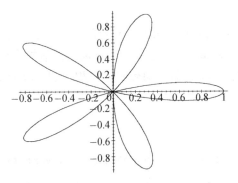

极坐标命令也接受参数作图, 即可引进参数来表示极坐标的半径与极角. 作法与 Cartesian 坐标参数方程的情形类似, 命令为
polarplot([r-expr,angle-expr,parameter=range]). 例如参数方程 $r = \sin(t), \theta = \cos(2t)$ 画出的图形如下:

```
>   polarplot([sin(t),cos(2*t),t=0..2*Pi]);
```

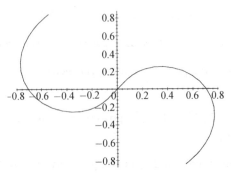

使用 plot 命令也可以绘制极坐标图形, 具体方法是使用选项 coords=polar. 例如下列图形.

```
> plot([sin(phi)*sin(5*phi),phi,phi=0..2*Pi],coords=polar);
```

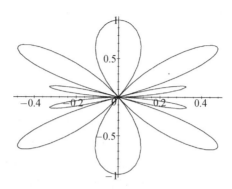

下面定义的函数可以画出一个非常有趣的图形:

```
> S:=t->100/(100+(t-Pi/2)^8):
> R:=t->S(t)*(2-sin(7*t)-cos(30*t)/2):
> polarplot([R(t),t,t=-Pi/2..3/2*Pi],axes=none);
```

这个图形实际上是 Maple 的标志.

6.1.3　隐函数图形

通常我们做函数的图形时, 函数都是以显函数 $y = y(x)$ 或参数方程 $x = x(t), y = y(t)$ 的方式给出的. 然而对于一个方程 $F(x,y) = 0$ 所定义的函数, 我们不一定能写成显函数的形式, 也不知道它的参数方程. 此时我们可以用隐函数作图的命令 implicitplot 来画出它的图形, 此时通常需要给出 x 和 y 的范围.

```
> implicitplot(x^3+y^3-5*x*y+1/5=0,x=-3..3,y=-3..3,grid=[50,50]);
```

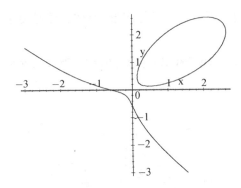

本质上, Maple 画隐函数图形的方法是把方程 $F(x, y) = 0$ 的图像作为三维空间的函数 $z = F(x, y)$ 在 z 平面的等高线. 为了把图形画的更精细, 可以将 grid 选项的值设置的大一些, 或者用 numpoints 选项增加画图的点数. 例如:

```
>  implicitplot(sin(x*y),x=-4..4,y=0..10,grid=[80,80],numpoints=5000);
```

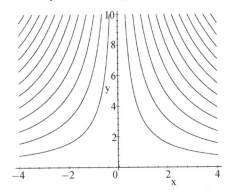

当然使用 implicitplot 命令画图有时需要很多时间和空间. 特别是当函数有奇异点时, 在奇异点附近的图形不一定准确, 因此在处理方程的图像时应尽量避免使用隐函数图形命令, 而采用其他的数学方法.

6.1.4　不连续函数的图像

有不连续点的函数值得特别注意, 下面的函数在 $x = 1$ 和 $x = 2$ 处有两个不连续点,

$$f(x) = \begin{cases} -1 & \text{当} x < 1 \text{ 时,} \\ 1 & \text{当} 1 \leqslant x < 2 \text{ 时,} \\ 3 & \text{其他情况.} \end{cases}$$

在 Maple 中定义 $f(x)$ 的方法如下:

```
>  f:=x->piecewise(x<1,-1,x<2,1,3);
```
$$f := x \rightarrow \text{piecewise}(x < 1, -1, x < 2, 1, 3)$$

```
>  plot(f(x),x=0..3);
```

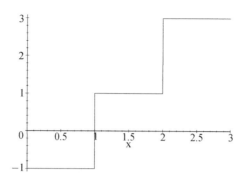

Maple 在不连续点处画出垂直线. 选项 discont=true 可以使 Maple 不画出这些线, 从而能够在图像上看到不连续点,

```
>  plot(f(x),x=0..3,discont=true);
```

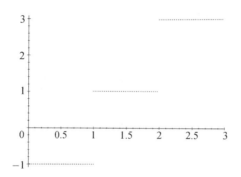

有奇点的函数是不连续函数, 在某些不连续点附近, 其函数值可能趋进于无穷大, 这是不连续函数的一种特殊情形. 例如函数 $x \mapsto \frac{1}{(x-1)^2}$ 在 $x = 1$ 处有奇点.

```
>  plot(1/(x-1)^2,x=-5..5);
```

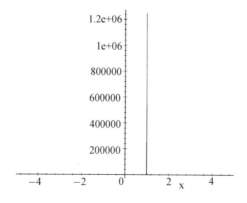

从上面的图形中无法看出函数的任何有趣的细节, 这是因为在 $x=1$ 附近函数值太大了. 解决这一问题的办法是减小 y 的范围, 例如把 y 的值取为 0 到 10.

> `plot(1/(x-1)^2,x=-5..5,y=0..10);`

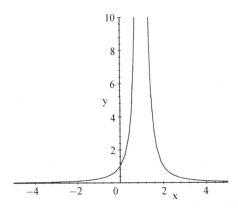

下面我们来看正切函数的图像, 我们知道正切函数在 $x=\frac{\pi}{2}+n\pi$ 处有奇点.

> `plot(tan(x),x=-2*Pi..2*Pi);`

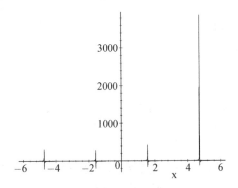

为了看到图像的细节, 我们缩小 y 的范围, 例如 y 的值取为 -10 到 10.

> `plot(tan(x),x=-2*Pi..2*Pi,y=-10..10);`

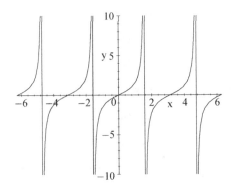

Maple 在奇点处画出垂线, 利用 discont=true 选项可以去掉这些垂线.
> plot(tan(x),x=-2*Pi..2*Pi,y=-10..10,discont=true);

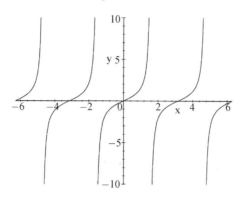

6.1.5 离散数据绘图

当用 plot 命令画一个函数的图形时, 实际上是计算出一定数量的样本点, 然后用直线把这些点连接起来. 同样地, 给出一组数值数据, 将这些点的坐标作成列表, plot 命令也可以画出这个列表中的点. 点坐标的列表形式如下:

$$[[x_1, y_1], [x_2, y_2], \ldots, [x_n, y_n]].$$

如果列表很长, 可以给它取一个名字.
> data_list:=[[-2,4],[-1,1],[0,0],[1,1],[2,4],[3,9],[4,16]];
    $data\_list := [[-2, 4], [-1, 1], [0, 0], [1, 1], [2, 4], [3, 9], [4, 16]]$

> plot(data_list);

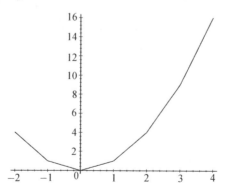

在缺省情形下, Maple 用直线线段连接列表中相邻的点. 选项 style=point 可以使 Maple 只画点不画连接点的直线, 也可以借助菜单来选择不画线.
> plot(sin(x),x=0..2*Pi,style=point);

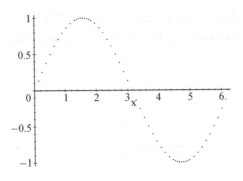

通过菜单或符号选项可以设置图中点本身的表现方式.

```
> data:=seq([rand(100)(),rand(100)()],n=1..100):
> plot([data],style=point,symbol=diamond);
```

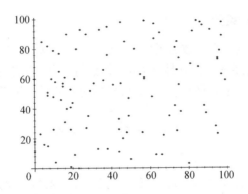

6.1.6   多重图像

有时我们需要在同一个画面上同时显示几个函数的图像, 在 plot 命令中给出函数列表或函数的集合就可以实现这一功能. 例如:

```
> plot([sin(x),x^2/20],x=0..2*Pi);
```

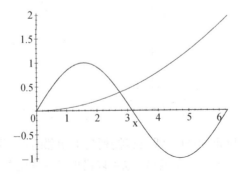

```
> plot({seq(sin(n*x)/n,n=1..5)},x=0..Pi);
```

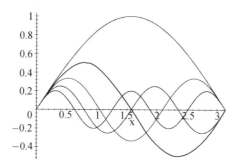

使用这种方法同样可用来绘制参数方程图像.

```
>   plot([[2*cos(t),sin(t),t=0..2*Pi],[t^2,t^3,t= -1..1]],
>           scaling=constrained);
```

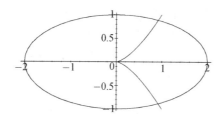

在同一个画面上显示多个画面还有另一种方法, 就是利用 plots 程序包中的 display 命令. 在下面的例子中, 我们首先画出 $y = x + \sin(x)$ 的图像, 然后画一个斜率为 1 的切线. 具体做法如下:

```
>   f:=x+sin(x);
```

$$f := x + \sin(x)$$

```
>   df:=diff(f,x);
```

$$df := 1 + \cos(x)$$

```
>   x0:=evalf(solve(df=1,x));
```

$$x0 := 1.570796327$$

```
>   y0:=evalf(subs(x=x0,f));
```

$$y0 := 2.570796327$$

```
>   p1:=plot(x+sin(x),x=0..4):
>   p2:=plot([[x0-0.5,y0-0.5],[x0+0.5,y0+0.5]]):
>   display([p1,p2],scaling=constrained);
```

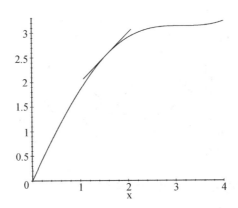

Maple 在同时显示几个函数的图像时, 会使用不同的颜色, 不过在我们的书中无法显示不同的色彩, 我们只能用不同的灰度来表现不同的颜色. 此外我们还可以使用不同的线型来区别同一幅图中的不同图像, 为此 Maple 提供了 `linestyle` 选项. 在下面的例子中, 我们用四种不同的线型来画图.

> `plot([seq(sin(x+n*Pi/12),n=1..4)],x=0..2*Pi,l inestyle=[1,2,3,4]);`

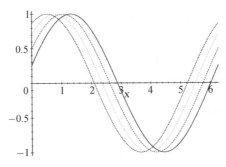

借助菜单同样可以修改线型, 但这样的改变对所有图像都起作用. 类似的, 我们还可以使用 `color` 选项来指定图像的颜色. 例如:

> `plot([x^5,x^3],x=-1..1,color=[gold,plum]);`

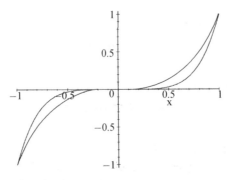

关于颜色的更多细节可参见帮助 `?plot,color`.

6.2　三　维　图　形

二元函数的图像是三维空间中的曲面, Maple 用plot3d命令绘制三维图形. plot 3d 命令的用法和 plot 很相似, 例如下面的图形

> `plot3d(sin(x*y),x=-2..2,y=-2..2);`

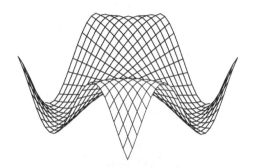

当我们点击图像时, 会出现一些新的菜单, 通过菜单可以修改图形的各种特征. 例如, 在通常情况下 Maple 采用不透明坐标投影网格来显示曲面, 用户可借助 style 菜单的选项改变这一设置. 通过 plot3d 的选项, 例如 style=patch, 可以在网孔中涂上阴影. 如果我们想把后面的图形都加上 style=patch 这个选项, 可以用 setoptions3d 命令统一设置.

> `setoptions3d(style=patch);`
> `plot3d(x^2-y^2,x=-1..1,y=-1..1);`

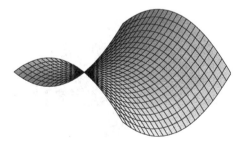

plot3d 命令的选项非常多, 有些和 plot 的选项相同. 下面我们简要介绍几个与 plot 选项不同的选项.

axes=boxed 选项给图形加上一个封闭的坐标框.

> `plot3d(Im(sin(x+I*y)),x=0..2*Pi,y=-Pi/2..Pi/2 ,axes=boxed);`

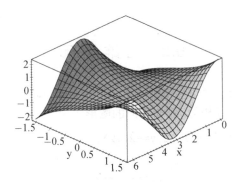

用鼠标单击图形, 拉动图形边框, 可使图像旋转. 也可以用 orientation 选项改变
对三维图形的观察角度, 省缺情况下的视角为 [45, 45]. 下面两图就是用不同视角来
看的同一个图像。

```
>  plot3d(sin(x*y),x=0..7,y=0..7,axes=framed,grid=[60,60],
>         scaling=constrained);
```

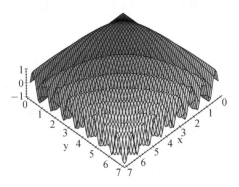

```
>  plot3d(sin(x*y),x=0..7,y=0..7,axes=framed,grid=[60,60],
>         scaling=constrained,orientation=[-45,60]);
```

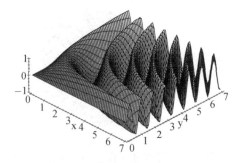

6.2.1   参数方程

在三维空间中, 某些曲面无法用 Cartesian 坐标的显函数 $z = f(x, y)$ 来表示, 我
们可以用参数方程来表示它们并画出它们的图形. 球面就是这样一个例子. 球面的

参数方程可以写成:

$$\begin{cases} x = \sin(s)\cos(t) \\ y = \cos(s)\cos(t) \\ z = \sin(t) \end{cases}$$

在用 plot3d 绘制参数方程的图形时, 第一个参数必须是参数方程的列表, 然后是参数的变化范围以及其他选项. 这种用法与二维参数方程画图略有区别.

```
> plot3d([sin(s)*cos(t),cos(s)*cos(t),sin(t)],s=0..Pi,t=0..2*Pi,
>        scaling=constrained);
```

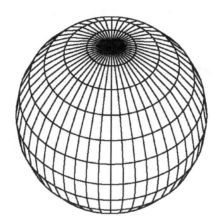

在 plots 程序包中, Maple 还提供了许多有用的命令. 例如: spacecurve 命令可以画出三维空间曲线

```
> with(plots):
> spacecurve([t/10,(1+t/10)*sin(t),(1+t/10)*cos(t)],t=0..30*Pi,
>        numpoints=500,axes=framed,shading=none,orientation=[25,62]);
```

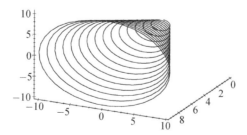

与 spacecurve 命令类似的, tubeplot 则用半径为 1 的管道代替了空间的曲线.

```
> tubeplot([2*sin(t),2*cos(t),t/3],t=-1.5*Pi..2*Pi,
>        orientation=[45,68]);
```

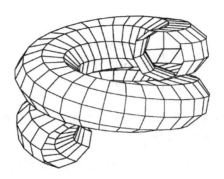

如果让管道的半径也变化, 得到的图形就更有趣.

```
>   tubeplot([-t^1.5/5,3*cos(t),3*sin(t)],t=0..8*Pi,radius=t/8,
>       scaling=constrained,orientation=[107,56],grid=[60,15]);
```

6.2.2   球面坐标

Cartesian 坐标系是众多的三维坐标系之一, 在球面坐标系中, 一点 P 的三个坐标分别是: r 是点到原点的距离, θ 是 OP 在 xOy 平面上的投影与 x 轴所成的角, ϕ 是 OP 与 z 轴所成的角.

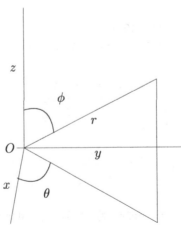

使用 sphereplot 命令, Maple 能够在球面坐标系下绘制函数图形. sphereplot 命令在 plots 程序包中定义. 因此, 绘图之前必须先加载 plots 程序包. 使用

sphereplot 命令的方式为 sphereplot(r-expr,theta=range,phi=range). $r = \left(\dfrac{4}{3}\right)^{\theta} \sin(\phi)$ 的图像如下:

```
> sphereplot((4/3)^theta*sin(phi),theta=-1..2*Pi,phi=0..Pi,
> style=patch);
```

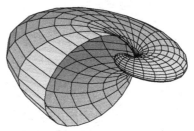

sphereplot 命令也可以绘制参数方程图形, 即用两个参数, 例如 s,t, 给出半径和角坐标的表达式, 其语法类似于 Cartesian 坐标系下的参数方程图形. 在下例中 $r = \exp(s) + t$, $\theta = \cos(s+t)$, $\phi = t^2$.

```
> sphereplot([exp(s)+t,cos(s+t),t^2],s=0..2*Pi, t=-2..2,style=patch);
```

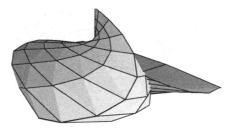

6.2.3 柱面坐标

柱面坐标系中的一点有三个坐标, r, θ 和 z. 其中 r 和 θ 是 x-y- 平面的极坐标,z 是通常 Cartesian z- 坐标.

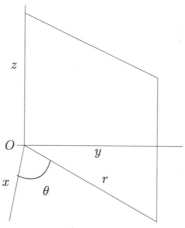

在柱面坐标系下, Maple 用 cylinderplot 命令绘制函数图像. 用法是 cylinderplot(r=expr,angle=range,z=range). 下图是等进螺线的三维版本.

```
> cylinderplot(theta,theta=0..4*Pi,z=-1..1);
```

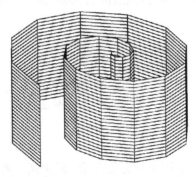

在柱面坐标系下画圆锥是非常简单的, 令 r 等于 z, 且令 θ 遍历圆周即可.

```
> cylinderplot(z,theta=0..2*Pi,z=0..1);
```

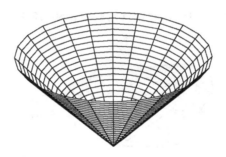

cylinderplot 也接受参数方程, 用法与 Cartesian 坐标参数方程图形类似.

```
> cylinderplot([s*t^2,s,cos(t^3)],s=0..Pi,t=-2..2,style=patch);
```

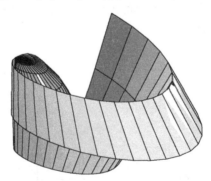

6.2.4　三维空间的离散数据图形

在我们用 plot3d 命令画三维图形时, style 选项省缺值为 hidden, 为了使图形看得更清楚, 我们还常使用 stley=patch 选项. 如果我们把 style 的值取为 point,

就可以把数据以点图的形式显示出来. 然而为了使点图能清楚的显示函数的特征, 我们需要设置 grid 选项. 下图就是一个例子.

```
>  plot3d([sin(s)*cos(t),cos(s)*cos(t),t],s=0..2*Pi,t=0..Pi,
>  grid=[80,20],shading=none,scaling=constrained,style=point);
```

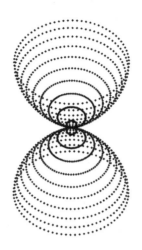

上面的例子是从一个函数画出的离散点的三维图形. 如果我们的数据是从其他渠道获得的, 要想画出离散点的三维图形通常需要 pointplot3d 命令. pointplot3d 的第一个参数是形如 $[[x_1, y_1, z_1], [x_2, y_2, z_2], \cdots]$ 的列表. 当你指定了额外的选项 style= line, 就可以把离散的点用线连起来. 在下面的例子中, 我们用 seq 命令生成 1000 个点, 然后用 pointplot3d 命令画出三维空间离散点的图形.

```
>  data:=[seq(evalf([t/100,sin(t/40),cos(t/40)]),t=0..1000)]:
>  pointplot3d(data,axes=boxed);
```

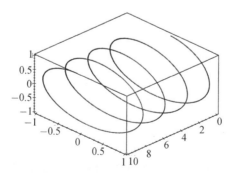

在画三维曲面的过程中, 通常的做法是在 xy 平面画好网格, 然后计算在网格点的 z 值, 最后再将相邻网格用光滑的曲面连接起来就得到了三维空间的光滑曲面. 如果我们用其他方法得到网格点的 z 值, 可以用 listplot3d 或 surfdata 命令画出曲面.

我们首先来看 listplot3d 命令的用法. 它的第一个参数的结构如下:

$$[[z_{11}, z_{12}, \cdots, z_{1n}], [z_{21}, z_{22}, \cdots, z_{2n}], \cdots, [z_{m1}, z_{m2}, \cdots, z_{mn}]]$$

其中 z_{ij} 是网格点 (i, j) 对应的 z 值.

```
> listplot3d([[0,0,1,0,0],[0,0,1,2,2],[0,1,2,1,0],[0,2,3,2,0]],
> axes=frame,style=hidden,color=black,orientation=[45,11]);
```

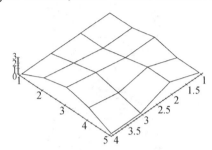

一个更灵活的命令是 surfdata, 它以坐标点 (x, y, z) 的列表的列表作为参数. 把所有这些点铺开可以编织成覆盖曲面的网. 于是它的数据结构应当是:

$$[[p_{11}, p_{12}, \cdots, p_{1n}], [p_{21}, p_{22}, \cdots, p_{2n}], \cdots, [p_{m1}, p_{m2}, \cdots, p_{mn}]]$$

其中 p_{ij} 是 $[x_{ij}, y_{ij}, z_{ij}]$ 的缩写. 使用 surfdata 命令的最大麻烦是如何构造这些坐标点的列表的列表. 通常我们需要多次使用 seq 命令. 下面的例子说明了这一点.

```
> setoptions3d(style=hidden,color=black):
> data:=[seq([seq([i,j,evalf(cos(sqrt(i^2+j^2)/2))],
>   i=-5..5)],j=-5..5)]:
> surfdata(data,axes=frame,labels=[x,y,z]);
```

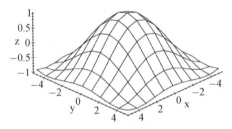

从上面的例子可以看出用 seq 命令构造网格有很大的局限性, 这是因为 seq 总是以 1 作为它的步长. 如果我们要想构造更细的网格, 就需要使用其他方法. 下面的一段程序代码为我们提供了一条途径. 使用这个 seq2 命令, 我们可以构造更细的网格, 以画出更精细的图形. 有关这段程序的细节, 我们不做进一步的解释, 有关 Maple 编程的问题请读者参考第十一章.

```
> seq2:=proc(f,l1::list,l2::list)
```

```
>      local i,j,data1,data2,range1,range2;
>      range1:=evalf(l1):   range2:=evalf(l2):
>      data1:=[];
>      for i from op(1,op(2,range1[1])) to op(2,op(2,range1[1]))
>            by range1[2] do
>      data2:=[];
>      for j from op(1,op(2,range2[1])) to op(2,op(2,range2[1]))
>            by range2[2] do
>      data2:=[op(data2),eval(subs(op(1,range2[1])=j,
>            op(1,range1[1])=i,f))];
>    od;
>      data1:=[op(data1),data2];
>    od;
>    RETURN(data1);
>    end:
```

seq2命令的用法非常简单, 它的第一个参数是我们要计算的函数或函数列表, 这些
函数计算的结果应当是一个形如 $[x, y, z]$ 的列表, 它的计算受两个参数的控制. 参数
控制写成形如 [x=start..end,step] 的列表.

```
>    seq2([x,y,x+y],[x=1..3,1],[y=0.1..0.3,0.1]);
```

$[[[1., .1, 1.1], [1., .2, 1.2], [1., .3, 1.3]], [[2., .1, 2.1], [2., .2, 2.2], [2., .3, 2.3]],$
$\quad [[3., .1, 3.1], [3., .2, 3.2], [3., .3, 3.3]]]$

上面的例子说明了 seq2 的用法. 下面我们就用这个新命令来计算三维空间中的滑
运道的数据, 并用 surfdata 画出它.

```
>    data:=seq2([r*sin(phi),r*cos(phi),1.5*phi+3*sin(r)],
>      [r=Pi..2*Pi,Pi/9],[phi=0..4*Pi,Pi/10]):
>    surfdata(data);
```

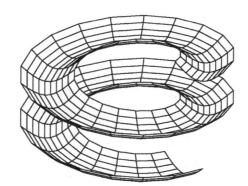

6.2.5   曲面的着色

plot3d 有四个选项对曲面的着色有影响, 这四个选项分别为 shading, color, light 和 ambientlight.

- shading 从几种算法中选择一种为曲面着色.
- color定义一个函数, 它按照 x, y 的坐标计算曲面在相应点的色彩. shading 和 color 不能同时组合使用, 但是可以互相替代.
- light 和 ambientlight 指定一个或几个光源照射曲面, 产生不同的着色效果.

shading 选项控制着曲面着色的算法, 它的省缺设置与版本有关, 通常为 xyz. 也就是说着色依赖于所有三个坐标. 但是实际计算颜色的公式在 Maple 的文档中无法找到. shading 的另一个选择是 xy. 此时着色仅和 x, y 坐标有关, 与 z 无关. 设置 z和 zhue 使着色仅依赖于 z, zhue 的着色比 z 更美丽. 一个类似的效果来自于 zgrepscale, 它以灰度的方式显示曲面, 灰度的变化依赖于 z. 上面的曲面就是 shading=zhue 的效果.

```
>   with(plots):
>   plot3d(-5*cos(sqrt(x^2+y^2))*exp(-0.1*sqrt(x^2+y^2)),
>   x=-2*Pi..7*Pi,y=-2*Pi..4*Pi,grid=[45,35],style=patchnogrid,
>   shading=zhue);
```

shading 的最后一种选择是 none, 此时曲面完全没有着色, 只有线和点用黑色表示, 曲面是白色. 这种选择通常与 style=point 或 hidden 联合使用.

如果用户不想使用 Maple 的着色方式, 而希望自己定义着色方法, 则应使用 color 选项. 通常 color 是两个参数的函数, 使用这个函数可以确定曲面的颜色分布. 不过我们使用 color 选项时, 经常把它作为常数来使用. 在下面的例子中, 我们把两个曲面在同一幅图中显示, 上面的图为兰色, 下面的图为红色.

```
>   p1:=plot3d(1.5*cos(x^2+y^2),x=-2..2,y=-2..2,color=red):
>   p2:=plot3d(2*sin(sqrt(x^2+y^2)),x=-2..2,y=-2..2,color=blue):
>   display([p1,p2]);
```

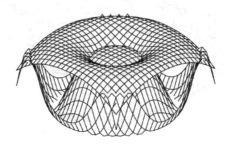

下面我们定义一个着色函数, 它以 x, y 作为参数. 我们通常是以下列方式定义着色函数 color=COLOR(RGB,r(x,y),g(x,y),b(x,y)), $r(x,y)$, $g(x,y)$, $b(x,y)$ 分别代表红、绿、蓝的值, 最后的颜色是由这三种颜色混合而成的.

```
>  aa:=(x,y)->COLOR(RGB,x^2,y^2,0):
>  plot3d(sin(x*y),x=0..2,y=0..2,color=aa(sin(x+y),cos(x-y)));
```

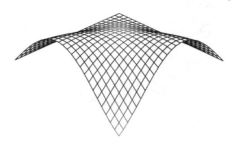

影响曲面着色的第三个因素是光照. plot3d 有两个选项设定光照的方式, 分别为 ambientlight 和 light.

ambientlight=[r,g,b] 描述了一种环绕光源, 光照的色彩由 r,g,b 决定, 环绕的含义是指光线可以从任何角度照射曲面.

light=[phi,theta,r,g,b] 描述了以角度 ϕ, θ 照射曲面的光源. 其中 ϕ 指的是纵向的角度, θ 指的是横向的角度.

下面我们来看光源的设置对球面着色的影响. 我们首先画一个球面, 曲面的颜色为白色. 为了方便起见, 我们把球面定义为 p, 然后用 display 命令显示它.

```
>  p:=plot3d([sin(s)*cos(t),cos(s)*cos(t),sin(t)],
>  s=0..Pi,t=0..2*Pi,scaling=constrained,color=white,
>  orientation=[38,75],style=patch):
>  display(p);
```

第一个例子是用一个光源照射球面的情况

```
>  display(p,light=[60,45,1,1,1]);
```

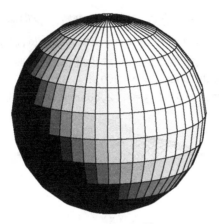

第二个是用 light和 ambientlight照射球面的情况

```
>   display(p,light=[60,45,1,1,1],ambientlight=[0.3,0.3,0.3]);
```

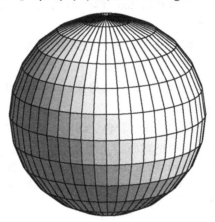

最后我们用三个光源从不同角度来照射球面.

```
>   display(p,light=[60,45,1,0,0],light=[60,-45,0 ,1,0],
>         light=[135,0,0,0,1]);
```

6.3 动　　画

图形是信息表达的最佳方式之一, 但静态图形未必能够突出表现某些图形性质. 有时动画更能反映图形的变化特征. Maple 的动画是由一系列图片构成, 逐幅快速显示, 与电影胶片的放映过程类似, 有两个命令用于动画, animate 和 animate3d, 它们均在 plots 程序包中定义.

6.3.1 二维动画

绘制二维动画的命令是 animate. 它的用法是:
animate(y-expr,x=range,t=range). 下面是一个动画的例子.

```
> with(plots):
> animate(sin(x*t),x=-10..10,t=1..2);
```

用鼠标点击动画的画面会出现一个动画窗口, 它有一排类似于卡式磁带录音机的按钮, 按下 Play 按钮 (带有单个三角形图案) 将启动动画.

在缺省情形, 二维动画由 16 幅图片 (帧) 构成, 如果运动的连贯性太差, 可要求 Maple 增加帧数.

```
> animate(sin(x*t),x=-10..10,t=1..2,frames=50);
```

对于参数方程也可以画动画.

```
> animate([a*cos(u),sin(u),u=0..2*Pi],a=0..2);
```

coords 选项通知 animate 使用非 Cartesian 坐标系.

```
> animate( theta*t,theta=0..8*Pi,t=1..4,coords=polar);
```

在本书中显示动画是困难的, 因此, 用户应该在计算机上亲自试用 Maple 的这些命令, 以求对这些命令的有更深入的理解. 如果一定要在书中显示动画, 唯一的方法是把动画的每一帧同时显示出来. 下面我们用一段代码来显示第一幅动画的每一帧.

```
> for i from 0 to 15 do
>    t:=1+i/16;
>    p.i:=plot(sin(x*t),x=-10..10,axes=none):
> od:
> display(array(1..4,1..4,[[p0,p1,p2,p3],[p4,p5,p6,p7],
>         [p8,p9,p10,p11],[p12,p13,p14,p15]]));
```

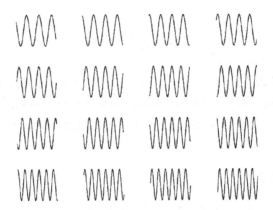

6.3.2　三维动画

animate3d 命令可以产生三维空间曲面的动画, animate3d 的用法如下:

animate3d(z-expr,x=range,y=range,time=range)

下面是一个三维动画的例子.

```
>  animate3d(cos(t*x)*sin(t*y),x=-Pi..Pi,y=-Pi..Pi,t=1..2);
```

在省缺情况下, 三维动画由 8 幅图片组成, 如同二维动画一样, 选项 frames 也可以改变动画的帧数. 注意, 计算多帧图片有时需要耗费许多时间和空间.

```
>  animate3d(cos(t*x)*sin(t*y),x=-Pi..Pi,y=-Pi..Pi,t=1..2,frames=16);
```

对于参数方程同样可以画动画.

```
>  animate3d([s*time,t-time,s*cos(t*time)],
>      s=1..3,t=1..4,time=2..4,style=patch,axes=boxed);
```

为使一个非 Cartesian 坐标系的函数图形成为动画, 可利用 coords 选项. 对于球面坐标, 令 coords=spherical.

```
>  animate3d((1.3)^theta*sin(t*phi),theta=-1..2*Pi,
>    phi=0..Pi,t=1..8,coords=spherical);
```

对于柱面坐标, 令 coords=cylindrical.

```
>  animate3d(sin(theta)*cos(z*t),theta=1..3,z=1..4,
>      t=1/4..2/7,coords=cylindrical);
```

有关 Maple 所知坐标系的清单, 请参见 ?plots, changecoords.

display 命令也同样可用来显示动画.

下面一段程序画出了一个螺旋形蜗牛的旋转过程. 这个程序的做法是用一个循环生成 10 幅螺旋形蜗牛的图像, 然后用 display 命令依次显示它们. 为显示动画必

须使用 insequence=true 选项, 否则 display 命令将把这 10 幅图形同时显示在一
个画面上.

```
>  with(plots):
>  data:=[]:
>  for i from 1 to 10 do
>    phi:=2*Pi/10*i:
>    data:=[op(data),
>      tubeplot([-t^1.5/5,3*cos(t+phi),3*sin(t+phi)],t=0..8*Pi,
>      radius=t/8,scaling=constrained,grid=[60,15])]:
>  od:
>  display(data,insequence=true,orientation=[107,56]);
```

display 命令丰富了动画的构造方法, 直接使用 animate3d 命令是很难画出上述动
画的.

　　display 命令还可以把静态的图形和动态图形结合起来, 产生更丰富的动画效
果. 下面的程序就是一个例子.

```
>  a:=animate3d(sin(x+y+t),x=0..2*Pi,y=0..2*Pi,t=1..5,frames=20):
>  b:=plot3d(0,x=0..2*Pi,y=0..2*Pi):
>  c:=animate3d(t,x=0..2*Pi,y=0..2*Pi,t=-1.5..1.5,frames=20):
>  display([a,b]);
>  display([a,c]);
```

第二个动画则是将两幅动画同时显示, 此时我们需要保证两幅动画的帧数相同.

6.4　图形的注解

　　Maple 提供多种方法为图形添加注解, 选项 title 给图形窗口加指定标题, 标
题位于窗口顶端居中的位置. labels 选项可以标记坐标轴. 例如

```
>  plot(sin(x),x=0..2*Pi,title='Sine function',
>      labels=['x axis','y axis']);
```

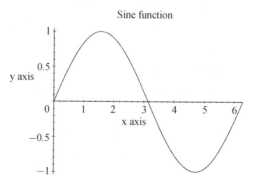

对于三维图形, 在省缺时不显示坐标轴, 因此在使用 labels 选项时还应当使用选项
axes=framed 明确要求显示坐标轴.

```
> plot3d(sin(x*y),x=-1..1,y=-1..1,axes=framed,
>         labels=['length','width','height']);
```

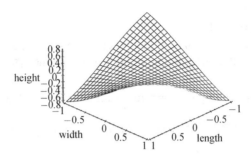

使用 textplot 命令, 我们可以在图形的任何位置加文字标记, 标记文字的方
式为 [x,y,'text']. 使用选项 align 可以得到不同的对齐方式. align 的取值有两
项, 第一项的取值可以是 LEFT, RIGHT, 第二项的取值可以是 ABOVE, BELOW. 使用
textplot 命令产生的标记必须用 display 命令组合起来才能显示. 例如

```
> p1:=plot(sin(x),x=0..2*Pi):
> p2:=textplot([3*Pi/2,0.5,'sin(x)']):
> display([p1,p2]);
```

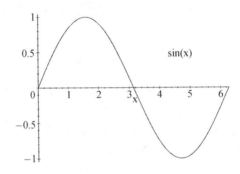

在三维图形中, 可以使用 textplot3d 来加文字标记, 用法与 textplot 类似.

有四个选项 font, titlefont, axesfont 和 labelfont 可以用来设置图形中出
现的文本的字体和大小. 其中 titlefont 可以设置标题, axesfont 可以设置坐标轴,
labelfont 可以设置由 labels 指定的坐标轴的标记, font 可以设置由 textplot 指
定的图形中的文字.

这四个选项的格式都是相同的, 为 [font,style,size]. 其中 font 指定字体,
style 指定字体的样式, 它与字体的选择有关, size 指定字体的大小, 它的单位是
point.

font 的选择有四种, 分别为 COURIER, HELVETICA, TIMES 和 SYMBOL. 其中 SYMBOL 没有相应的 style. COURIER 和 HELVETICA 的 style 有 BOLD, OBLIQUE 和 BOLDOBLIQUE三种. TIMES的 style 有 ROMAN, BOLD, ITALIC 和 BOLDITALIC 等四种. 下面的例子说明了这些字体的使用方法.

```
> display([p1,p2],title='Sine function',
>          font=[TIMES, ITALIC, 40],axesfont=[COURIER, OBLIQUE, 20],
>          titlefont=[HELVETICA, BOLD, 50]);
```

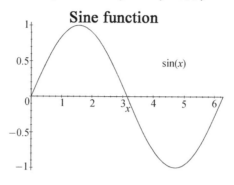

6.5 特 殊 图 形

在这一节中, 我们介绍 plots程序包中的一些特殊的作图命令, 主要包括: 对数尺度作图、等高线图、复函数作图、不等式图以及多面体图等.

6.5.1 对数尺度的图形

对于指数函数的图形, 其 y 轴的数值往往非常大, 使用普通的画图命令很难看到图形的细节, 因此对 y 轴使用对数尺度画图是一个较好的选择. 下面我们用 logplot 命令画出 e^x, e^{3x+1} 和 e^{x^2} 的图形.

```
> with(plots):
> logplot({exp(x),exp(x^2),exp(3*x+1)},x=0.1..10,1..10^6);
```

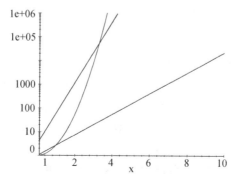

logplot 仅仅改变了 y 轴的尺度, loglogplot 则可以改变两个坐标轴的尺度. 下面我们考察一个控制函数的振幅曲线和幅角曲线. 对于振幅曲线, 我们更关心它在某些样本点的情况. 使用 sample 可以指定 x 轴上的样本点. 画出的图形如下:

```
>    s:=I*omega:
>    f:=(1+s*2/5)*(1+s/9)/((1+s)*(1+s/99)):
>    loglogplot(abs(f),omega=0.01..10000,axes=boxed,
>               sample=[seq(10^(n/10),n=-20..50)]);
```

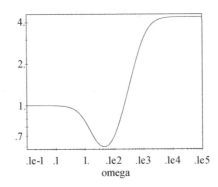

对于幅角曲线, 我们需要用到 semilogplot 命令, 与 logplot 相反, 它把 x 轴改变为对数尺度, y 轴不变.

```
>    semilogplot(argument(f)*180/Pi,omega=0.01..10000,axes=boxed,
>               sample=[seq(10^(n/10),n=-20..50)]);
```

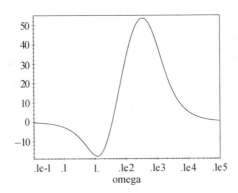

6.5.2   三维图形的二维表示

在 6.2 节, 我们把函数 $z = f(x, y)$ 画成三维空间的曲面. 在这一节中, 我们试图用 densityplot 和 contourplot 命令在二维空间中表示两个参数的函数.

densityplot 以平面网格上的灰度来表示两个参数的函数.

```
>    f:=(x-1)*(x+2)*(y-2)*(y+2):
>    densityplot(f,x=-3..3,y=-3..3,axes=boxed);
```

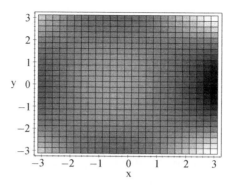

这种表示方式局限性较大, 不能充分反映出函数的特征.

contourplot 命令也可以在二维空间中表示形如 $z = f(x, y)$ 的函数, 它通常把 $f(x, y)$ 的值画成平面上的等高线.

```
>    contourplot(f,x=-3..3,y=-3..3);
```

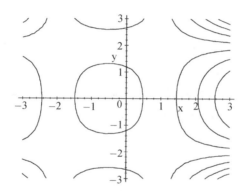

我们可以通过加细网格和增加等高线的数量画出更精细的图形, contour 选项可以改变等高线的个数.

```
>    contourplot(f,x=-3..3,y=-3..3,grid=[30,30],contours=25,
>            color=black,axes=boxed);
```

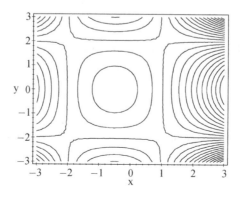

将 filled 选项设为 true, 可以把等高线之间的空白用不同的颜色填充.
coloring=[white,black] 指定用白色和黑色填充, 因此得到的就是灰度图.

```
>    contourplot(f,x=-3..3,y=-3..3,axes=boxed,filled=true,
>              coloring=[white,black]);
```

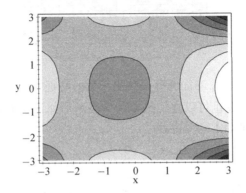

contourplot 有其三维版本 contourplot3d. 它们的用法基本相同. 选项 shading=none
可以保证等高线之间是用灰度图形来填充.

```
>    contourplot3d(f,x=-3..3,y=-3..3,axes=boxed,filled=true,
>              coloring=[white,black],shading=none);
```

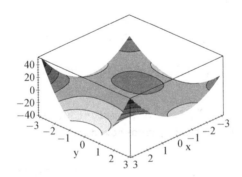

contourplot3d 还可以处理形如 $[fx, fy, fz]$ 的参数图形, 其中 fz 对画等高线
没有影响, 它只对填充着色有影响. 通过适当选择视角, 我们可以在二维平面上展
示 contourplot3d 的结果.

```
>    s:='s':
>    contourplot3d([t*sin(s),t*cos(s),sin(s*t)],s=0..2*Pi,t=0..2,
>    contours=20,filled=true,coloring=[white,grey],
>    shading=none,orientation=[0,0]);
```

在 Maple V Release 4 的共享库中有一个命令 filledcontourplot, 它提供了与
contourplot 不同的填充等高线间空白的方式. 由它得到的图形更加精细.

```
>   with(share):
```

See ?share and ?share,contents for information about the share library

```
>   readshare(fconplot,plots):
>   filledcontourplot(f,x=-3..3,y=-3..3,coloring=[black,white],
>   levels=10,axes=boxed);
```

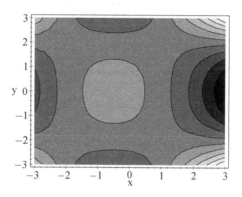

6.5.3 复函数图像

在三维空间中画出复函数的图像是一个困难的问题, 主要的困难是画复函数图
像涉及四个变量. 这四个变量分别为函数变量的实部和虚部, 函数结果的值和幅角.
然而在三维空间中只能表示三个变量的图形. 解决问题的方法之一是使用 plot3d
命令, 函数的值可以表示为三维空间的曲面, 而幅角则用色彩的变化表示出来. 其
他的方法是用 complexplot, complexplot3d 和 conformal 等命令处理复函数的
图形.

complexplot 可以在平面上表示单参数的复函数, 它的用法与 plot 相似. 唯一
的区别是 complexplot 可以自动生成两个关于 x, y(实部和虚部) 的部分函数. 下面
图形画出了 tan 的在复平面的图形.

```
>  complexplot(tan(x*(2+I)),x=-Pi..Pi);
```

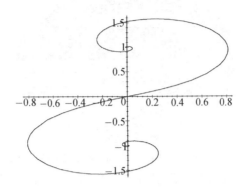

使用 style=point 选项还可以画出复方程根的分布图.

```
>  solve(z^12=1);
```

$$1, -\frac{1}{2} + \frac{1}{2}\,\mathrm{I}\,\sqrt{3}, -\frac{1}{2} - \frac{1}{2}\,\mathrm{I}\,\sqrt{3}, -1, \frac{1}{2} - \frac{1}{2}\,\mathrm{I}\,\sqrt{3}, \frac{1}{2} + \frac{1}{2}\,\mathrm{I}\,\sqrt{3}, \mathrm{I}, -\mathrm{I},$$

$$\frac{1}{2}\sqrt{2 - 2\,\mathrm{I}\,\sqrt{3}}, -\frac{1}{2}\sqrt{2 - 2\,\mathrm{I}\,\sqrt{3}}, \frac{1}{2}\sqrt{2 + 2\,\mathrm{I}\,\sqrt{3}}, -\frac{1}{2}\sqrt{2 + 2\,\mathrm{I}\,\sqrt{3}}$$

```
>  complexplot([%],style=point,axes=boxed);
```

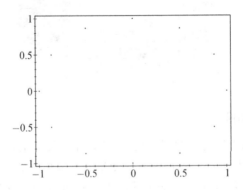

对于两个参数的复函数, 我们就要用 complexplot3d 命令画图. 本质上, complexplot3d 与 plot3d 相对应, 主要的区别在于对 color 选项指定了一个特殊的控制函数, 也就是用幅角控制着色方式.

下面是复正弦函数的三维图形.

```
>  complexplot3d(sin(z),z=-I..2*Pi+I,orientation=[-70,21],
>  axes=boxed,style=patch,grid=[40,40]);
```

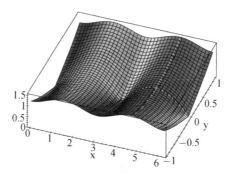

当传递给 complexplot3d 两个函数时, 第一个函数定义三维曲面的 z 值, 第二个函数定义着色函数. 下面就是一个例子

>   f:=sin(z):

>   complexplot3d([Re(f),abs(f)],z=0..Pi+I,style=patch,axes=boxed);

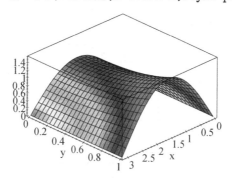

下面引人注目的图形是在图解 Newton 算法的过程得到的, Newton 算法是近似求解复函数零点的算法 ($N(z) = z - p(z)/(p'(z) + sI)$). 当然我们所须的时间也是引人注目的.

>   p:=(z-1)*(z^2+z+5/4);

$$p := (z - 1) \left(z^2 + z + \frac{5}{4} \right)$$

>   f:=unapply(z-p/(diff(p,z)-0.5*I),z);

$$f := z \to z - \frac{(z - 1) \left(z^2 + z + \dfrac{5}{4} \right)}{z^2 + z + \dfrac{5}{4} + (z - 1)(2z + 1) - .5\,I}$$

f@@4 表示 $f(f(f(f(z))))$, 也就是把函数 f 的作用迭代四次. 在 Maple 中 f@@4比 $f(f(f(f(z))))$ 效率更高.

>   complexplot3d(f@@4,-4-4*I..4+4*I,view=-1..2,style=patchnogrid,

>   grid=[100,100]);

conformal 命令计算复函数的保形映射图. 也就是说, 它能画出复函数将复平面上的网格变形后的结果. 这个命令的第一个参数是复函数, 第二个参数是复平面上有限的矩形区域, Maple 用网格覆盖了这个区域, 计算复函数在这些网格点的值, 在将相应的结果连接起来就得到我们要画的保形映射图.

我们首先把 conformal 作用到最简单的复函数 $f(z) = z$ 上, 得到的结果是未加变形的网格.

```
>    conformal(z,z=-1-I..2+I,axes=boxed);
```

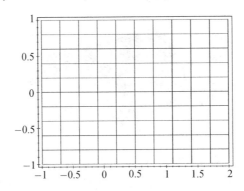

下面我们来考查复函数 $1/z$ 的保形映射. 其中 conformal 的第三个参数给出了我们要显示的区域.

```
>    conformal(1/z,z=-1-I..2+I,-4-3*I..4+3*I,grid=[50,50],
>    axes=boxed,view=[-4..4,-3..3]);
```

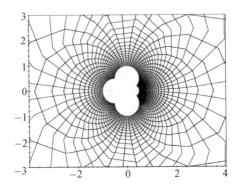

最后一个例子给出了复函数 $(z+1+\mathrm{I})^3$ 的保形映射表示.

```
>   conformal((z+1+I)^3,z=-I*2..2+2*I,grid=[40,40 ],
>   axes=frame,scaling=constrained);
```

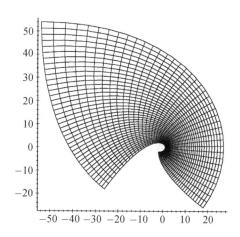

6.5.4 其他特殊图形

在 plots 程序包中有许多特殊的绘图命令, 前面我们已经介绍了许多, 最后我们在对三个特殊的绘图命令予以说明.

首先, 我们说明 inequal 的用法. inequal 命令可以画出不等式方程组所确定的平面区域. 对于不等式图形有四个要素与其他图形对象不同. 它们分别为:

- feasible region: 满足所有不等式的区域.

- excluded regions: 违背至少一个不等式的区域.

- open lines: 表示由 < 或 > 的不等式确定的边界线.

- closed lines: 表示由 $\leqslant$ 或 $\geqslant$ 的不等式确定的边界线.

对这些要素有相应的选项 optionfeasible, optionexcluded, optionopen 和 optionclose 来分别设置. 选项的设置方法是 optionname=(expression sequence of plot option). 例如

```
>   with(plots):
>   inequal({x+2*y>=-1,x-y<=1,y-x/3<4},x=-6..8,y=-2..7,
>   optionsfeasible=(color=grey),optionsexcluded=(color=white),
>   optionsclosed=(thickness=3),
>   optionsopen=(linestyle=3,thickness=1),axes=boxed);
```

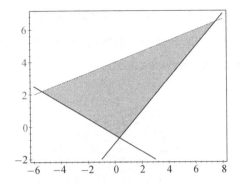

在 6.1 节我们介绍过在二维空间中画出隐函数图形的命令. 在三维空间中也有相应的命令 implicitplot3d. 下面的图形画出了方程

$$z + \sqrt{x^2 + y^2} - \sin(y^2 + z^3) = 0$$

的隐函数图形

```
>   implicitplot3d(z+sqrt(x^2+y^2)-sin(y^2+z^3)=0,
>   x=-2..2,y=-2..2,z=-2..2,grid=[20,20,10],
>   orientation=[18,83],style=wireframe,color=black);
```

这是一个非常复杂的图形.

最后我们介绍如何用 Maple 画正多面体图形. polyhedraplot 可以画出各种正多面体. 包括: 正四面体 (tetrahedron), 正八面体 (octahedron), 正六面体 (hexahedron), 正十二面体 (dodecahedron) 和正二十面体 (icosahedron). 使用 polyhedraplot 命令的格式为 polyhedraplot(L,option), 其中 L 是一个形如

$$[[x_1, y_1, z_1], [x_2, y_2, z_2], \cdots, [x_n, y_n, z_n]]$$

的列表, 它们代表正多面体在三维空间中的中心位置. 有关正多面体的选项有 polyscale 和 polytype, 它们分别表示正多面体的大小和类型. polytype 的省缺值是 tetrahedron 即正四面体. 下面这段命令画出了这五种正多面体.

```
>   polys:=array([tetrahedron,octahedron,hexahedron,
>                 dodecahedron,icosahedron]):
>   seq(polyhedraplot([2.5*n^1.6,n,n/3],polytype=polys[n],
>       polyscale=1.5+n*0.7),n=1..5):
>   display([%],scaling=constrained,orientation=[-126,56]);
```

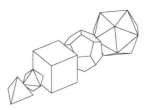

第七章　微分与积分

在 Maple 中有许多命令可以用来解决微积分的问题. 在这一章中, 我们介绍其中的一小部分命令. 并讨论一些典型的应用.

7.1　极　　限

极限是微积分中的基本概念之一, Maple 用命令 `limit(f(x),x=x0)` 求函数 $f(x)$ 在 $x = x0$ 点的极限. 其中 $f(x)$ 既可以是 x 的函数, 也可以是表达式. 例如

```
>  f:=x->(sqrt(1+x)-1)/x;
```

$$f := x \to \frac{\sqrt{x+1}-1}{x}$$

```
>  limit(f(x),x=0);
```

$$\frac{1}{2}$$

```
>  limit(tan(Pi/4+x)^cot(2*x),x=0);
```

$$e$$

`limit` 不仅能求出趋进于有限点的极限, 也可以处理 x 趋于无穷时的极限. 对于 $\frac{\infty}{\infty}$ 和 $\frac{0}{0}$ 的情况通常也能得到正确的结果.

```
>  limit(x!/x^x,x=infinity);
```

$$0$$

```
>  limit(sin(x)/x,x=0);
```

$$1$$

如果表达式中还有其他未知量, Maple 可以用符号的形式求极限, 前提条件是这些未知量对于极限的结果没有影响. 例如

```
>  limit((x^a-x^(-a))/(x-x^(-1)),x=1);
```

$$a$$

如果未知量对极限的结果有影响, 情况就不同了. 例如

```
>  limit(arctan(h*x/sqrt((z*r)^2-(x*h)^2)), x=z*r/h);
```

$$\lim_{x \to \left(\frac{zr}{h}\right)} \arctan\left(\frac{hx}{\sqrt{z^2 r^2 - x^2 h^2}}\right)$$

在上式中有三个未知量 z, r, h, 此时 Maple 不知道如何求极限. 解决这个问题的方法是对未知量做某些假设.

```
>  assume(z*r>0);
>  assume(h>0);
>  limit(arctan(h*x/sqrt((z*r)^2-(x*h)^2)), x=z*r/h);
```

$$undefined$$

我们已经对三个未知量做了假设, 但是极限的结果依然是 undefined, 问题出在哪里? 仔细观察一下我们的表达式可以发现: 这个极限从左、右两个方向求出的结果是不同的, 因此指定求极限的方向就可以得到正确的结果. 具体方法是

```
>  limit(arctan(h*x/sqrt((z*r)^2-(x*h)^2)), x=z*r/h,left);
```

$$\frac{1}{2}\pi$$

```
>  limit(arctan(h*x/sqrt((z*r)^2-(x*h)^2)), x=z*r/h,right);
```

$$-\frac{1}{2}\pi$$

从上面的计算我们可以看出从左、右两个方向求出的极限是不同的, 因此函数 $\frac{hx}{\sqrt{(zr)^2-(xh)^2}}$ 在 $x=\frac{zr}{h}$ 点是不连续的.

limit 用第三个参数控制求极限的方向, 在省缺情况下 limit 从两个方向求极限, 如果把第三个参数指定为 left 或 right, limit 将从左边或右边求极限. 方向参数可能的取值还有 complex, 它的含义是在复平面上从任意方向求极限. 例如:

```
>  f:=z->z^2/(z-2-I);
```

$$f := z \to \frac{z^2}{z-2-I}$$

```
>  limit(f(z),z=2+I,complex);
```

$$\infty$$

limit 还可以对多个变量求极限, 例如

```
>  limit(x+1/y,{x=0,y=infinity});
```

$$0$$

虽然 limit 的能力非常强, 但是对于一些比较困难的问题它也无能为力. 例如我们要求下列级数的极限

$$\lim_{n\to\infty}\sum_{k=1}^{n}\sqrt[3]{1+\frac{k^2}{n^3}}-1$$

```
>  limit(Sum((1+k^2/n^3)^(1/3)-1,k=1..n),n=infinity);
```

$$\lim_{n\to\infty}\sum_{k=1}^{n}\left(\left(1+\frac{k^2}{n^3}\right)^{1/3}-1\right)$$

对于这类问题, 我们的解决方法是使用 Maple 的数值计算功能求出一个近似值, 进而猜测出正确的结果. 然后再用其他数学方法去证明你的结论.

> `L:=[seq(10^n,n=1..5)];`

$$L := [10, 100, 1000, 10000, 100000]$$

> `evalf(seq(Sum((1+k^2/n^3)^(1/3)-1,k=1..n),n=L ));`

$$.1256341969, .1125564268, .1112555644, .1111255556, .1111125556$$

由此我们猜测

$$\lim_{n\to\infty} \sum_{k=1}^{n} \sqrt[3]{1+\frac{k^2}{n^3}} - 1 = \frac{1}{9}$$

如何证明这个结论不是本书的课题, 请读者自己完成.

对于一个函数 $f(x)$, 我们可以通过从左右两个方向求极限来判断 f 在某点是否连续. 在 Maple 中, 还提供了两个函数 iscont, discont 来判断函数的连续性. 其中 iscont 可以判断函数在一个区间中是否连续, discont 命令则能在实数范围内求出函数的不连续点.

要使用 iscont 命令, 必须用 readlib 将其调入. 通常 iscont 可以判断一个函数在开区间上是否连续. 当函数连续时, 它就返回 true.

> `readlib(iscont):`
> `iscont(1/(1-x),x=0..1);`

$$true$$

很显然 $\frac{1}{1-x}$ 在区间的端点 1 是不连续的, 此时我们可以用 iscont 的第三个参数 'closed' 来指定 iscont 在闭区间内判断函数的连续性. 于是我们有

> `iscont(1/(1-x),x=0..1,'closed');`

$$false$$

当函数中有某些无法确定的参数时, iscont 可能无法确定函数是否连续, 此时 iscont 返回的值为 FAIL, 它代表结果不确定, 或判定失败. 例如:

> `iscont(1/(x-a),x=0..1);`

$$FAIL$$

discont 命令可以求出函数在实数范围内可能的不连续点. 它也需要用 readlib 调入.

> `readlib(discont):`
> `discont(tan(x),x);`

$$\left\{ \pi\_Z1^{\sim} + \frac{1}{2}\pi \right\}$$

```
>  discont(GAMMA(x/2),x);
```

$$\{-2\_NN2^\sim\}$$

其中 _Z1~ 代表整数, _NN2~ 代表非负整数.

7.2 微   分

在 Maple 中计算微分的命令有三个, 分别为 diff, implicitdiff, D. 它们适用于不同的情况.

diff 主要用于对表达式求微分. 通常的用法是 diff(expr,var), 其中 var 是要求微分的变量. 例如:

```
>  diff(x^5-4*x^4+3*sin(x)^2*tan(x^2)+3,x);
```

$$5\,x^4 - 16\,x^3 + 6\sin(x)\tan(x^2)\cos(x) + 6\sin(x)^2\,(1 + \tan(x^2)^2)\,x$$

```
>  diff(a*exp(4*x^2-sin(x))+b*x,x);
```

$$a\,(8\,x - \cos(x))\,e^{(4\,x^2 - \sin(x))} + b$$

```
>  diff(sin(cos(x)),x);
```

$$-\cos(\cos(x))\sin(x)$$

在表达式中可以包含一些未知的量, 也可以有未知的函数, 例如:

```
>  diff(g(f(x)),x);
```

$$\mathrm{D}(g)(f(x))\left(\frac{\partial}{\partial x}\,f(x)\right)$$

此时 Maple 把微分算子 D 作用到未知的函数 g 上.

在 diff 的变量部分可以指定多个变量, 此时 diff 将对不同的变量求偏导数.

```
>  diff((x^2+y^2)^4,x,y);
```

$$48\,(x^2 + y^2)^2\,x\,y$$

如果要对一个变量多次求导, 可以使用 x$n 的方式, 它实际上是一种缩写的形式. n 代表变量 x 重复的次数.

```
>  diff(sin(x)^5,x$3);
```

$$60\sin(x)^2\cos(x)^3 - 65\sin(x)^4\cos(x)$$

implicitdiff 命令主要用于对隐函数求微分, 通常隐函数是由一个方程 $f(x,y) = 0$ 确定的. 使用的方法是 implicitdiff(f,y,x), 它求出 $\frac{dy}{dx}$. 例如:

```
>  implicitdiff(x^2+y^2=1,y,x);
```

$$-\frac{x}{y}$$

在上面的例子中, implicitdiff 认为 y 是 x 的函数. 不过在更复杂的情况下, 应当指定这种依赖的关系. 通常的用法是 implicitdiff 的第一个参数是一组方程, 第二个参数用 $y(x)$ 的方式定义了变量之间的依赖关系. 第三个参数说明要求导的对象, 第四个参数指定了求导的变量.

> f:=x^2+y^2=1:

> implicitdiff({f},{y(x)},{y},x);

$$\left\{ \mathrm{D}(y) = -\frac{x}{y} \right\}$$

选项 notation=Diff 则使结果以更清楚的方式显示.

> implicitdiff({f},{y(x)},{y},x,notation=Diff);

$$\left\{ \frac{\partial}{\partial x} y = -\frac{x}{y} \right\}$$

在下面的例子中 z 是由方程 $x^3 y^2 z^2 = 1$ 定义的, 我们用 implicitdiff 求出二次偏导数 $\frac{\partial^2}{\partial x \partial y} z$.

> f:=x^3*y^2*z^2=1:

> implicitdiff({f},{z(x,y)},{z},x,y,notation=Diff);

$$\left\{ \frac{\partial^2}{\partial y\, \partial x} z = \frac{3}{2} \frac{z}{x\,y} \right\}$$

D 是一个函数算子, 它作用于函数, 而不是表达式, 这是它与 diff 的主要区别. 例如:

> D(sin);

$$\cos$$

> f:=x->x^2+3*x;

$$f := x \to x^2 + 3x$$

> D(f);

$$x \to 2x + 3$$

如果没有额外的参数, D 只适用于求单变量函数的微分. 在下面的例子中, sin@cos 的含义是复合函数 $\sin(\cos(x))$.

> D(sin@cos);

$$-\cos^{(2)} \sin$$

对于二元和多元函数, 可以用 D[n](f) 的方式指定对第 n 个变量求微分. 例如下面的 D[1](f) 就是对函数 $f(x,y)$ 的第一个变量 x 求微分. 同样 D[2](f) 表示对第二个变量 y 求微分.

```
>  f:=(x,y)->sin(x)^2*cos(y)+sin(x*y^2);
```

$$f := (x, y) \rightarrow \sin(x)^2 \cos(y) + \sin(x\,y^2)$$

```
>  D[1](f);
```

$$(x, y) \rightarrow 2\sin(x)\cos(y)\cos(x) + \cos(x\,y^2)\,y^2$$

```
>  D[2](f);
```

$$(x, y) \rightarrow -\sin(x)^2 \sin(y) + 2\cos(x\,y^2)\,x\,y$$

最简捷的求多次导数的方法是 D[n1$m1,n2$m2,...](f). 这里对函数 f 的第 n1个变量求导了 m1 次, 对 f 的第 n2个变量求导了 m2次.

```
>  D[2](f)(alpha,beta);
```

$$-\sin(\alpha)^2 \sin(\beta) + 2\cos(\alpha\,\beta^2)\,\alpha\,\beta$$

```
>  D[2$2](f);
```

$$(x, y) \rightarrow -\sin(x)^2 \cos(y) - 4\sin(x\,y^2)\,x^2\,y^2 + 2\cos(x\,y^2)\,x$$

下面两个例子完成的是同样的工作, 都是对函数 $f(x,y)$ 关于 x 求三次导数, 对 y 求四次导数. 它们的主要区别是: 使用 D 算子得到的是关于 (x,y) 的函数, 使用 diff 得到的是一个包含变量 x, y 的表达式. 对于表达式使用 unapply 命令就可以转换成函数的形式.

```
>  D[1$3,2$4](f);
```

$$\begin{aligned}
(x, y) \rightarrow &-8\sin(x)\cos(y)\cos(x) - 16\cos(x\,y^2)\,y^{10}\,x^4 - 240\sin(x\,y^2)\,y^8\,x^3 \\
&+ 1020\cos(x\,y^2)\,y^6\,x^2 + 1320\sin(x\,y^2)\,x\,y^4 - 360\cos(x\,y^2)\,y^2
\end{aligned}$$

```
>  diff(f(x,y),x$3,y$4);
```

$$\begin{aligned}
&-8\sin(x)\cos(y)\cos(x) - 16\cos(x\,y^2)\,x^4\,y^{10} - 240\sin(x\,y^2)\,x^3\,y^8 \\
&+ 1020\cos(x\,y^2)\,x^2\,y^6 + 1320\sin(x\,y^2)\,x\,y^4 - 360\cos(x\,y^2)\,y^2
\end{aligned}$$

此外使用 convert 命令也可以在 D 和 diff 两种形式之间进行转换.

```
>  restart;
>  diff(f(x,y,z),x,y,z$2);
```

$$\frac{\partial^4}{\partial z^2\, \partial y\, \partial x}\, f(x, y, z)$$

```
>  convert(%,D);
```

$$D_{1,\,2,\,3,\,3}(f)(x, y, z)$$

```
>  lprint(%);
```

```
D[1,2,3,3](f)(x,y,z)
```

```
>  convert(%,diff);
```

$$\frac{\partial^4}{\partial z^2\,\partial y\,\partial x}\,f(x,\,y,\,z)$$

```
>  lprint(%);
```

```
diff(diff(diff(diff(f(x,y,z),x),y),z),z)
```

在上面的例子中, lprint 命令的作用是显示出表达式的内部结构.

对于特别复杂的函数, 我们可以用过程来定义. 微分算子 D 也可以作用到过程上得到一个新的过程.

```
>  f:=proc(x)
>    local t0,t1,t2;
>      t0:=sin(x):
>      t1:=cos(x)^2:
>      t2:=(t0^2+t1+2)/(t0^3-t1);
>      sin(t2^2+1)*cos(t2^2-1);
>  end:
>  f(x);
```

$$\sin\left(\frac{(\sin(x)^2+\cos(x)^2+2)^2}{(\sin(x)^3-\cos(x)^2)^2}+1\right)\cos\left(\frac{(\sin(x)^2+\cos(x)^2+2)^2}{(\sin(x)^3-\cos(x)^2)^2}-1\right)$$

```
>  fd1:=diff(f(x),x);
```

$$fd1:=-2\,\frac{\cos\left(\frac{\%2^2}{\%1^2}+1\right)\%2^2\,(3\sin(x)^2\cos(x)+2\sin(x)\cos(x))\cos\left(\frac{\%2^2}{\%1^2}-1\right)}{\%1^3}$$

$$+2\,\frac{\sin\left(\frac{\%2^2}{\%1^2}+1\right)\sin\left(\frac{\%2^2}{\%1^2}-1\right)\%2^2\,(3\sin(x)^2\cos(x)+2\sin(x)\cos(x))}{\%1^3}$$

$$\%1:=\sin(x)^3-\cos(x)^2$$
$$\%2:=\sin(x)^2+\cos(x)^2+2$$

```
>  fd2:=D(f);
```

```
fd2 := proc(x)
    local t0, t1, t2, t1x, t0x, t2x;
    t0x := cos(x);
    t0 := sin(x);
    t1x := -2 * cos(x) * sin(x);
    t1 := cos(x)^2;
    t2x := (2 * t0 * t0x + t1x)/(t0^3 - t1)
    -(t0^2 + t1 + 2) * (3 * t0^2 * t0x - t1x)/(t0^3 - t1)^2;
```

$$t2 := (t0^2 + t1 + 2)/(t0^3 - t1);$$
$$2 * \cos(t2^2 + 1) * t2 * t2x * \cos(t2^2 - 1) - 2 * \sin(t2^2 + 1) * \sin(t2^2 - 1) * t2 * t2x$$

```
end
```

> `simplify(fd1-fd2(x));`

$$0$$

下面我们用 student 程序包中的一些命令来演示一下导数的几何意义. 从导数的定义我们知道函数 $f(x)$ 在 x_0 点的导数是过 x_0 切线的斜率.

我们首先来定义一个函数 $f(x) = e^{\sin(x)}$.

> `with(student):`
> `f:=x->exp(sin(x));`

$$f := x \to e^{\sin(x)}$$

我们要求 $f(x)$ 在 $x_0 = 1$ 点的导数值.

> `x0:=1;`

$$x0 := 1$$

首先在曲线上取两个点 $p_0 = (x_0, f(x_0)), p_1 = (x_0 + h, f(x_0 + h))$.

> `p0:=[x0,f(x0)];`

$$p0 := [1, e^{\sin(1)}]$$

> `p1:=[x0+h,f(x0+h)];`

$$p1 := [1 + h, e^{\sin(1+h)}]$$

然后我们用 slope 命令求过 p_0, p_1 点的割线的斜率.

> `m:=slope(p0,p1);`

$$m := -\frac{e^{\sin(1)} - e^{\sin(1+h)}}{h}$$

当 $h \to 0$ 时, 斜率的极限就应当是过 x_0 的切线的斜率. 为此我们给出 h 的一系列值, 先来观察一下斜率的变化趋势.

```
> h_value:=[seq(1/i^2,i=1..20)];
```

$$\text{h\_value} := \left[1, \frac{1}{4}, \frac{1}{9}, \frac{1}{16}, \frac{1}{25}, \right.$$
$$\left. \frac{1}{36}, \frac{1}{49}, \frac{1}{64}, \frac{1}{81}, \frac{1}{100}, \frac{1}{121}, \frac{1}{144}, \frac{1}{169}, \frac{1}{196}, \frac{1}{225}, \frac{1}{256}, \frac{1}{289}, \frac{1}{324}, \frac{1}{361}, \frac{1}{400}\right]$$

```
> seq(evalf(m),h=h_value);
```

.162800903, 1.053234750, 1.17430578, 1.21091762, 1.22680697, 1.23515485,

1.2400915, 1.2432565, 1.2454086, 1.2469391, 1.2480669, 1.2489216, 1.2495855,

1.2501111, 1.2505343, 1.2508805, 1.2511671, 1.2514069, 1.2516098, 1.2517828

从这些数值的变化趋势可以看出它们似乎收敛. 求一下 $h \to 0$ 的极限, 我们得到

```
> limit(m,h=0);
```

$$e^{\sin(1)} \cos(1)$$

```
> evalf(%);
```

$$1.253380768$$

这个答案当然是 $f'(x_0)$ 的值, 为了验证这一点, 我们可以求出 $f(x)$ 的导函数, 并计算它在 x_0 的值.

```
> f1:=D(f);
```

$$\text{f1} := x \to \cos(x) \, e^{\sin(x)}$$

```
> f1(x0);
```

$$e^{\sin(1)} \cos(1)$$

上面的计算仅仅是数值计算的结果, 下面我们用几何的图形来演示这个事实.

首先我们求出割线的方程.

```
> y-p0[2]=m*(x-p0[1]);
```

$$y - e^{\sin(1)} = -\frac{\left(e^{\sin(1)} - e^{\sin(1+h)}\right)(x-1)}{h}$$

使用 isolate 命令把方程转换成斜截式.

```
> isolate(%,y);
```

$$y = -\frac{\left(e^{\sin(1)} - e^{\sin(1+h)}\right)(x-1)}{h} + e^{\sin(1)}$$

我们还需要把这个方程转换成函数.

```
> secant:=unapply(rhs(%),x);
```

$$\text{secant} := x \to -\frac{\left(e^{\sin(1)} - e^{\sin(1+h)}\right)(x-1)}{h} + e^{\sin(1)}$$

我们可以对不同的 h 值做割线和函数的图形, 我们做一系列的图形, 并用割线的斜率作为其标题, 然后用程序包 plots 中的 display 命令依次显示这些图像即可得到一个动画.

```
> S:=seq(plot([f(x),secant(x)],x=0..4,view=[0..4,0..4],
>        title=convert(evalf(m),string)),h=h_value):
> plots[display](S,insequence=true,view=[0..4,0..4]);
```

使用 showtangent 命令可以直接显示出 $f(x)$ 的过 $x_0 = 1$ 点的切线.

```
> showtangent(f(x),x=1,view=[0..4,0..4]);
```

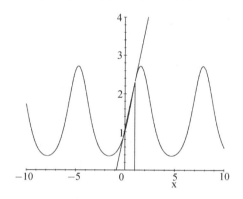

7.3　积　　分

对一个表达式求微分是一个相对简单的过程, 但是它的反运算: 求一个表达式的积分则是一个非常困难的问题. 从数学上讲, 没有一个统一的算法求表达式的积分. 当我们手工求积分时, 通常的做法是将积分转化为某种特殊的类型, 然后查积分表解决. 当要积分的表达式不能归到已知的类时, 就需要采用各种特殊的方法来处理, 即使如此依然有许多表达式无法求出积分. 在 Maple 中, 求积分的主要算法是 Risch 算法, 这种算法可以统一处理有理函数的积分问题.

7.3.1　符号积分

Maple 用 int 命令求不定积分和定积分. 具体的用法是

```
> int(x^3+x^2,x);
```

$$\frac{1}{4}x^4 + \frac{1}{3}x^3$$

```
>  int(1/(1+x^3),x);
```
$$\frac{1}{3}\ln(1+x)-\frac{1}{6}\ln(x^2-x+1)+\frac{1}{3}\sqrt{3}\arctan(\frac{1}{3}(2x-1)\sqrt{3})$$

如果我们要求定积分, 只需要给出积分的区域即可.

```
>  int(x^2+x^5,x=a..b);
```
$$\frac{1}{3}b^3+\frac{1}{6}b^6-\frac{1}{3}a^3-\frac{1}{6}a^6$$

Maple 也可以计算无限区间的定积分

```
>  int(1/x^2,x=1..infinity);
```
$$1$$

对于某些特殊的表达式, 用 Maple 求出的积分是特殊函数, 例如

```
>  int(sin(x)/x,x=0..Pi);
```
$$\mathrm{Si}(\pi)$$

此时可以用 evalf命令求出它的浮点值.

```
>  evalf(%);
```
$$1.851937052$$

在用 Maple 求积分的过程中, 经常会出现一些特殊函数, 最常见的特殊函数是椭圆函数, 下面的表格列出了一些常见的椭圆积分. Maple 中的椭圆积分

Maple 中的椭圆积分

函数定义	Maple 函数
$\int_0^x \frac{1}{\sqrt{(1-t^2)(1-k^2t^2)}}dt$	LegendreF(x,k)
$\int_0^x \frac{\sqrt{1-k^2t^2}}{\sqrt{1-t^2}}dt$	LegendreEx,k
$\int_0^x \frac{1}{(1-at^2)\sqrt{(1-t^2)(1-k^2t^2)}}dt$	LegendrePi(x,a,k)
$\int_0^1 \frac{1}{\sqrt{(1-t^2)(1-k^2t^2)}}dt$	LegenreKc(k)
$\int_0^1 \frac{\sqrt{1-k^2t^2}}{\sqrt{1-t^2}}dt$	LegendreEc(k)
$\int_0^1 \frac{1}{(1-at^2)\sqrt{(1-t^2)(1-k^2t^2)}}dt$	LegenrePic(a,k)
$\int_0^1 \frac{1}{\sqrt{(1-t^2)(1-c^2t^2)}}dt$	LegendreKc1(k)
$\int_0^1 \frac{\sqrt{1-c^2t^2}}{\sqrt{1-t^2}}dt$	LegendreEc1(k)
$\int_0^1 \frac{1}{(1-at^2)\sqrt{(1-t^2)(1-c^2t^2)}}dt$	LegendrePic1(a,k)

其中 $0<k<1,\ c=\sqrt{1-k^2}$.

7.3.2 数值积分

在前面的例子中, 我们看到许多表达式的积分是无法用符号方法求解, 此时我们不得不借助于数值积分. 在 Maple 中, 求数值积分的方法是使用 evalf 函数. 需要说明的是, 用 evalf 求数值积分有两种用法. 一种是 evalf(int(...)), 它先符号的求积分, 然后再进行数值计算. 另一种方法是 evalf(Int(...)), 它使用了积分的占位形式 Int. 此时 Maple 只进行纯粹的数值计算. 用这两种方法得到的结果是相同的.

Maple 在计算数值积分时有三种方法可以选择, 这可以通过指定选项来实现. 这三种方法为:

1. Clenshaw-Curtis 算法, 这是省缺的算法. 对应的选项为 _CCquad;

2. Double-exponential 算法. 对应的选项为 _Dexp;

3. Newton-Cote 算法. 对应的选项为 _NCrule.

如果我们不指定用那种算法, Maple 通常会选择第一种算法, 但是当收敛的速度很慢时 (特别是接近奇点的时候), Maple 会采用第二种算法. 第三种算法通常用于精度比较低的情况 (Digits<=15). 具体用法如下:

```
>  evalf(Int(1/sqrt(x),x=0..1,20,_Dexp));
```
$$1.9999999999987781927$$

```
>  evalf(Int(x/sin(x),x=0..1,10,_NCrule));
```
$$1.059762793$$

7.3.3 重积分

对于重积分, Maple 没有特殊的算法, 它的处理方法也是把重积分化成一重积分进行计算. 例如:

```
>  int(int(x^2+y^2,y=1..x^2),x=1..2);
```
$$\frac{1006}{105}$$

在 student 程序包中有一个重积分的占位形式命令 Doubleint, 它可以产生重积分的符号, 但是对于复杂的重积分计算并没有什么帮助.

```
>  with(student):
>  Doubleint(x^2+y^2,y=1..x^2,x=1..2);
```
$$\int_1^2 \int_1^{x^2} x^2 + y^2 \, dy \, dx$$

```
>   %=value(%);
```

$$\int_1^2 \int_1^{x^2} x^2 + y^2 \, dy \, dx = \frac{1006}{105}$$

最后我们看一个三重积分的例子, 它来自于量子物理.

```
>   assume(P>0):assume(S>0):
>   p1:=(x^2+y^2+z^2)/P^2:
>   p2:=subs(x=x-a,y=y-b,z=z-c,P=S,p1):
>   f:=(2*x^2-P^2)*exp(-p1-p2);
```

$$f := \left(2\,x^2 - P^2\right) e^{\left(-\frac{x^2+y^2+z^2}{P^{\sim 2}} - \frac{(x-a)^2+(y-b)^2+(z-c)^2}{S^{\sim 2}}\right)}$$

```
>   int(int(int(f,x=-infinity..infinity), y=-infinity..infinity),
>    z=-infinity..infinity);
```

$$\frac{e^{\left(-\frac{c^2+b^2+a^2}{S^{\sim 2}+P^{\sim 2}}\right)} P^{\sim 5}\, S^{\sim 3} \left(2\,a^2\,P^{\sim 2} - S^{\sim 4} - 2\,P^{\sim 2}\,S^{\sim 2} - P^{\sim 4}\right) \pi^{3/2}}{(S^{\sim 2} + P^{\sim 2})^{7/2}}$$
$$+ \frac{e^{\left(-\frac{c^2+b^2+a^2}{S^{\sim 2}+P^{\sim 2}}\right)} P^{\sim 5}\, S^{\sim 5}\, \pi^{3/2}}{(S^{\sim 2} + P^{\sim 2})^{5/2}}$$

```
>   factor(%);
```

$$\frac{e^{\left(-\frac{c^2+b^2+a^2}{S^{\sim 2}+P^{\sim 2}}\right)} P^{\sim 7}\, S^{\sim 3}\, \pi^{3/2} \left(2\,a^2 - S^{\sim 2} - P^{\sim 2}\right)}{(S^{\sim 2} + P^{\sim 2})^{7/2}}$$

7.3.4　复函数的积分

对于在复平面上没有奇点的函数, 计算路径积分是没有任何问题的. 例如

```
>   int(z^3,z=0..2+3*I);
```

$$-\frac{119}{4} - 30\,\mathrm{I}$$

```
>   int(z*cos(z^2),z=0..Pi*I);
```

$$-\frac{1}{2}\sin(\pi^2)$$

然而我们经常需要计算环绕奇点的闭路径积分, 例如计算复函数 $\frac{1}{z}$ 环绕 $z = 0$ 点的路径积分. 通常的做法是将 z 代换为 $z_0 + r*(\cos(t) + \mathrm{I}\sin(t))$, 然后对实变量 t 计算 0 到 2π 的积分. 在计算过程中还要特别注意不要忘记 z 对 t 的导数 $\frac{dz(t)}{dt}$. 最后结果的符号依赖于积分的方向.

$$\oint_C f(z)dz = \int_0^{2\pi} f(z(t))\frac{dz(t)}{dt}dt, \qquad z(t) = z_0 + r(\cos(t) + \mathrm{I}\sin(t))$$

下面我们就按照上面的步骤在 Maple 中的计算:

```
>    z:=cos(t)+I*sin(t);
```

$$z := \cos(t) + \mathrm{I}\sin(t)$$

```
>    dz:=diff(z,t);
```

$$dz := -\sin(t) + \mathrm{I}\cos(t)$$

```
>    f:=1/z;
```

$$f := \frac{1}{\cos(t) + \mathrm{I}\sin(t)}$$

```
>    int(f*dz,t=0..2*Pi);
```

$$0$$

直接的计算得到了一个错误的结果, 把 fdz 先化简之后在计算才能得到正确的结果.

```
>    simplify(f*dz);
```

$$\mathrm{I}$$

```
>    int(%,t=0..2*Pi);
```

$$2\,\mathrm{I}\,\pi$$

为什么会出现错误? 我们先求一下符号积分就能发现问题

```
>    i1:=int(f*dz,t);
```

$$\mathrm{i1} := \ln(\cos(t) + \mathrm{I}\sin(t))$$

Maple 求出的 fdz 的积分为 $\ln(\cos(t) + \mathrm{I}\sin(t))$. 由于三角函数的周期性, $t = 0$ 和 $t = 2\pi$ 得到相同的值. 因此定积分的值为零.

下面我们将三角函数转化为指数函数, 再化简可以去掉周期性. 我们才能得到正确的结果.

```
>    convert(i1,exp);
```

$$\ln(e^{(\mathrm{I}\,t)})$$

```
>    i2:=simplify(%);
```

$$\mathrm{i2} := \mathrm{I}\,t$$

```
>    subs(t=2*Pi,i2)-subs(t=0,i2);
```

$$2\,\mathrm{I}\,\pi$$

下面我们再看一个例子: 计算 $\frac{\sin(z)}{z^4}$ 的路径积分. 使用刚才的做法同样会得到错误的答案.

> f:=sin(z)/z^4;

$$f := \frac{\sin(\cos(t) + I\sin(t))}{(\cos(t) + I\sin(t))^4}$$

> int(f*dz,t=0..2*Pi);

$$0$$

改变积分的上下限就能得到正确的结果

> int(f*dz,t=-Pi..Pi);

$$-\frac{1}{3}I\pi$$

为了发现问题, 我们再一次计算符号积分

> i1:=int((f*dz),t);

$$i1 := -\frac{1}{3}\frac{\sin(\%1)}{\%1^3} - \frac{1}{6}\frac{\cos(\%1)}{\%1^2} + \frac{1}{6}\frac{\sin(\%1)}{\%1} - \frac{1}{6}\mathrm{Ci}(\%1)$$
$$\%1 := \cos(t) + I\sin(t)$$

对于这个结果, 再想使用化简的方法来消去周期函数是不可能的. 要想解决这类问题, 最保险的做法是使用留数规则.

$$\oint_C f(z)dz = 2\pi I\sum_{j=1}^{k}\mathrm{Res}_{z=z_j}f(z)$$

一个函数的留数是函数在奇点的 Laurent 级数展开中 $\frac{1}{z}$ 或 $\frac{1}{z-z_0}$ 项的系数. 在 Maple 中计算留数的方法是使用 residue 命令.

> readlib(residue);

$$proc(f, a) \ldots end$$

为了使用这个命令, 我们需要将它调入. 此外我们还需要将 z 的定义取消, 并重新定义函数 f.

> z:='z';

$$z := z$$

> f:=sin(z)/z^4;

$$f := \frac{\sin(z)}{z^4}$$

根据留数公式我们现在可以得到正确的结果.

```
>   2*Pi*I*residue(f,z=0);
```

$$-\frac{1}{3}\,I\,\pi$$

最后我们计算 $\frac{8-22z-z^2}{4z-5z^2+z^3}$ 的路径积分, 路径为以 0 为圆心半径为 3/2 的圆. 解决这个问题的第一步是确定在积分区域中的奇点.

```
>   f:=(-z^2-22*z+8)/(z^3-5*z^2+4*z);
```

$$f := \frac{-z^2-22\,z+8}{z^3-5\,z^2+4\,z}$$

```
>   solve(denom(f));
```

$$0,\,1,\,4$$

使用 solve 命令可以求出在积分区域中的奇点有 $z=0$ 和 $z=1$. 利用留数公式计算得到

```
>   2*Pi*I*(residue(f,z=0)+residue(f,z=1));
```

$$14\,I\,\pi$$

7.3.5　观察 Maple 的积分过程

如果我们想知道 Maple 是如何得到计算的结果, 通过改变系统变量 infolevel 关于 int 的值就可以看到. 这个值省缺为 1, 我们可以把它设置为 2 到 5. 值越高, 显示的信息就越多. 例如我们要求 $\frac{1}{1+\ln(x)}$ 的积分, 我们可以把 infolevel[int] 的值设置为 3. 从显示的信息中, 我们可以看到 Maple 在积分过程中所尝试的各种方法.

```
>   infolevel[int]:=3:
>   int(1/(1+ln(x)),x);
```

int/indef: first-stage indefinite integration int/indef2: second-stage indefinite integration int/ln: case of integrand containing ln int/rischnorm: enter Risch-Norman integrator int/risch: enter Risch integration int/risch/algebraic1: RootOfs should be algebraic numbers and functions int/risch: the field extensions are

$$[\_X,\ln(\_X)]$$

int/risch: Introduce the namings:

$$\{\_th_1 = \ln(\_X)\}$$

unknown: integrand is

$$\frac{1}{1 + {}_{-}th_1}$$

int/risch/ratpart: integrating

$$\frac{1}{1 + {}_{-}th_1}$$

int/risch/ratpart: Hermite reduction yields

$$\int \frac{1}{1 + {}_{-}th_1} \, d_{-}X$$

int/risch/ratpart: Rothstein's method - resultant is

$$_{-}X - z$$

        nonconstant coefficients; integral is not elementary
int/risch: exit Risch integration

$$\int \frac{1}{1 + \ln(x)} \, dx$$

7.3.6　用 Maple 演示定积分的定义

在本章的最后, 我们用 student 程序包中的命令来演示 Riemann 积分的定义. 按照 Riemann 积分的定义, 一个函数在区间 $[a, b]$ 上的定积分是函数 f 的图像与 x 轴所夹的面积. 为了求出这个面积, 我们可以用一系列矩形来逼近. 使用 student 程序包中的 leftbox 和 rightbox 命令可以很容易的画出这些矩形的图像.

下面我们考察一个函数 $f(x) = 1 + \frac{x^2}{\sin(x)}$ 在 $x = 1$ 到 2 的定积分. 首先画出函数的图形:

> f:=x->1+x^2/sin(x);

$$f := x \rightarrow 1 + \frac{x^2}{\sin(x)}$$

> plot(f(x),x=1..2);

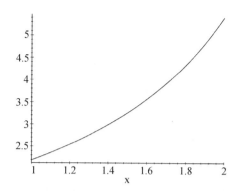

使用 leftbox 命令可以画出函数 f 的图像以及一系列矩形, 每个矩形的高度是 f 在该矩形左边的值. 对于 leftbox 如果不指定矩形的个数, 它会使用省缺值 6. 为了得到更好的逼近, 我们通常要画许多矩形, 下面的图形我们画了 10 个矩形.

```
>  leftbox(f(x),x=1..2,10);
```

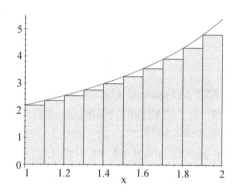

使用 leftsum 命令可以计算出这些矩形的面积.

```
>  leftsum(f(x),x=1..2,10);
```

$$\frac{1}{10}\left(\sum_{i=0}^{9}\left(1+\frac{(1+\frac{1}{10}i)^2}{\sin(1+\frac{1}{10}i)}\right)\right)$$

这个数就是 $\int_1^2 f(x)dx$ 的近似. 它的值如下

```
>  evalf(%);
```

$$3.270685922$$

使用 rightbox 命令同样可以画出函数 f 的图像以及一系列矩形, 每个矩形的高度是 f 在该矩形右边的值.

```
>  rightbox(f(x),x=1..2,10);
```

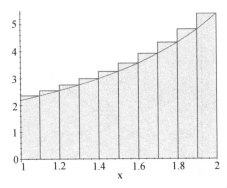

用 rightsum 命令也同样可以求出这些矩形的面积
```
>  rightsum(f(x),x=1..2,10);
```

$$\frac{1}{10}\left(\sum_{i=1}^{10}\left(1+\frac{(1+\frac{1}{10}i)^2}{\sin(1+\frac{1}{10}i)}\right)\right)$$

面积为
```
>  evalf(%);
```

$$3.591746480$$

从上面的图形可以看出 leftsum 和 rightsum 的值从左右两个方向数值的逼近了定积分 $\int_1^2 f(x)dx$ 的值. 为了更精确的计算积分, 我们可以画更多的矩形.
```
>  boxes:=[seq(i^2,i=3..14)];
```
$$boxes := [9,\ 16,\ 25,\ 36,\ 49,\ 64,\ 81,\ 100,\ 121,\ 144,\ 169,\ 196]$$

```
>  seq(evalf(leftsum(f(x),x=1..2,n)),n=boxes);
```

3.253784917, 3.328451740, 3.363649396, 3.382938595, 3.394627076, 3.402236586,
  3.407464212, 3.411208779, 3.413982166, 3.416093167, 3.417736987, 3.419041908

```
>  seq(evalf(rightsum(f(x),x=1..2,n)),n=boxes);
```

3.610518871, 3.529114589, 3.492073620, 3.472122084, 3.460149640, 3.452402298,
  3.447101318, 3.443314834, 3.440516097, 3.438389039, 3.436734653, 3.435422549

我们为 rightbox 图形指定一个标题, 例如用 rightsum 的值作为标题.
```
>  S:=seq(rightbox(f(x),x=1..2,n,title=convert(evalf(rightsum(f(x),
>  x=1..2,n)),string)),n=boxes):
```

使用 plots 程序包中的 display 命令可以动态的显示这一系列图形, 构成一幅动画图形.
```
>  plots[display](S,insequence=true);
```

这个积分的值为

```
>  int(f(x),x=1..2);
```

$$\int_1^2 1 + \frac{x^2}{\sin(x)}\, dx$$

```
>  evalf(%);
```

$$3.427221819$$

我们刚才用 leftsum 和 rightsum 计算的值已经非常逼近了积分值.

7.4 级数展开

在微积分的应用中, 我们经常把函数在某点展开成级数, 在这一节中, 我们讨论级数展开的问题. 在 Maple 中, 最常用的级数展开命令是 taylor. 例如将函数 $\sin(x)$ 在 $x = 0$ 点展开成级数.

```
>  taylor(sin(x),x=0);
```

$$x - \frac{1}{6}\,x^3 + \frac{1}{120}\,x^5 + O(x^6)$$

在省缺情况下, 级数展开的阶数为 6, 这是由全局变量 Order 决定的. 在 taylor 命令中的第三个参数可以指定级数展开的阶数.

```
>  taylor(sin(x),x=0,15);
```

$$x - \frac{1}{6}\,x^3 + \frac{1}{120}\,x^5 - \frac{1}{5040}\,x^7 + \frac{1}{362880}\,x^9 - \frac{1}{39916800}\,x^{11} + \frac{1}{6227020800}\,x^{13} + O(x^{15})$$

在 Maple 中标准的级数展开命令是 series, 它可以生成 Taylor 级数, Laurent 级数或广义幂级数. 它的用法和 taylor 命令相同, 但是适用的范围更广. 例如 series 命令可以将复函数展开.

```
>  series(1/(z^2+1),z=I);
```

$$-\frac{1}{2}\,I\,(z-I)^{-1} + \frac{1}{4} + \frac{1}{8}\,I\,(z-I) - \frac{1}{16}\,(z-I)^2 - \frac{1}{32}\,I\,(z-I)^3 + \frac{1}{64}\,(z-I)^4 + O((z-I)^5)$$

series 命令也可以在无穷远点展开级数, 此时 series 调用的是 asympt 命令. 于是命令 series(f,x=infinity) 和 asympt(f,x) 是等价的.

```
>  series(arctan(x),x=infinity);
```

$$\frac{1}{2}\,\pi - \frac{1}{x} + \frac{1}{3}\,\frac{1}{x^3} - \frac{1}{5}\,\frac{1}{x^5} + O\left(\frac{1}{x^6}\right)$$

```
>  asympt(arctan(x),x);
```

$$\frac{1}{2}\,\pi - \frac{1}{x} + \frac{1}{3}\,\frac{1}{x^3} - \frac{1}{5}\,\frac{1}{x^5} + O\left(\frac{1}{x^6}\right)$$

对于使用级数展开命令 series 产生的级数, Maple 以特定的数据结构存储. 数据类型为 series. 由于这个原因, 用 series 生成的级数不能立即做进一步的计算. 例如:

> f:=series(log(x),x=1);

$$f := x - 1 - \frac{1}{2}(x-1)^2 + \frac{1}{3}(x-1)^3 - \frac{1}{4}(x-1)^4 + \frac{1}{5}(x-1)^5 + O((x-1)^6)$$

> evalf(subs(x=2,f));

Error, invalid substitution in series

> whattype(f);

$$series$$

如果我们想把级数展开的多项式部分单独处理, 就需要用 convert 命令把级数转换为多项式, 然后对多项式做进一步的计算.

> p:=convert(f,polynom);

$$p := x - 1 - \frac{1}{2}(x-1)^2 + \frac{1}{3}(x-1)^3 - \frac{1}{4}(x-1)^4 + \frac{1}{5}(x-1)^5$$

下面的图形显示了 $\log(x)$ 的级数展开和原函数在 $x=1$ 点附近的差别.

> plot({p,log(x)},x=0..2);

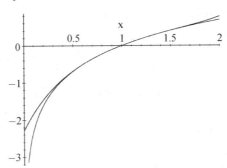

在 series 命令中, 我们可以对级数进行其他数学操作, 例如我们分别求出 $\sin(x)$ 和 $\cos(x)$ 在 $x = \pi/2$ 的级数展开, 把它们相乘得到的级数与直接把函数 $\sin(x)\cos(x)$ 展开的级数是相同的.

> s1:=series(sin(x),x=Pi/2);

$$s1 := 1 - \frac{1}{2}\left(x - \frac{1}{2}\pi\right)^2 + \frac{1}{24}\left(x - \frac{1}{2}\pi\right)^4 + O\left(\left(x - \frac{1}{2}\pi\right)^6\right)$$

> s2:=series(cos(x),x=Pi/2);

$$s2 := -\left(x - \frac{1}{2}\pi\right) + \frac{1}{6}\left(x - \frac{1}{2}\pi\right)^3 - \frac{1}{120}\left(x - \frac{1}{2}\pi\right)^5 + O\left(\left(x - \frac{1}{2}\pi\right)^6\right)$$

```
>   s3:=series(sin(x)*cos(x),x=Pi/2);
```

$$s3 := -\left(x - \frac{1}{2}\pi\right) + \frac{2}{3}\left(x - \frac{1}{2}\pi\right)^3 - \frac{2}{15}\left(x - \frac{1}{2}\pi\right)^5 + O\left(\left(x - \frac{1}{2}\pi\right)^6\right)$$

```
>   s4:=series(s1*s2,x=Pi/2);
```

$$s4 := -\left(x - \frac{1}{2}\pi\right) + \frac{2}{3}\left(x - \frac{1}{2}\pi\right)^3 - \frac{2}{15}\left(x - \frac{1}{2}\pi\right)^5 + O\left(\left(x - \frac{1}{2}\pi\right)^6\right)$$

对于已经展开的级数也可以做其他的运算, 不过这样计算的结果不一定准确. 例如对于级数 s1 使用 arcsin 函数得到的结果就是不正确的.

```
>   series(arcsin(s1),x=Pi/2);
```

$$\frac{1}{2}\pi - \left(x - \frac{1}{2}\pi\right) + O\left(\left(x - \frac{1}{2}\pi\right)^5\right)$$

```
>   simplify(convert(%,polynom));
```

$$\pi - x$$

7.4.1 多变量 Taylor 展开

series 虽然可以进行各种级数展开, 但它只能处理单变量的函数. 要想对多变量函数进行级数展开, 就需要一些特殊命令. mtaylor 可以对多变量的函数进行 Taylor 展开. 由于 mtaylor 不是一个常用的命令, 我们需要用 readlib 命令调入.

```
>   readlib(mtaylor):
>   mtaylor(log(x+2*y),[x=1,y=1]);
```

$$\ln(3) + \frac{1}{3}x - 1 + \frac{2}{3}y - \frac{1}{18}(x-1)^2 - \frac{2}{9}(y-1)(x-1) - \frac{2}{9}(y-1)^2 + \frac{1}{81}(x-1)^3$$
$$+ \frac{2}{27}(y-1)(x-1)^2 + \frac{4}{27}(y-1)^2(x-1) + \frac{8}{81}(y-1)^3 - \frac{1}{324}(x-1)^4$$
$$- \frac{2}{81}(y-1)(x-1)^3 - \frac{2}{27}(y-1)^2(x-1)^2 - \frac{8}{81}(y-1)^3(x-1) - \frac{4}{81}(y-1)^4$$
$$+ \frac{1}{1215}(x-1)^5 + \frac{2}{243}(y-1)(x-1)^4 + \frac{8}{243}(y-1)^2(x-1)^3$$
$$+ \frac{16}{243}(y-1)^3(x-1)^2 + \frac{16}{243}(y-1)^4(x-1) + \frac{32}{1215}(y-1)^5$$

与 series 命令不同的是, mtaylor 产生的是一个正常的多项式, 不带高阶项.

poisson 命令是 mtaylor 命令的一个变种, 这两个命令的主要区别在于, 当展开的系数是三角函数时, poisson 命令产生的系数以典范 Fourier 形式出现. 此外 poisson 不能在任意点展开级数.

下面的例子就是用 poisson 命令和 mtaylor 命令展开函数 $\sin(a+x)\cos(b+y)$. 这两个命令产生的系数形式上是不同的, 不过使用 combine 命令化简后的结果是相同的.

```
> readlib(poisson):
> f:=sin(a+x)*cos(b+y);
```

$$f := \sin(a+x)\cos(b+y)$$

```
> f1:=poisson(f,[x,y],3);
```

$$
\begin{aligned}
f1 := {} & \frac{1}{2}\sin(a+b) + \frac{1}{2}\sin(a-b) + \left(\frac{1}{2}\cos(a-b) + \frac{1}{2}\cos(a+b)\right)x \\
& + \left(-\frac{1}{2}\cos(a-b) + \frac{1}{2}\cos(a+b)\right)y + \left(-\frac{1}{2}\sin(a+b) + \frac{1}{2}\sin(a-b)\right)y\,x \\
& + \left(-\frac{1}{4}\sin(a+b) - \frac{1}{4}\sin(a-b)\right)y^2 + \left(-\frac{1}{4}\sin(a+b) - \frac{1}{4}\sin(a-b)\right)x^2
\end{aligned}
$$

```
> f2:=mtaylor(f,[x,y],3);
```

$$
\begin{aligned}
f2 := {} & \sin(a)\cos(b) - \sin(a)\sin(b)\,y + \cos(a)\,x\cos(b) - \frac{1}{2}\sin(a)\cos(b)\,y^2 \\
& - \frac{1}{2}\sin(a)\,x^2\cos(b) - \cos(a)\,x\sin(b)\,y
\end{aligned}
$$

```
> combine(f1-f2,trig);
```

$$0$$

7.4.2　形式幂级数

series, mtaylor 和 poisson 等命令虽然能将函数展开成任意阶的级数, 但是它不能将级数写成求和的方式, 也不能给出幂级数系数的一般形式. 在 Maple V Release 4 中, 使用共享库中的 FormalPowerSeries 命令可以生成形式幂级数.

```
> with(share):
```

See ?share and ?share,contents for information about the share library

```
> readshare(FPS,analysis):
> FormalPowerSeries(cos(x),x);
```

$$\sum_{k=0}^{\infty} \frac{(-1)^k\, x^{(2\,k)}}{(2\,k)!}$$

对于形式幂级数, Maple 提供了一个专用的程序包 powseries. 它提供了许多处理形式幂级数的命令. 这些命令主要包括: 计算两个形式幂级数的和、差、积、商、对数和三角函数等. 此外还包括形式幂级数的微分, 积分等. 其中最基本的两个命令是 powcreate 和 tpsform. powcreate 命令用来定义形式幂级数, tpsform 命令用来将形式幂级数转换为普通的幂级数的形式.

```
>   with(powseries);
```

$$[compose, evalpow, inverse, multconst, multiply, negative, powadd, powcos, powcreate,$$
$$powdiff, powexp, powint, powlog, powpoly, powsin, powsolve, powsqrt, quotient,$$
$$reversion, subtract, tpsform]$$

```
>   powcreate(p(n)=1/n!);
>   tpsform(p,x,5);
```

$$1 + x + \frac{1}{2}x^2 + \frac{1}{6}x^3 + \frac{1}{24}x^4 + O(x^5)$$

这里 p 就是我们定义的形式幂级数. 在形式幂级数的定义过程中, 可以使用递归方式. 但前提是变量 p 没有使用过.

```
>   p:='p';
```

$$p := p$$

```
>   powcreate(p(n)=p(n-1)*p(n-2),p(0)=1,p(1)=1/2) ;
>   tpsform(p,x,5);
```

$$1 + \frac{1}{2}x + \frac{1}{2}x^2 + \frac{1}{4}x^3 + \frac{1}{8}x^4 + O(x^5)$$

在形式幂级数的定义过程中, 我们没有直接的方式区分奇数项和偶数项. 例如我们要定义正弦函数的形式幂奇数, 方法是在每一项乘上一个 $(1+(-1)^{n+1})/2$. 当 n 为偶数时, 此项为 0, n 为奇数时, 此项为 1. 这样我们就去掉了所有的偶数项. 同样的方法也可用于定义余弦函数的形式幂级数.

```
>   powcreate(p(n)=(1+(-1)^(n+1))/2*(-1)^((n-1)/2 )/n!);
>   tpsform(p,x,9);
```

$$x - \frac{1}{6}x^3 + \frac{1}{120}x^5 - \frac{1}{5040}x^7 + O(x^9)$$

```
>   powcreate(q(n)=(1+(-1)^n)/2*(-1)^(n/2)/n!);
>   tpsform(q,x,9);
```

$$1 - \frac{1}{2}x^2 + \frac{1}{24}x^4 - \frac{1}{720}x^6 + \frac{1}{40320}x^8 + O(x^9)$$

evalpow 命令可以完成通常的形式幂级数计算, 例如我们用 evalpow 求两个幂级数 p 和 q 的乘积.

> r:=evalpow(p*q);

$$r := proc(powparm) \dots end$$

> tpsform(r,x,9);

$$x - \frac{2}{3}\,x^3 + \frac{2}{15}\,x^5 - \frac{4}{315}\,x^7 + O(x^9)$$

> series(sin(x)*cos(x),x,9);

$$x - \frac{2}{3}\,x^3 + \frac{2}{15}\,x^5 - \frac{4}{315}\,x^7 + O(x^9)$$

我们把得到的结果和 $\sin(x)\cos(x)$ 的级数展开相比较, 发现结果是相同的.

reversion 命令可以构造形式幂级数的反函数. 于是 reversion(p) 对应的级数应该与 $\arcsin(x)$ 的幂级数展开是相同的.

> r:=reversion(p);

$$r := proc(powparm) \dots end$$

> tpsform(r,x,9);

$$x + \frac{1}{6}\,x^3 + \frac{3}{40}\,x^5 + \frac{5}{112}\,x^7 + O(x^9)$$

> series(arcsin(x),x,9);

$$x + \frac{1}{6}\,x^3 + \frac{3}{40}\,x^5 + \frac{5}{112}\,x^7 + O(x^9)$$

powdiff 可以计算形式幂级数的微分, 于是 powdiff(p) 与 $\cos(x)$ 的级数展开是一致的.

> r:=powdiff(p);

$$r := proc(powparm) \dots end$$

> tpsform(r,x,9);

$$1 - \frac{1}{2}\,x^2 + \frac{1}{24}\,x^4 - \frac{1}{720}\,x^6 + \frac{1}{40320}\,x^8 + O(x^9)$$

使用 powpoly 命令可以把多项式转换为形式幂级数, 不过这样转换过来的形式幂级数只有有限项. 在下面的例子中, 我们把 $\tan(x)$ 展开为级数, 取它的前 10 项转换为多项式. 然后再用 powpoly 命令转换为级数, 此时的级数只有 $\tan(x)$ 的前 10 项.

> s:=series(tan(x),x=0,10);

$$s := x + \frac{1}{3}\,x^3 + \frac{2}{15}\,x^5 + \frac{17}{315}\,x^7 + \frac{62}{2835}\,x^9 + O(x^{10})$$

```
>  r:=powpoly(convert(s,polynom),x);
```

$$r := proc(powparm) \dots end$$

下面我们计算级数 $p+r$, 把它展开到第 15 项. 注意这样得到的结果只有前 9 项与 $\tan(x)+\sin(x)$ 的级数展开是一致的.

```
>  t:=evalpow(p+r);
```

$$t := proc(powparm) \dots end$$

```
>  tpsform(t,x,15);
```

$$2x+\frac{1}{6}x^3+\frac{17}{120}x^5+\frac{271}{5040}x^7+\frac{7937}{362880}x^9-\frac{1}{39916800}x^{11}+\frac{1}{6227020800}x^{13}+O(x^{15})$$

```
>  series(tan(x)+sin(x),x=0,15);
```

$$2x+\frac{1}{6}x^3+\frac{17}{120}x^5+\frac{271}{5040}x^7+\frac{7937}{362880}x^9+\frac{353791}{39916800}x^{11}+\frac{22368257}{6227020800}x^{13}+O(x^{15})$$

7.5 积 分 变 换

在微积分的应用中, 积分变换是非常重要的工具. 在这一节中, 我们介绍 Maple 中有关积分变换的命令.

对于函数 f 及核 K, 积分变换的定义为

$$\mathcal{T}(f)(s) = \int_a^b f(t)K(s,t)dt.$$

最常用的积分变换有: Laplace 变换、Fourier 变换和 Mellin 变换, 它们对应的核函数分别为 e^{-st}, e^{-ist} 和 t^{s-1}, 列表如下

积分变换

变换	定义	Maple 函数
Laplace	$\int_0^\infty f(t)e^{-st}dt$	`laplace(f(t),t,s)`
Fourier	$\int_{-\infty}^\infty f(t)e^{-ist}dt$	`fourier(f(t),t,s)`
Mellin	$\int_0^\infty f(t)t^{s-1}dt$	`mellin(f(t),t,s)`

7.5.1 Laplace 变换

Maple 的积分变换命令来自于 inttrans 程序包. 因此我们首先需要调入 inttrans 程序包

```
>  with(inttrans);
```

[*addtable, fourier, fouriercos, fouriersin, hankel, hilbert, invfourier, invhilbert,*

　　invlaplace, laplace, mellin]

下面我们对函数 $\cos(t-a)$ 做 laplace 变换

>   laplace(cos(t-a),t,s);

$$\frac{s\cos(a)+\sin(a)}{s^2+1}$$

laplace 变换的逆变换为 invlaplace

>   invlaplace(%,s,t);

$$\cos(a)\cos(t)+\sin(a)\sin(t)$$

>   combine(%,'trig');

$$\cos(t-a)$$

laplace 变换常用于解微分方程, 有关的例子我们将在下一章中给出. 下面我们考察一个积分方程的例子.

>   int_eqn:=int(exp(a*x)*f(t-x),x=0..t)+b*f(t)=t ;

$$\text{int\_eqn} := \int_0^t e^{(a\,x)}\,f(t-x)\,dx + b\,f(t) = t$$

>   laplace(%,t,s);

$$\frac{\text{laplace}(f(t),\,t,\,s)}{s-a} + b\,\text{laplace}(f(t),\,t,\,s) = \frac{1}{s^2}$$

>   readlib(isolate);

$$proc(expr,\,x,\,n)\ldots end$$

>   isolate(%%,laplace(f(t),t,s));

$$\text{laplace}(f(t),\,t,\,s) = \frac{1}{s^2\left(\dfrac{1}{s-a}+b\right)}$$

>   invlaplace(%,s,t);

$$f(t) = \frac{1}{(-1+b\,a)^2} + \frac{a\,t}{-1+b\,a} - \frac{e^{\left(\frac{(-1+b\,a)\,t}{b}\right)}}{(-1+b\,a)^2}$$

下面我们对结果进行检验.

>   f:=unapply(rhs(%),t);

$$f := t \to \frac{1}{(-1+b\,a)^2} + \frac{a\,t}{-1+b\,a} - \frac{e^{\left(\frac{(-1+b\,a)\,t}{b}\right)}}{(-1+b\,a)^2}$$

>   normal(int_eqn,'expanded');

$$t = t$$

7.5.2　Fourier 变换

Maple 用 `fourier` 和 `invfourier` 计算解析函数的 Fourier 变换和逆变换.
> `fourier(1/(1+t^3),t,s);`

$$\frac{1}{3}\,\mathrm{I}\,e^{(\mathrm{I}\,s)}\,\pi\,(\mathrm{Heaviside}(-s)-\mathrm{Heaviside}(s))+e^{(-1/2\,\mathrm{I}\,s)}$$

$$\left(\frac{1}{3}\,\mathrm{I}\,(-1-\mathrm{I}\,\sqrt{3})\,e^{(1/2\,\sqrt{3}\,s)}\,\pi\,\mathrm{Heaviside}(-s)\right.$$

$$\left.-\frac{1}{3}\,\mathrm{I}\,(-1+\mathrm{I}\,\sqrt{3})\,e^{(-1/2\,\sqrt{3}\,s)}\,\pi\,\mathrm{Heaviside}(s)\right)$$

下面我们求它的逆变换, 以验证结果是否正确.
> `invfourier(%,s,t);`

$$-\frac{4}{(t+1)\,(-\mathrm{I}+\sqrt{3}+2\,\mathrm{I}\,t)\,(-\sqrt{3}-\mathrm{I}+2\,\mathrm{I}\,t)}$$

> `normal(%,'expanded');`

$$\frac{1}{1+t^3}$$

7.5.3　快速 Fourier 变换

在信号处理及其他许多领域, 我们经常使用离散 Fourier 变换, Maple 提供了 `FFT` 和 `iFFT` 命令做快速 Fourier 变换及其逆变换. 下面我们回顾一下离散 Fourier 变换的定义: 设 $x=[x_0,x_1,\cdots,x_{N-1}]$ 是长度为 N 的一组数据, 它的 Fourier 变换 $y=[y_0,y_1,\cdots,y_{N-1}]$ 定义为

$$y_k=\sum_{j=0}^{N-1}x_j e^{-2\pi ijk/N}$$

当 N 是 2 的方幂时, 离散 Fourier 变换有一快速算法, 即快速 Fourier 变换. 下面我们令 $N=2^3$, 计算 $x=[-1,-1,-1,-1,1,1,1,1]$ 的快速 Fourier 变换.

首先我们用 `readlib` 将 `FFT` 调入, 它的用法是 `FFT(n,x,y)`, 其中 $N=2^n$, x 是数据的实部, y 是虚部.
> `readlib(FFT);`

$$proc(m,x,y)\ldots end$$

> `x:=array([-1$4,1$4]);`

$$x:=[-1,-1,-1,-1,1,1,1,1]$$

> `y:=array([0$8]);`

$$y:=[0,0,0,0,0,0,0,0]$$

```
>  FFT(3,x,y);
```
$$8$$

FFT 命令的输出为 N, 变换后的数据存储在变量 x 和 y 中. x 为实部, y 为虚部. 由于 x, y 都是向量, 我们用 print 命令显示.

```
>  print(x);
```
$$[0, -2.000000001, 0, -1.999999999, 0, -1.999999999, 0, -2.000000001]$$

```
>  print(y);
```
$$[0, 4.828427122, 0, .828427124, 0, -.828427124, 0, -4.828427122]$$

下面我们用 iFFT 做逆 Fourier 变换.

```
>  iFFT(3,x,y);
```
$$8$$

```
>  print(x);
```

$$[-1.000000000, -.9999999990, -.9999999995, -.9999999985, 1.000000000,$$
$$.9999999990, .9999999995, .9999999985]$$

```
>  print(y);
```
$$[0, .2500000000\,10^{-9}, 0, -.2500000000\,10^{-9}, 0, -.2500000000\,10^{-9}, 0, .2500000000\,10^{-9}]$$

由于快速 Fourier 变换是数值计算算法, 因此其计算结果有误差.

快速 Fourier 变换的一个重要应用是对测量数据做卷积运算, 以便得到光滑的曲线. 下面是一个简单的例子.

给定一个正弦曲线, 我们用随机数据加上噪声.

```
>  re_data:=array([seq(sin(0.0625*k)+rand(1000)( )/1000,k=1..2^8)]):
>  im_data:=array([0$2^8]):
>  xcoords:=array([seq(0.0625*k,k=1..2^8)]):
>  plotdata:=convert(zip((a,b)->[a,b],xcoords,re _data),'list'):
>  plot(plotdata,style=POINT);
```

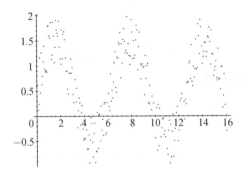

由于在做快速 Fourier 变换时, 数据必须是向量类型. 而在画图时, 数据为列表类型, 因此我们用 convert 命令做数据类型的转换. 我们用函数 $t \to \exp(-100(\frac{t}{256})^2)$ 来做卷积.

```
>  re_kernel:=array([seq(exp(-100.0*(k/2^8)^2),k =1..2^8)]):
```

```
>  im_kernel:=array([0$2^8]):
```

```
>  plotdata:=convert(zip((a,b)->[a,b],xcoords,re_kernel),'list'):
```

```
>  plot(plotdata,style=POINT);
```

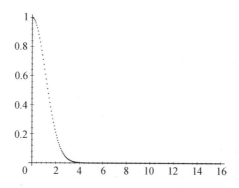

```
>  FFT(8,re_data,im_data);
```

$$256$$

```
>  FFT(8,re_kernel,im_kernel);
```

$$256$$

```
>  data:=zip((a,b)->(a+b*I),re_data,im_data):
```

```
>  kernel:=zip((a,b)->(a+b*I),re_kernel,im_kernel):
```

```
>  newdata:=zip((a,b)->(a*b),data,kernel):
```

```
>  new_re_data:=map(Re,newdata):
```

```
>  new_im_data:=map(Im,newdata):
```

最后用逆快速 Fourier 变换计算出卷积

```
>  iFFT(8,new_re_data,new_im_data);
```

$$256$$

```
>  plotdata:=convert(zip((a,b)->[a,b],xcoords,new_re_data),'list'):
```

```
>  plot(plotdata,style=POINT);
```

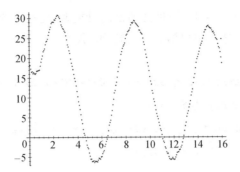

7.5.4   Mellin 变换

Maple 进行 Mellin 变换的命令是 `mellin`.

```
> mellin(sin(t),t,s);
```

$$\Gamma(s)\sin\left(\frac{1}{2}\pi s\right)$$

```
> mellin(t^a,t,s);
```

$$\frac{\Gamma(s+a)\,\mathrm{Heaviside}(s+a)}{\Gamma(s+a+1)}+\frac{\Gamma(-a-s)\,\mathrm{Heaviside}(-a-s)}{\Gamma(1-s-a)}$$

Mellin 变换的结果可以化简

```
> simplify(%);
```

$$\frac{\mathrm{Heaviside}(s+a)-\mathrm{Heaviside}(-a-s)}{s+a}$$

7.5.5   Z 变换

在本节的最后, 我们介绍 Z 变换. Z 变换可以将离散函数 $f(n)$ 转换为连续函数 $F(z)$. 它的定义为

$$F(z)=\sum_{n=0}^{\infty}\frac{f(n)}{z^n}$$

完成 Z 变换和逆变换的命令是 `ztrans` 与 `invztrans`

```
> ztrans(n^2,n,z);
```

$$\frac{z\,(z+1)}{(z-1)^3}$$

```
> invztrans(%,z,n);
```

$$n^2$$

Z 变换常用来解差分方程. 例如方程 $f(k+2) - 4f(k+1) + 3f(k) = 1$ 且 $f(0) = 0, f(1) = 1$ 就可以用 Z 变换来求解.

```
>  sys:=f(k+2)-4*f(k+1)+3*f(k)=1;
```
$$\text{sys} := f(k+2) - 4\,f(k+1) + 3\,f(k) = 1$$

```
>  alias(F(z)=ztrans(f(k),k,z)):
>  ztrans(sys,k,z);
```
$$z^2\,\mathrm{F}(z) - \mathrm{f}(0)\,z^2 - \mathrm{f}(1)\,z - 4\,z\,\mathrm{F}(z) + 4\,\mathrm{f}(0)\,z + 3\,\mathrm{F}(z) = \frac{z}{z-1}$$

将 $f(0) = 0, f(1) = 1$ 带入就可以解出 $F(z)$.

```
>  subs(f(0)=0,f(1)=1,%);
```
$$z^2\,\mathrm{F}(z) - z - 4\,z\,\mathrm{F}(z) + 3\,\mathrm{F}(z) = \frac{z}{z-1}$$

```
>  sol:=solve(%,F(z));
```
$$\text{sol} := \frac{z^2}{z^3 - 5\,z^2 + 7\,z - 3}$$

对 $F(z)$ 做逆变换求出 $f(k)$ 的通解公式.

```
>  fk:=invztrans(%,z,k);
```
$$\text{fk} := \frac{3}{4}\,3^k - \frac{1}{2}\,k - \frac{3}{4}$$

```
>  seq(fk,k=1..6);
```
$$1, 5, 18, 58, 179, 543$$

第八章　微分方程

在这一章中, 我们将展示如何用 Maple 解微分方程. 对许多常微分方程, Maple 的命令 dsolve 可以给出一般解. 如果给定了初值, dsolve 也能给出特解. 当然许多微分方程是难以求出符号解的. Maple 提供了许多工具来刻画它们的特征, 或者给出数值解.

8.1　微分方程的符号解

常微分方程是如下形式的方程:

$$F(y, y', \cdots, y^{(n)}, x) = 0$$

其中 $y', y'', \cdots, y^{(n)}$ 是 $y(x)$ 导数的缩写, F 是定义在 R^{n+2} 上的实函数. 如果 F 中出现了第 $n+1$ 项 $y^{(n)}$, 则称 F 的阶数为 n. 如果函数 F 的前 $n+1$ 都是线性的, 则称 F 是线性常微分方程. 它的形式如下:

$$a_n(x)y^{(n)} + a_{n-1}(x)y^{(n-1)} + \cdots + a_1(x)y' + a_0(x)y + a(x) = 0.$$

当 F 是多项式映射时, 它的第 $n+1$ 项 $y^{(n)}$ 的次数称为微分方程的次数.

Maple 解常微分方程的基本命令是 dsolve, 解微分方程的大部分数学原理都可以用 dsolve 来实现. 不过 Maple 用符号方法解微分方程的能力是非常有限的, 只有一些特殊类型的微分方程可以求出符号解.

下面我们考虑一个简单的微分方程:

$$\frac{dy}{dx} = x + y$$

用 Maple 解这个方程的命令是
```
>   dsolve(diff(y(x),x)=x+y(x),y(x));
```
$$y(x) = -x - 1 + e^x \, \_C1$$

得到的解中含有一个常数项 _C1. 这是一个通解, 给 _C1 指定一个特定的值就可以得到特解. 在常微分方程中, 通常是给定一个初值, 例如初值为 $y(0) = 2$. 下面的命令可以解带初值的微分方程:
```
>   sol1:=dsolve({diff(y(x),x)=x+y(x),y(0)=2},y (x));
```
$$\text{sol1} := y(x) = -x - 1 + 3\, e^x$$

我们想画出这个微分方程的解, 此时需要将表达式转化为函数

> `y1:=unapply(rhs(sol1),x);`

$$y1 := x \rightarrow -x - 1 + 3\,e^x$$

> `plot(y1(x),x=0..3);`

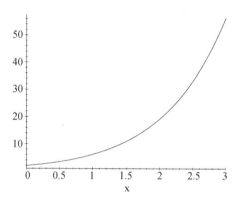

下面的常微分方程带有一个边界条件:

$$y'y(1 + x^2) = x, \quad y'(1) = 1$$

对于边界条件 $y'(1) = 1$, 我们用 `D(y)(1)=1` 来表示.

> `de:=D(y)(x)*y(x)*(1+x^2)=x;`

$$de := D(y)(x)\,y(x)\,(1 + x^2) = x$$

> `dsolve({de,D(y)(1)=1},y(x));`

$$y(x) = \sqrt{\ln(1 + x^2) - \ln(2) + \frac{1}{4}}$$

对某些微分方程, `dsolve` 会给出隐含解. 例如考虑下列微分方程

$$xy' = y\ln(xy) - y$$

> `ode:=x*diff(y(x),x)=y(x)*ln(x*y(x))-y(x);`

$$ode := x\left(\frac{\partial}{\partial x} y(x)\right) = y(x)\ln(x\,y(x)) - y(x)$$

> `dsolve(ode,y(x));`

$$x = \_C1 \ln(x) + \_C1 \ln(y(x))$$

Maple 给出的是隐含解. 如果要得到显式解, 可以用 `isolate` 解出 y

> `readlib(isolate)(%,y(x));`

$$y(x) = e^{\left(\frac{x - \_C1\,\ln(x)}{\_C1}\right)}$$

也可以给 dsolve 第三个参数 explicit 要它求出显示解

> dsolve(ode,y(x),'explicit');

$$y(x) = e^{\left(\frac{x - \_C1 \ln(x)}{\_C1}\right)}$$

微分方程的解可以化简

> expand(%);

$$y(x) = \frac{e^{\left(\frac{x}{\_C1}\right)}}{x}$$

最后我们把解带回微分方程验证一下结果.

> subs(%,ode);

$$x \left(\frac{\partial}{\partial x} \frac{e^{\left(\frac{x}{\_C1}\right)}}{x}\right) = \frac{e^{\left(\frac{x}{\_C1}\right)} \ln(e^{\left(\frac{x}{\_C1}\right)})}{x} - \frac{e^{\left(\frac{x}{\_C1}\right)}}{x}$$

> expand(lhs(%)-rhs(%));

$$0$$

使用选项 output=basis, dsolve 会给出微分方程的通解和特解的一个列表.
例如:

> de:=diff(y(x),x$4)+5*diff(y(x),x$2)-36*y(x)=s in(x);

$$de := \left(\frac{\partial^4}{\partial x^4} y(x)\right) + 5 \left(\frac{\partial^2}{\partial x^2} y(x)\right) - 36\, y(x) = \sin(x)$$

> dsolve(de,y(x));

$$y(x) = -\frac{57}{3380} \sin(x) - \frac{1}{676} \sin(3\,x) + \frac{1}{169} \sin(x) \cos(x)^2 + \frac{1}{156} \cos(3\,x) \sin(2\,x)$$
$$- \frac{1}{312} \cos(3\,x) \sin(4\,x) + \frac{1}{312} \sin(3\,x) \cos(4\,x) - \frac{1}{156} \sin(3\,x) \cos(2\,x)$$
$$+ \_C1\, e^{(2\,x)} + \_C2\, e^{(-2\,x)} + \_C3 \cos(3\,x) + \_C4 \sin(3\,x)$$

> dsolve(de,y(x),output=basis);

$$\Bigg[[e^{(2\,x)},\, e^{(-2\,x)},\, \cos(3\,x),\, \sin(3\,x)],\, -\frac{57}{3380} \sin(x) - \frac{1}{676} \sin(3\,x) + \frac{1}{169} \sin(x) \cos(x)^2$$
$$+ \frac{1}{156} \cos(3\,x) \sin(2\,x) - \frac{1}{312} \cos(3\,x) \sin(4\,x) + \frac{1}{312} \sin(3\,x) \cos(4\,x)$$
$$- \frac{1}{156} \sin(3\,x) \cos(2\,x)\Bigg]$$

dsolve 命令还可以用来解微分方程组. 例如我们要解下列微分方程组

$$\begin{cases} \dfrac{dy}{dt} = -x(t) \\[2mm] \dfrac{dx}{dt} = y(t) \end{cases}$$

初值条件为 $x(0) = 1, y'(1) = 2$. Maple 的解法如下:

```
>   sol:=dsolve({D(y)(t)=-x(t),D(x)(t)=y(t),x(0)=1,D(y)(1)=2},
>       {x(t),y(t)});
```

$$\mathrm{sol} := \left\{ \mathrm{x}(t) = -\frac{\sin(t)\,(\cos(1)+2)}{\sin(1)} + \cos(t),\ \mathrm{y}(t) = -\frac{\cos(t)\,(\cos(1)+2)}{\sin(1)} - \sin(t) \right\}$$

使用 subs 可以把 $x(t)$ 和 $y(t)$ 分别提取出来.

```
>   funcx:=subs(sol,x(t));
```

$$\mathrm{funcx} := -\frac{\sin(t)\,(\cos(1)+2)}{\sin(1)} + \cos(t)$$

```
>   funcy:=subs(sol,y(t));
```

$$\mathrm{funcy} := -\frac{\cos(t)\,(\cos(1)+2)}{\sin(1)} - \sin(t)$$

如果我们想看到 Maple 解微分方程的具体过程和细节, 我们可以改变 infolevel[dsolve] 的省缺值为 2 到 5 之间的一个整数, 它的省缺值为 1.

```
>   infolevel[dsolve]:=3:
>   dsolve(3*D(y)(x)+y(x)*(1+(2*x-1)*y(x)^3)=0,y(x));
```

```
dsolve/diffeq/dsol1:    -> first order, first degree
methods :
dsolve/diffeq/dsol1:    trying linear bernoulli
dsolve/diffeq/dsol1:    trying separable
dsolve/diffeq/dsol1:    trying exact
dsolve/diffeq/dsol1:    trying general homogeneous
dsolve/diffeq/dsol1:    trying Riccati
dsolve/diffeq/linsubs:    trying linear substitution
dsolve:    Warning: no solutions found
```

从 Maple 输出的信息我们可以看到, dsolve 会根据微分方程的类型去尝试各种解法, 如果这些解法都无法解决问题, dsolve 会告诉我们它无法解出这个方程. dsolve 所能解的微分方程类型见下表.

在不同的 Maple 版本下, Maple 解微分方程的能力也不尽相同. 有时明显有解的微分方程, 在某些 Maple 版本中未必能够解出. 例如下面的微分方程在 Maple V Release 4 中就无法求出解.

一阶常微分方程	
微分方程的类型	微分方程的形式
线性	$y' + P(x)y = Q(x)$
正合	$y' = -\frac{P(x,y)}{Q(x,y)}$, 满足 $\frac{\partial Q}{\partial x} = \frac{\partial P}{\partial y}$
非正合	$F(x,y)y' + G(x,y) = 0$ 但是存在积分因子
可分	$y' = f(x)g(y)$
齐次	$y' = F(xy^n)\frac{y}{x}$
高阶	$x = F(y,y')$
Bernoulli	$y' + P(x)y = Q(x)y^n$
Clairaut	$y = xy' + F(y')$
Riccati	$y' = P(x)y^2 + Q(x)y' + R(x)$

二阶常微分方程	
微分方程的类型	微分方程的形式
线性	$ay'' + by' + cy = d(x)$, 其中 a, b, c 是复数
Eular	$x^2 y'' + axy' + by = c(x)$
Bessel	$x^2 y'' + (2k+1)xy' + (\alpha^2 x^{2r} + \beta^2)y = 0$,
	其中 k, α, r, β 是复数, 而且 $\alpha r \neq 0$

```
>   de:=diff(y(x),x)+2*y(x)*exp(x)-y(x)^2-exp(2*x )-exp(x)=0;
```
$$\mathrm{de} := \left(\frac{\partial}{\partial x} y(x)\right) + 2 y(x) e^x - y(x)^2 - e^{(2x)} - e^x = 0$$

```
>   dsolve(de,y(x));

dsolve/diffeq/dsol1:    -> first order, first degree
methods :
dsolve/diffeq/dsol1:    trying linear bernoulli
dsolve/diffeq/dsol1:    trying separable
dsolve/diffeq/dsol1:    trying exact
dsolve/diffeq/dsol1:    trying general homogeneous
dsolve/diffeq/dsol1:    trying Riccati
dsolve:   Warning: no solutions found
```

这个方程有一个明显的解 $y(x) = e^x$.

```
>   subs(y(x)=exp(x),de):
>   expand(");
```
$$0 = 0$$

遇到这样的问题有两种处理方法. 一种是换一个 Maple 版本, 也许就可以求出微分方程的解. 另一种方法是做一个简单的代换, Maple 就可以解出这个方程. 我们令

$y(x) = z(x) + e^x$. 下面的过程就是我们在 Maple V Release 4 中解决这个问题的过程.

```
>  subs(y(x)=z(x)+exp(x),de);
```

$$\left(\frac{\partial}{\partial x} (z(x) + e^x) \right) + 2 (z(x) + e^x) e^x - (z(x) + e^x)^2 - e^{(2x)} - e^x = 0$$

```
>  expand(");
```

$$\frac{\partial}{\partial x} z(x) - z(x)^2 = 0$$

```
>  dsolve(",z(x));
```

```
dsolve/diffeq/dsol1:    -> first order, first degree
methods :
dsolve/diffeq/dsol1:    trying linear bernoulli
dsolve/diffeq/bernsol:  trying Bernoulli solution
dsolve/diffeq/linearsol:  solving 1st order linear d.e.
dsolve/diffeq/dsol1:    linear bernoulli successful
```

$$\frac{1}{z(x)} = -x + \_C1$$

```
>  isolate(",z(x));
```

$$z(x) = -\frac{1}{x - \_C1}$$

```
>  solution:=exp(x)+rhs(");
```

$$solution := e^x - \frac{1}{x - \_C1}$$

```
>  subs(y(x)=solution,de):
>  expand(");
```

$$0 = 0$$

在 Maple 7 当中, 直接使用 dsolve就可以求出方程的解.

8.2 用 Laplace 变换解微分方程

变换是一种数学运算, 它将一个函数变换为另一个新函数. 在解微分方程的过程中, Laplace 变换是常用的方法. 这种方法主要用于解常系数的线性微分方程, 和包含不连续函数的微分方程. Laplace 变换的核心作用在于它将微分运算变换为乘法运算. 于是一个微分方程就被变换为代数方程.

函数 f 的 Laplace 变换是一个新的函数, 一般记作 F. 定义如下:

$$F(s) = \int_0^\infty f(t) e^{-st} dt$$

我们把 e^{-st} 称为变换的核.

对于一个 2 阶线性微分方程, 考察它的初值问题

$$ay''(t) + by'(t) + cy(t) = f(t), \qquad y(0) = y_0, \quad y'(0) = y_0'$$

我们把 Laplace 变换应用到这个方程上得到

$$a(s^2 Y(s) - sy_0 - y_0') + b(sY(s) - y_0) + cY(s) = F(s)$$

其中 $Y(s)$ 是 $y(t)$ 的 Laplace 变换,$F(s)$ 是 $f(t)$ 的 Laplace 变换. 我们解这个关于 $Y(s)$ 的代数方程得到

$$Y(s) = \frac{F(s) + asy_0 + ay_0' + by_0}{as^2 + bs + c}$$

然后计算 $Y(s)$ 的逆 Laplace 变换, 就得到了微分方程的解 $y(t)$.

下面我们考察一个初值问题.

$$y''(t) - 2y'(t) + y(t) = \sin(t), \quad y(0) = 1, \quad y'(0) = 2.$$

我们对这个方程做 Laplace 变换, 得到

```
>  with(inttrans):
>  de:=diff(y(t),t$2)-2*diff(y(t),t)+y(t)=sin(t) ;
```

$$\text{de} := \frac{\partial^2}{\partial t^2} y(t) - 2 \frac{\partial}{\partial t} y(t) + y(t) = \sin(t)$$

```
>  laplace(de,t,s);
```

$$s\,(s\,\text{laplace}(y(t),\, t,\, s) - y(0)) - D(y)(0) - 2\,s\,\text{laplace}(y(t),\, t,\, s) + 2\,y(0)$$
$$+\text{laplace}(y(t),\, t,\, s) = \frac{1}{s^2 + 1}$$

将初值 $y(0) = 1, y'(0) = 2$ 代入,

```
>  subs([y(0)=1,D(y)(0)=2],%);
```

$$s\,(s\,\text{laplace}(y(t),\, t,\, s) - 1) - 2\,s\,\text{laplace}(y(t),\, t,\, s) + \text{laplace}(y(t),\, t,\, s) = \frac{1}{s^2 + 1}$$

将 laplace(y(t),t,s) 解出, 再做逆 Laplace 变换就得到了微分方程的解.

```
>  readlib(isolate)(%,laplace(y(t),t,s));
```

$$\text{laplace}(y(t),\, t,\, s) = \frac{\dfrac{1}{s^2 + 1} + s}{s^2 - 2s + 1}$$

```
>  invlaplace(%,s,t);
```

$$\mathrm{y}(t) = \frac{3}{2} t\,e^t + \frac{1}{2} e^t + \frac{1}{2} \cos(t)$$

给 dsolve 命令一个选项 method=laplace, Maple 将用 Laplace 变换法解出微分方程.

> dsolve({de,y(0)=1,D(y)(0)=2},y(t),method=laplace);

$$y(t) = \frac{3}{2} t e^t + \frac{1}{2} e^t + \frac{1}{2} \cos(t)$$

对于包含分段连续函数的常微分方程, Laplace 变换特别有用. 构造分段连续函数的基本单元是单位阶跃函数 $u(t)$, 它的定义为

$$u(t) = \begin{cases} 0, & t < 0, \\ 1, & t \geqslant 0. \end{cases}$$

为了纪念物理学家 Oliver Heaviside, 他提出了用 Laplace 变换方法解微分方程. 这个函数被命名为 Heaviside 函数. 在 Maple 中也是用 Heaviside 表示这个函数.

下面我们用 Heaviside 函数来定义一个分段连续函数

$$g(t) = \begin{cases} 0, & t < 0, \\ 1, & 0 \leqslant t < 1, \\ -1, & 1 \leqslant t < 2, \\ 0, & t \geqslant 2. \end{cases}$$

这个函数可以写成

$$g(t) = u(t) - 2u(t-1) + u(t-2)$$

写成 Maple 的函数就是

> g:=t->Heaviside(t)-2*Heaviside(t-1)+Heaviside (t-2);

$$g := t \to \text{Heaviside}(t) - 2\,\text{Heaviside}(t-1) + \text{Heaviside}(t-2)$$

下面我们考察初值问题:

$$y''(t) + 3y'(t) + y(t) = g(t), \quad y(0) = 1, \quad y'(0) = 1$$

其中 $g(t)$ 就是上面定义的分段函数. 用 Laplace 变换解这个方程得到下列复杂的函数.

> de:=diff(y(t),t$2)+3*diff(y(t),t)+y(t)=g(t);

$$\text{de} := \frac{\partial^2}{\partial t^2} y(t) + 3 \frac{\partial}{\partial t} y(t) + y(t) = \text{Heaviside}(t) - 2\,\text{Heaviside}(t-1) + \text{Heaviside}(t-2)$$

```
> sol:=dsolve({de,y(0)=1,D(y)(0)=1},y(t),meth or=laplace);
```

$sol := y(t) = \text{Heaviside}(t) - \dfrac{3}{10} e^{(1/2\,(-3+\sqrt{5})\,t)}\,\text{Heaviside}(t)\,\sqrt{5}$

$\quad - \dfrac{1}{2} e^{(1/2\,(-3+\sqrt{5})\,t)}\,\text{Heaviside}(t) - 2\,\text{Heaviside}(t-1)$

$\quad + \dfrac{3}{5}\,\text{Heaviside}(t-1)\,\sqrt{5}\,e^{(1/2\,(-3+\sqrt{5})\,(t-1))} + \text{Heaviside}(t-1)\,e^{(1/2\,(-3+\sqrt{5})\,(t-1))}$

$\quad + \text{Heaviside}(t-2) - \dfrac{3}{10}\,\text{Heaviside}(t-2)\,\sqrt{5}\,e^{(1/2\,(-3+\sqrt{5})\,(t-2))}$

$\quad - \dfrac{1}{2}\,\text{Heaviside}(t-2)\,e^{(1/2\,(-3+\sqrt{5})\,(t-2))} + \dfrac{3}{10} e^{(-1/2\,(3+\sqrt{5})\,t)}\,\text{Heaviside}(t)\,\sqrt{5}$

$\quad - \dfrac{1}{2} e^{(-1/2\,(3+\sqrt{5})\,t)}\,\text{Heaviside}(t) - \dfrac{3}{5}\,\text{Heaviside}(t-1)\,\sqrt{5}\,e^{(-1/2\,(3+\sqrt{5})\,(t-1))}$

$\quad + \text{Heaviside}(t-1)\,e^{(-1/2\,(3+\sqrt{5})\,(t-1))} + \dfrac{3}{10}\,\text{Heaviside}(t-2)\,\sqrt{5}\,e^{(-1/2\,(3+\sqrt{5})\,(t-2))}$

$\quad - \dfrac{1}{2}\,\text{Heaviside}(t-2)\,e^{(-1/2\,(3+\sqrt{5})\,(t-2))} + \left(\dfrac{1}{2}\sqrt{5}+\dfrac{1}{2}\right) e^{(1/2\,(-3+\sqrt{5})\,t)}$

$\quad + \dfrac{1}{10}(-5+\sqrt{5})\,\sqrt{5}\,e^{(-1/2\,(3+\sqrt{5})\,t)}$

由于这个解过于复杂, 我们画出它的图形以及 $g(t)$ 的图形.

```
> plot({rhs(sol),g(t)},t=0..5);
```

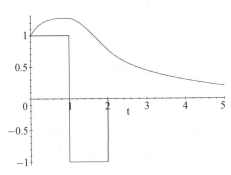

8.3　微分方程的级数解

Laplace 变换主要解决 2 阶线性常系数的微分方程, 对于 2 阶线性变量系数的齐次微分方程, 我们可以用级数方法解决. 考察下列微分方程:

$$a(x)y''(x) + b(x)y'(x) + c(x)y(x) \tag{8.1}$$

假设系数函数 $a(x), b(x), c(x)$ 是解析的, 即在 $x = x_0$ 的邻域中有收敛的级数表示. 为了简单起见, 不妨设 $x_0 = 0$. 我们假设 $a(0) \neq 0$, 用 $a(x)$ 去除方程的两边我们得

到下列微分方程

$$y''(x) + p(x)y'(x) + q(x)y(x) = 0 \tag{8.2}$$

对于方程 (8.2), 我们寻求它的级数解

$$y(x) = \sum_{n=0}^{\infty} a_n x^n \tag{8.3}$$

如果我们能找到这个级数解, 则 $y(0) = a_0, y'(0) = a_1$. 于是如果我们给了初值条件, 也就可以给出级数解的前两项系数.

将级数 (8.3) 代入方程 (8.2), 将 $p(x), q(x)$ 也展开成级数, 将同次的项组合起来, 就可以得到一个关于 a_n 的递推公式. 解关于 a_n 的递推关系就可以求出微分方程的解.

如果求出的 a_n 比较简单, 并且恰好能找到对应的函数 $y(x)$, 那我们就求出了微分方程 (2) 的解, 即使找不到对应的函数 $y(x)$, 我们也能得到一个 $y(x)$ 的近似解.

dsolve 使用选项 type=series 给出方程的级数解. 下面我们看一个简单的例子

$$y'' - xy' - y = 0, \quad y(0) = 2, \quad y'(0) = 1$$

用 dsolve 求出的解如下:

```
> de1:=diff(y(x),x$2)-x*diff(y(x),x)-y(x)=0;
```

$$de1 := \frac{\partial^2}{\partial x^2} y(x) - x \left(\frac{\partial}{\partial x} y(x) \right) - y(x) = 0$$

```
> sol1:=dsolve({de1,y(0)=2,D(y)(0)=1},y(x),type=series);
```

$$sol1 := y(x) = 2 + x + x^2 + \frac{1}{3} x^3 + \frac{1}{4} x^4 + \frac{1}{15} x^5 + O(x^6)$$

通常 dsolve 只求到级数的第六项, 这是由 Order 所决定的. 如果我们想求更精确的解, 可以重设 Order 的值. 例如我们令 Order=20, 重新解这个方程就可以得到更精确的解.

```
> Order:=20:
> dsolve({de1,y(0)=2,D(y)(0)=1},y(x),type=series);
```

$$y(x) = 2 + x + x^2 + \frac{1}{3} x^3 + \frac{1}{4} x^4 + \frac{1}{15} x^5 + \frac{1}{24} x^6 + \frac{1}{105} x^7 + \frac{1}{192} x^8 + \frac{1}{945} x^9 + \frac{1}{1920} x^{10} +$$

$$\frac{1}{10395} x^{11} + \frac{1}{23040} x^{12} + \frac{1}{135135} x^{13} + \frac{1}{322560} x^{14} + \frac{1}{2027025} x^{15} + \frac{1}{5160960} x^{16} +$$

$$\frac{1}{34459425} x^{17} + \frac{1}{92897280} x^{18} + \frac{1}{654729075} x^{19} + O(x^{20})$$

对于这个微分方程, dsolve 可以求出精确解.

> `sol2:=dsolve({de1,y(0)=2,D(y)(0)=1},y(x));`

$$\mathrm{sol2} := y(x) = 2\,e^{(1/2\,x^2)} + \frac{1}{2}\,e^{(1/2\,x^2)}\sqrt{\pi}\,\sqrt{2}\,\mathrm{erf}\left(\frac{1}{2}\,\sqrt{2}\,x\right)$$

读者如果有兴趣可以把两个解的图画出来比较一下.

级数解通常只用于齐次方程, 对于非齐次的方程, 它就不一定能求出解. 考察下列微分方程

$$y - y' = \sin(\sqrt{x}),\quad y(0) = 0$$

用 dsolve 命令以及级数解都很难求出方程的解

> `de2:=y(x)-diff(y(x),x)=sin(sqrt(x));`

$$\mathrm{de2} := y(x) - \frac{\partial}{\partial x}\,y(x) = \sin(\sqrt{x})$$

> `dsolve({de2,y(0)=0},y(x));`

$$y(x) = -e^x \int_0^x \frac{\sin(\sqrt{u})}{e^u}\,du + e^x \int_0^0 \frac{\sin(\sqrt{u})}{e^u}\,du$$

dsolve 虽然给出了公式解, 但是这些积分我们依然无法求出. 使用级数解根本得不到结果.

> `dsolve({de2,y(0)=0},y(x),type=series);`

对于这个问题, 使用 Maple 的级数展开公式可以手工的求出一个近似解. 首先将 $\sin(\sqrt{x})$ 展开为级数.

> `siq:=series(sin(sqrt(x)),x,8);`

$$\mathrm{siq} := \sqrt{x} - \frac{1}{6}\,x^{\frac{3}{2}} + \frac{1}{120}\,x^{\frac{5}{2}} - \frac{1}{5040}\,x^{\frac{7}{2}} + \frac{1}{362880}\,x^{\frac{9}{2}} - \frac{1}{39916800}\,x^{\frac{11}{2}}$$
$$+ \frac{1}{6227020800}\,x^{\frac{13}{2}} - \frac{1}{1307674368000}\,x^{\frac{15}{2}} + O(x^8)$$

> `siq:=siq-select(has,siq,0);`

$$\mathrm{siq} := \sqrt{x} - \frac{1}{6}\,x^{\frac{3}{2}} + \frac{1}{120}\,x^{\frac{5}{2}} - \frac{1}{5040}\,x^{\frac{7}{2}} + \frac{1}{362880}\,x^{\frac{9}{2}} - \frac{1}{39916800}\,x^{\frac{11}{2}}$$
$$+ \frac{1}{6227020800}\,x^{\frac{13}{2}} - \frac{1}{1307674368000}\,x^{\frac{15}{2}}$$

`siq` 是 `sin(sqrt(x))` 的一个级数展开的近似. 我们去掉了 8 阶以上的项. 与通常的级数展开不同, 我们把 $y(x)$ 的级数展开写成下列形式

$$y(x) = \sum_{i=1}^{\infty} a_i x^{(2i+1)/2}$$

由初值条件 $y(0) = 0$, 我们去掉了 a_0 这一项. 在 Maple 中写出 $y(x)$ 的前七项
> `a:=array(1..7):`
> `fy:=sum(a[i]*x^(i+1/2),i=1..7);`
$$\mathrm{fy} := a_1 x^{\frac{3}{2}} + a_2 x^{\frac{5}{2}} + a_3 x^{\frac{7}{2}} + a_4 x^{\frac{9}{2}} + a_5 x^{\frac{11}{2}} + a_6 x^{\frac{13}{2}} + a_7 x^{\frac{15}{2}}$$

记做 `fy`, 求 `fy` 的微分, 代入原方程.
> `fyd:=diff(fy,x);`
$$\mathrm{fyd} := \frac{3}{2} a_1 \sqrt{x} + \frac{5}{2} a_2 x^{\frac{3}{2}} + \frac{7}{2} a_3 x^{\frac{5}{2}} + \frac{9}{2} a_4 x^{\frac{7}{2}} + \frac{11}{2} a_5 x^{\frac{9}{2}} + \frac{13}{2} a_6 x^{\frac{11}{2}} + \frac{15}{2} a_7 x^{\frac{13}{2}}$$

> `deqn:=fy-fyd-siq;`

$$\mathrm{deqn} := a_1 x^{\frac{3}{2}} + a_2 x^{\frac{5}{2}} + a_3 x^{\frac{7}{2}} + a_4 x^{\frac{9}{2}} + a_5 x^{\frac{11}{2}} + a_6 x^{\frac{13}{2}} + a_7 x^{\frac{15}{2}} - \frac{3}{2} a_1 \sqrt{x} - \frac{5}{2} a_2 x^{\frac{3}{2}}$$
$$- \frac{7}{2} a_3 x^{\frac{5}{2}} - \frac{9}{2} a_4 x^{\frac{7}{2}} - \frac{11}{2} a_5 x^{\frac{9}{2}} - \frac{13}{2} a_6 x^{\frac{11}{2}} - \frac{15}{2} a_7 x^{\frac{13}{2}} - \sqrt{x} + \frac{1}{6} x^{\frac{3}{2}} - \frac{1}{120} x^{\frac{5}{2}}$$
$$+ \frac{1}{5040} x^{\frac{7}{2}} - \frac{1}{362880} x^{\frac{9}{2}} + \frac{1}{39916800} x^{\frac{11}{2}} - \frac{1}{6227020800} x^{\frac{13}{2}} + \frac{1}{1307674368000} x^{\frac{15}{2}}$$

将 `deqn` 整理成级数的形式.
> `coef:=series(deqn,x,10);`

$$\mathrm{coef} := \left(-1 - \frac{3}{2} a_1\right) \sqrt{x} + \left(a_1 + \frac{1}{6} - \frac{5}{2} a_2\right) x^{\frac{3}{2}} + \left(-\frac{7}{2} a_3 + a_2 - \frac{1}{120}\right) x^{\frac{5}{2}}$$
$$+ \left(\frac{1}{5040} - \frac{9}{2} a_4 + a_3\right) x^{\frac{7}{2}} + \left(-\frac{1}{362880} + a_4 - \frac{11}{2} a_5\right) x^{\frac{9}{2}} + \left(a_5 + \frac{1}{39916800} - \frac{13}{2} a_6\right) x^{\frac{11}{2}}$$
$$+ \left(-\frac{15}{2} a_7 + a_6 - \frac{1}{6227020800}\right) x^{\frac{13}{2}} + \left(a_7 + \frac{1}{1307674368000}\right) x^{\frac{15}{2}}$$

使用 `op` 命令可以取出级数中的项, 连续使用两次可以求出级数项的系数. 例如:
> `op(1,coef);`
$$\left(-1 - \frac{3}{2} a_1\right) \sqrt{x}$$

> `op(1,op(1,coef));`
$$-1 - \frac{3}{2} a_1$$

用这种方法取出级数中的前 7 项的系数, 最后一项不用.

```
> eq:=seq(op(1,op(i,coef)),i=1..nops(coef)-1);
```

$$\text{eq} := -1 - \frac{3}{2}\,a_1,\ a_1 + \frac{1}{6} - \frac{5}{2}\,a_2,\ -\frac{7}{2}\,a_3 + a_2 - \frac{1}{120},\ \frac{1}{5040} - \frac{9}{2}\,a_4 + a_3,\ -\frac{1}{362880} + a_4$$
$$-\frac{11}{2}\,a_5,\ a_5 + \frac{1}{39916800} - \frac{13}{2}\,a_6,\ -\frac{15}{2}\,a_7 + a_6 - \frac{1}{6227020800}$$

解代数方程 eq 就可以求出 $a_1, \cdots, a_7$ 的值.

```
> solve({eq});
```

$$\left\{ a_7 = \frac{-328111}{6671808000},\ a_6 = \frac{-95699}{259459200},\ a_5 = \frac{-29}{12096},\ a_4 = \frac{-299}{22680},\ a_3 = \frac{-5}{84},\ a_2 = \frac{-1}{5},\ a_1 = \frac{-2}{3} \right\}$$

使用 assign 命令把它们的值代入 fy, 就得到了方程的近似解.

```
> assign(%);
> fy;
```

$$-\frac{2}{3}\,x^{\frac{3}{2}} - \frac{1}{5}\,x^{\frac{5}{2}} - \frac{5}{84}\,x^{\frac{7}{2}} - \frac{299}{22680}\,x^{\frac{9}{2}} - \frac{29}{12096}\,x^{\frac{11}{2}} - \frac{95699}{259459200}\,x^{\frac{13}{2}} - \frac{328111}{6671808000}\,x^{\frac{15}{2}}$$

最后一个例子是量子力学中的古典问题: 求解一维调和振子. 以无维量单位形式给出的 Schrödinger 方程如下:

$$\frac{d^2 y(x)}{dx^2} + (\varepsilon - x^2)y(x) = 0$$

渐近分析的研究建议我们做代换 $y(x) = h(x)e^{-x^2/2}$, 得到关于 $h(x)$ 的微分方程.

```
> de1:=diff(y(x),x$2)+(epsilon-x^2)*y(x);
```

$$\text{de1} := \frac{\partial^2}{\partial x^2}\,y(x) + (\varepsilon - x^2)\,y(x)$$

```
> subs(y(x)=exp(-x^2/2)*h(x),de1);
```

$$\frac{\partial^2}{\partial x^2}\,e^{(-1/2\,x^2)}\,h(x) + (\varepsilon - x^2)\,e^{(-1/2\,x^2)}\,h(x)$$

```
> collect(%,exp(-x^2/2))/exp(-x^2/2);
```

$$-h(x) + x^2\,h(x) - 2\,x\left(\frac{\partial}{\partial x}\,h(x)\right) + \left(\frac{\partial^2}{\partial x^2}\,h(x)\right) + (\varepsilon - x^2)\,h(x)$$

```
> de2:=collect(%,[diff(h(x),x$2),diff(h(x),x),h ]);
```

$$\text{de2} := \left(\frac{\partial^2}{\partial x^2}\,h(x)\right) - 2\,x\left(\frac{\partial}{\partial x}\,h(x)\right) + (-1 + \varepsilon)\,h(x)$$

下面我们用形式幂级数方法解这个微分方程, powsolve 可以求出幂级数.

```
> with(powseries):
> H:=powsolve(de2);
```

$$H := proc(powparm)\ \dots\ end$$

写出它的前 10 项.

```
>  h:=tpsform(H,x,10);
```

$$h := C0 + C1\,x - \frac{1}{2}\,(-1+\varepsilon)\,C0\,x^2 - \frac{1}{6}\,(-3+\varepsilon)\,C1\,x^3 + \frac{1}{24}\,(-5+\varepsilon)\,(-1+\varepsilon)\,C0\,x^4$$

$$+ \frac{1}{120}\,(-7+\varepsilon)\,(-3+\varepsilon)\,C1\,x^5 - \frac{1}{720}\,(-9+\varepsilon)\,(-5+\varepsilon)\,(-1+\varepsilon)\,C0\,x^6 -$$

$$\frac{1}{5040}\,(-11+\varepsilon)\,(-7+\varepsilon)\,(-3+\varepsilon)\,C1\,x^7$$

$$+ \frac{1}{40320}\,(-13+\varepsilon)\,(-9+\varepsilon)\,(-5+\varepsilon)\,(-1+\varepsilon)\,C0\,x^8$$

$$+ \frac{1}{362880}\,(-15+\varepsilon)\,(-11+\varepsilon)\,(-7+\varepsilon)\,(-3+\varepsilon)\,C1\,x^9 + O(x^{10})$$

把它转换为多项式, 并整理得

```
>  collect(convert(%,'polynom'),[C0,C1]);
```

$$\left(1 - \frac{1}{2}\,(-1+\varepsilon)\,x^2 + \frac{1}{24}\,(-5+\varepsilon)\,(-1+\varepsilon)\,x^4 - \frac{1}{720}\,(-9+\varepsilon)\,(-5+\varepsilon)\,(-1+\varepsilon)\,x^6\right.$$

$$\left. + \frac{1}{40320}\,(-13+\varepsilon)\,(-9+\varepsilon)\,(-5+\varepsilon)\,(-1+\varepsilon)\,x^8\right)C0 + \left(x - \frac{1}{6}\,(-3+\varepsilon)\,x^3\right.$$

$$+ \frac{1}{120}\,(-7+\varepsilon)\,(-3+\varepsilon)\,x^5 - \frac{1}{5040}\,(-11+\varepsilon)\,(-7+\varepsilon)\,(-3+\varepsilon)\,x^7$$

$$\left. + \frac{1}{362880}\,(-15+\varepsilon)\,(-11+\varepsilon)\,(-7+\varepsilon)\,(-3+\varepsilon)\,x^9\right)C1$$

下面我们看一下幂级数 h 的系数的递推关系.

```
>  H(_k);
```

$$-\frac{(3+\varepsilon-2\_k)\,\mathrm{a}(\_k-2)}{\_k\,(\_k-1)}$$

它可以解释为

$$a_k = \frac{(3+\varepsilon-2k)a_{k-2}}{k(k-1)}$$

或等价的形式

$$(k+1)(k+2)a_{k+2} = (2k+1-\varepsilon)a_k$$

从这个公式可以发现如果 $\varepsilon = 2k+1$, 则 h 就是一个有限的幂级数. 这就是调和振子能量层级的量子化. 波函数的例子如下:

```
>  C0:=1;  C1:=0;  epsilon:=9;
>  tpsform(H,x,10);  convert(%,'polynom');
```

$$1 - 4\,x^2 + \frac{4}{3}\,x^4$$

它恰好是第 4 个 Hermite 多项式的倍数.

```
>  orthopoly[H](4,x)/12;
```

$$1 - 4\,x^2 + \frac{4}{3}\,x^4$$

8.4　微分方程的数值解

用符号方法确实能解一些常微分方程, 不过大部分微分方程是求不出符号解的. 对于常微分方程的初值问题, Maple 提供了数值解. 下面我们通过几个特殊的微分方程来说明 Maple 的数值解法.

首先我们考查 Van der Pol 方程

$$y'' - (1 - y^2)y' + y = 0$$

初值为 $y(0) = 0, y'(0) = -0.1$.

在 Maple 中求微分方程数值解的方法是使用 dsolve 的选项 type=numeric.

```
>  alias(y=y(t),y0=y(0),yp0=D(y)(0)):
```

为了方便, 我们设置了几个别名.

```
>  eqn:=diff(y,t$2)-(1-y^2)*diff(y,t)+y=0;
```

$$eqn := \frac{\partial^2}{\partial t^2}\,y - (1 - y^2)\,\frac{\partial}{\partial t}\,y + y = 0$$

```
>  init:=y0=0,yp0=-0.1:
>  F:=dsolve({eqn,init},y, type=numeric);
```

$$F := proc(rkf45\_x)\ \ldots\ end$$

此时得到的解是一个过程, 由它可以求出 t 点所对应的 y 值, 例如 $t = 0, 1, 2$ 的值为

```
>  F(0);
```

$$\left[t = 0,\ y = 0,\ \frac{\partial}{\partial t}\,y = -.1 \right]$$

```
>  F(1);
```

$$\left[t = 1,\ y = -.1447686096006437,\ \frac{\partial}{\partial t}\,y = -.1781040958088073 \right]$$

```
>  F(2);
```

$$\left[t = 2,\ y = -.3033587096669120,\ \frac{\partial}{\partial t}\,y = -.09785618462025715 \right]$$

通常我们用图形的方式表示微分方程的解, 此时我们需要 plots 程序包中的 odeplot
过程.

```
>   with(plots):
>   odeplot(F,[t,y],0..15);
```

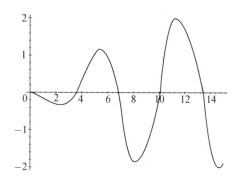

下面我们考查一个微分方程组的数值解. 这个方程组描述了质子在磁场中的
运动. 为了表达方便, 我们用向量来表示这个微分方程. 下面我们在 Maple 中给出
这个方程.

```
>   with(linalg):
```

Warning, new definition for norm
Warning, new definition for trace

```
>   m:=1.6e-27:
>   q:=1.6e-19:
>   bz:=1:
>   r:=vector([x(t),y(t),z(t)]):
>   v:=map(diff,r,t):
>   a:=map(diff,v,t):
>   b:=vector([0,0,bz]):
>   sys:=evalm(m*a-q*crossprod(v,b));
```

$$\text{sys} := \left[.16\,10^{-26}\,\frac{\partial^2}{\partial t^2}\,x(t) - .16\,10^{-18}\,\frac{\partial}{\partial t}\,y(t),\ .16\,10^{-26}\,\frac{\partial^2}{\partial t^2}\,y(t) + .16\,10^{-18}\,\frac{\partial}{\partial t}\,x(t),\right.$$
$$\left. .16\,10^{-26}\,\frac{\partial^2}{\partial t^2}\,z(t) \right]$$

```
>   de:=seq(sys[i]=0,i=1..3);
```

$$\text{de} := .16\,10^{-26}\,\frac{\partial^2}{\partial t^2}\,x(t) - .16\,10^{-18}\,\frac{\partial}{\partial t}\,y(t) = 0,\ .16\,10^{-26}\,\frac{\partial^2}{\partial t^2}\,y(t) + .16\,10^{-18}\,\frac{\partial}{\partial t}\,x(t) = 0,$$
$$.16\,10^{-26}\,\frac{\partial^2}{\partial t^2}\,z(t) = 0$$

```
>  condition:=x(0)=0,y(0)=0,z(0)=0,D(x)(0)=1e8,D(y)(0)=0,D(z)(0)=1e6:
```

在上面的定义中, m 是质子的质量, q 是电荷, 向量 r 表示质子的空间位置, v 是质子的速度, a 是加速度, 向量 b 描述了磁场的分布. 下面我们给出微分方程的解.

```
>  sol:=dsolve({de,condition},convert(r,set),t ype=numeric);
```
$$sol := proc(rkf45\_x) \dots end$$

对于这个解, 我们同样可以用 odeplot 来画出它的图形.

```
>  odeplot(sol,[x(t),y(t),z(t)],0..1e-7,axes=box );
```

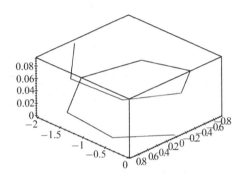

出人意料的是这个图形非常不光滑, 也许是我们计算的精度不够高. 下面我们令 Digits:=16, 我们来计算 $t = 25 \times 10^{-9}, 26 \times 10^{-9}$ 时 $x(t)$ 的值.

```
>  Digits:=16:
>  subs(sol(25e-9),x(t)),subs(sol(26e-9),x(t));
```
$$.5984721470104983, .5984721470104983$$

从结果中发现, 即使精确到 16 位, 这两个值也是完全相同的, 这就说明了为什么图形是不光滑的. 不过从微分方程的理论出发, 这个方程的解不应该是这样的. 下面我们再求一次微分方程的解

```
>  sol:=dsolve({de,condition},convert(r,set),type=numeric):
>  subs(sol(25e-9),x(t)),subs(sol(26e-9),x(t));
```
$$.5984721441039561, .5155013718214635$$

同样计算 $t = 25 \times 10^{-9}, 26 \times 10^{-9}$ 时 $x(t)$ 的值. 我们发现这两个值差距很大, 再画一次图形, 得到一个非常光滑的曲线.

```
>  odeplot(sol,[x(t),y(t),z(t)],0..1e-7,axes=box );
```

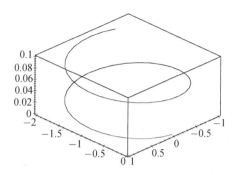

由这个例子, 我们得到的结论是微分方程的数值解和计算的精度有密切的关系, 对此需要格外注意.

在我们计算微分方程的数值解时, Maple 在省缺情况下使用的方法是 rkf45, 即 Fehlberg 的 4 阶 ~5 阶 Runge-Kutta 算法. 除了这种算法以外, Maple 还提供了许多其他算法, 有关这些算法的用法请参见 Maple 的帮助命令 ?dsolve,numeric.

8.5 微分方程的图形表示

Maple 提供了两类图形命令可以表示微分方程的解. 第一类命令就是我们上一节所用到的来自于 plots 程序包的 odeplot 命令, 它可以用可视化的方式表达微分方程的数值解. 第二类命令来自于 DEtools 程序包, 这类命令不需要解出微分方程就可以给出它的相位场或相位曲线, 由这些图形我们可以研究微分方程的基本特征. 在这一节中, 我们主要介绍第二类命令的用法.

> with(DEtools);

[DEnormal, DEplot, DEplot3d, Dchangevar, PDEchangecoords, PDEplot,
  autonomous, convertAlg, convertsys, dfieldplot, indicialeq, phaseportrait,
  reduceOrder, regularsp, translate, untranslate, varparam]

首先我们必须调入 DEtools 程序包. 在新的 Maple 7 版本中, DEtools 程序包中增加了许多命令, 为了简明起见, 我们只介绍下列几个命令:

dfielplot	画出以箭头表示的向量场
phaseportrait	画出向量场以及个别的积分曲线
DEplot	图形表示微分方程
DEplot3d	在三维空间中图形表示微分方程
PDEplot	画出拟线性的一阶偏微分方程

所有这些命令都以微分方程或微分方程组作为第一个参数, 第二个参数是变量列表, 第三个参数是独立变量 (一般为 t). 这些命令可以处理单独的形如 $y' = $

$f(y,t)$ 的微分方程, 或形如 $x'=f1(x,y,t),y'=f2(x,y,t)$ 的微分方程组. DEplot 和 PDEplot 还可以支持更复杂形式的微分方程.

在大多数命令中初始条件必须指定, 可以用两种方式: 一种是 $\{y(t_0)=y_0,y(t_1)=y_1,\cdots\}$ 或 $\{[x(t_0)=x_0,y(t_0)=y_0],[x(t_1)=x_1,y(t_1)=y_1],\cdots\}$; 另一种是缩写的方式 $\{[t_0,y_0],[t_1,y_1],\cdots\}$ 或 $\{[t_0,x_0,y_0],[t_1,x_1,y_1],\cdots\}$.

一些重要的选项是: color 可设置箭头的颜色; linecolor 可设置相位曲线的颜色; arrow 可设置箭头的形状包括 (SMALL, MEDIUM, LARGE, LINE或NONE); dirgrid 可设置箭头的个数 (缺省值为 dirgrid=[20,20]) 以及 stepsize 可改变数值计算的步长. 当然其他关于图形的选项也可以使用.

下面我们来看一些实例. 考查一个简单的常微分方程

$$\frac{dy(t)}{dt}=e^{-t}-2y(t)$$

它的向量场如下:
```
>   dfieldplot(diff(y(t),t)=exp(-t)-2*y(t),y(t),t =-2..3,y=-2..3,
>           axes=BOXED);
```

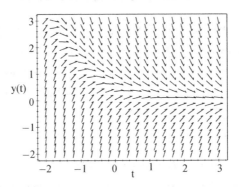

向量场可以给出微分方程的定性的信息, 对它的含义我们有如下的解释:

对于一个一般的微分方程

$$\frac{dy}{dt}=f(t,y)$$

在 (t,y) 平面上, 我们可以在每个点 (t,y) 处画一个斜率为 $f(t,y)$ 的向量. 这些向量就构成了向量场. 微分方程的解所满足的特征是: 在它的每个点上的切线应当与向量场在这个点的方向一致. 因此当我们画出一个微分方程的向量场后, 通过向量场, 我们就可以观察到积分曲线的大致情况. 这也是 Maple 图解微分方程的基本方法.

对于上面的例子, 从向量场中可以发现微分方程解的一些特征:

1. 当 $y<0$ 时, 积分曲线在这一点是递增的;
2. 当 $t\to\infty$ 时, 所有的解都趋进于 0.

如果我们给定了一些初始条件, 使用 phaseportrait 命令就可以在向量场中画出积分曲线.

```
>  phaseportrait(diff(y(t),t)=exp(-t)-2*y(t),y(t),t=-2..3,
>   {[0,0],[0,0.2],[0,0.4],[0,0.6],[0,0.8],[0,1]},y=-2..3,axes=BOXED);
```

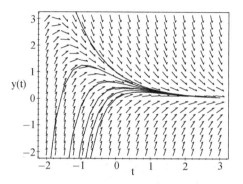

对于二阶常微分方程及一阶常微分方程组, 向量场同样是定性描述微分方程的重要工具. 特别地, 对于包含两个方程的一阶常微分方程组, plots 程序包中的 fieldplot 命令也可以画出向量场. 假设一阶常微分方程组为

$$\begin{cases} x' = F(x,y) \\ y' = G(x,y) \end{cases}$$

则命令 fieldplot([F(x,y),G(x,y)],x=x0..x1,y=y0..y1) 就可以画出常微分方程组的向量场.

例如对下列微分方程组 $\begin{cases} x' = x(1-x-y), \\ y' = y(0.75-0.5x-y) \end{cases}$ 我们可以用 fieldplot 命令画出它的向量场.

```
>  with(plots):
>  fieldplot([x*(1-x-y),y*(0.75-0.5*x-y)],x=0..2,y=0..1);
```

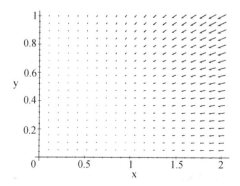

在这个向量场中, 在 $\mathbf{x} = (x, y)$ 点的向量标志了向量的方向和 $f(\mathbf{x})$ 的长度. 因此在微分方程组的奇异点, 向量的长度都非常的短, 接近于 0. 从上面的向量场中就可以看到这种现象. 但是这种向量场的缺点是我们很难观察出接近奇异点的向量的方向.

解决上述问题的方法是使用 `dfieldplot` 命令代替 `fieldplot`, 并使用等长度的向量.

```
> dfieldplot([diff(x(t),t)=x(t)*(1-x(t)-y(t)),
> diff(y(t),t)=y(t)*(0.75-0.5*x(t)-y(t))],[x(t) ,y(t)],
> t=0..1,x=0..1.5,y=0..1,arrows=SLIM,axes=BOXED );
```

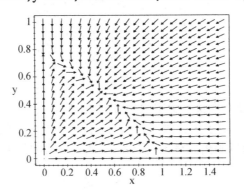

DEplot 是一般的常微分方程作图命令, 这个命令的通常用法是

　　　　DEplot(ode, dep-var, range, [ini-conds])

其中 ode 是你想图解的微分方程, `dep-var` 是因变量, `range` 是自变量的变化范围, 而 `ini-conds` 是初始条件的列表.

例如对微分方程 $y''(t) + \sin(t)^2 * y'(t) + y(t) = \cos(t)^3$, 已知其初始条件是 $y(0) = 1, y'(0) = 0$, 使用 DEplot 命令可以得到下图.

```
> DEplot(diff(y(t),t$2)+sin(t)^2*diff(y(t),t)+y(t)=cos(t)^3,y(t),
> t=0..20,[[y(0)=1,D(y)(0)=0]]);
```

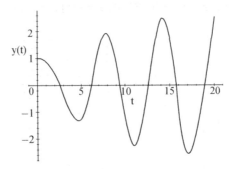

但是上述图形不是很光滑, 通过设置较小的 stepsize 可以得到光滑的曲线.

```
> DEplot(diff(y(t),t$2)+sin(t)^2*diff(y(t),t)+y(t)=cos(t)^3,y(t),
```

```
>   t=0..20,[[y(0)=1,D(y)(0)=0]],stepsize=0.1);
```

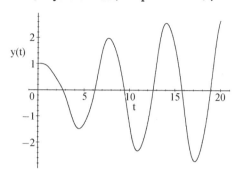

如果我们给两组初始条件, 使用 DEplot 命令就可以画出两条曲线.

```
>   DEplot(diff(y(t),t$2)+sin(t)^2*diff(y(t),t)+y(t)=cos(t)^3,y(t),
>   t=0..20,[[y(0)=1,D(y)(0)=0],[y(0)=1,D(y)(0)=2]],stepsize=0.1);
```

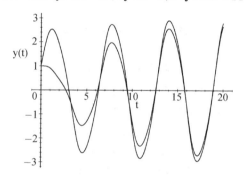

对于微分方程组, 也可以同样使用 DEplot 命令

```
>   eq1:=diff(y(t),t)+y(t)+x(t)=0:
>   eq2:=y(t)=diff(x(t),t):
>   ini1:=x(0)=0,y(0)=5:
>   ini2:=x(0)=0,y(0)=-5:
>   DEplot({eq1,eq2},[x(t),y(t)],t=-5..5,[[ini1],[ini2]],
>   stepsize=0.1);
```

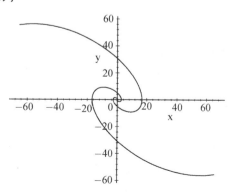

对于上面的常微分方程组, 还可以使用 DEplot3d 命令画出三维的曲线.

```
> DEplot3d({eq1,eq2},[x(t),y(t)],t=-5..5,[[ini1],[ini2]],
> stepsize=0.1);
```

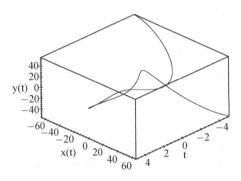

8.6　偏微分方程

一般来说, 偏微分方程是很难求解的. 在 Maple 系统中提供了一些工具来求解偏微分方程. 在不同的 Maple 版本中, 求解偏微分方程的命令是不完全相同的, 在 Maple V Release 4 中, 可以用 pdesolve 命令求解偏微分方程. 从 Maple V Release 5 以后的版本, Maple 又提供了一个新命令 pdsolve. 在 Maple V Release 5 中, pdesolve 和 pdsolve 两个命令都可以使用, 到了 Maple 6 以后的版本, pdesolve 命令就已经无法使用了, 为了适应 Maple 版本的变化, 在本节中, 我们主要介绍 pdsolve 命令的用法.

pdsolve 命令的基本用法是 pdsolce(pde,var), 其中 pde 是偏微分方程, var 是你想求解的变量. 下面是一维波动方程.

```
> wave:=diff(u(x,t),t,t)-c^2*diff(u(x,t),x,x);
```

$$\text{wave} := \left(\frac{\partial^2}{\partial t^2}\, u(x,\,t)\right) - c^2\left(\frac{\partial^2}{\partial x^2}\, u(x,\,t)\right)$$

对 $u(x,t)$ 求解得到:

```
> sol:=pdsolve(wave, u(x,t));
```

$$\text{sol} := u(x,\,t) = \_F1(ct+x) + \_F2(ct-x)$$

这个解是由两个任意函数 _F1 和 _F2 表示出来的. 为了画出这个解的图形, 需要指定两个特殊的函数.

```
> f1:=xi->exp(-xi^2);
```

$$f1 := \xi \to e^{(-\xi^2)}$$

```
>  f2:=xi->piecewise(-1/2<xi and xi<1/2, 1,0);
```

$$\text{f2} := \xi \to \text{piecewise} \left(\frac{-1}{2} < \xi \ \textbf{and} \ \xi < \frac{1}{2}, 1, 0 \right)$$

把这两个函数带入解的表达式得到

```
>  eval(sol,{_F1=f1,_F2=f2,c=1});
```

$$\text{u}(x, t) = e^{(-(t+x)^2)} + \left(\begin{cases} 1, & -t + x < \dfrac{1}{2} \ \textbf{and} \ t - x < \dfrac{1}{2} \\ 0, & \textit{otherwise} \end{cases} \right)$$

用 rhs 命令得到解的函数表达式

```
>  rhs(%);
```

$$e^{(-(t+x)^2)} + \left(\begin{cases} 1, & -t + x < \dfrac{1}{2} \ \textbf{and} \ t - x < \dfrac{1}{2} \\ 0, & \textit{otherwise} \end{cases} \right)$$

再用 unapply 命令将解的表达式转换为函数.

```
>  f:=unapply(%,x,t);
```

$$f := (x, t) \to e^{(-(t+x)^2)} + \text{piecewise} \left(-t + x < \frac{1}{2} \ \textbf{and} \ t - x < \frac{1}{2}, 1, 0 \right)$$

现在我们可以画出这个解的图形.

```
>  plot3d(f,-8..8,0..5,grid=[40,40]);
```

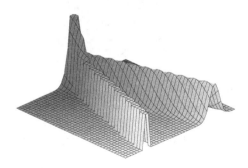

8.6.1 在 PDE 中变换因变量

在 pdsolve 命令的选项中, 提供了变量分离的工具. 例如考察下列一维热传导方程.

```
>  heat:=diff(u(x,t),t)-k*diff(u(x,t),x,x)=0;
```

$$\text{heat} := \frac{\partial}{\partial t} \text{u}(x, t) - k \frac{\partial^2}{\partial x^2} \text{u}(x, t) = 0$$

我们可以尝试求形如 $X(x)T(t)$ 的解, 具体方法是使用 pdsolve 的 HINT 选项.

```
>  pdsolve(heat,u(x,t),HINT=X(x)*T(t));
```

$$(\mathrm{u}(x,\,t) = \mathrm{X}(x)\,\mathrm{T}(t))\ \&\ \text{where}\ \left[\left\{\frac{\partial^2}{\partial x^2}\,\mathrm{X}(x) = {}_{-}c_1\,\mathrm{X}(x),\ \frac{\partial}{\partial t}\,\mathrm{T}(t) = k\,{}_{-}c_1\,\mathrm{T}(t)\right\}\right]$$

得到的结果是正确的, 但是 Maple 没有给出实际的解.

解这个方程的另一种方法是使用分离变量法, 具体做法是将 HINT 设为 '*', 然后使用'build' 选项求解偏微分方程.

```
>  sol:=pdsolve(heat,u(x,t),HINT='*','build');
```

$$\mathrm{sol} := \mathrm{u}(x,\,t) = {}_{-}C3\,e^{(k\,-\,c_1\,t)}\,{}_{-}C1\,e^{(\sqrt{-c_1}\,x)} + \frac{{}_{-}C3\,e^{(k\,-\,c_1\,t)}\,{}_{-}C2}{e^{(\sqrt{-c_1}\,x)}}$$

给解中的常量赋予特殊的值

```
>  S:=eval(rhs(sol),{_C3=1,_C1=1,_C2=1,k=1,_c[1]=1});
```

$$S := e^t\,e^x + \frac{e^t}{e^x}$$

然后画出方程的解

```
>  plot3d(S,x=-5..5,t=0..5);
```

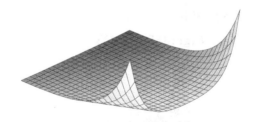

将方程的解带入原方程检验得到

```
>  eval(heat,u(x,t)=rhs(sol));
```

$${}_{-}C3\,k\,{}_{-}c_1\,e^{(k\,-\,c_1\,t)}\,{}_{-}C1\,\%1 + \frac{{}_{-}C3\,k\,{}_{-}c_1\,e^{(k\,-\,c_1\,t)}\,{}_{-}C2}{\%1}$$

$$-\,k\left({}_{-}C3\,e^{(k\,-\,c_1\,t)}\,{}_{-}C1\,{}_{-}c_1\,\%1 + \frac{{}_{-}C3\,e^{(k\,-\,c_1\,t)}\,{}_{-}C2\,{}_{-}c_1}{\%1}\right) = 0$$

$$\%1 := e^{(\sqrt{-c_1}\,x)}$$

```
>  simplify(%);
```

$$0 = 0$$

这说明我们的解法是合理的.

8.6.2 图解偏微分方程

许多偏微分方程的解可以用 PDEtools 程序包中的 PDEplot 命令画出.

> with(PDEtools):

PDEplot 命令的一般用法是

PDEplot(pde, var, ini, s=range)

这里 pde 是偏微分方程, var 是因变量, ini 是带有参数 s 的三维空间中的参数曲线, range 是 s 的变化范围.

考察下列偏微分方程.

> pde:=diff(u(x,y),x)+cos(2*x)+diff(u(x,y),y)=-sin(y);

$$\text{pde} := \frac{\partial}{\partial x}\, u(x,\,y) + \cos(2\,x) + \frac{\partial}{\partial y}\, u(x,\,y) = -\sin(y)$$

我们用曲线 $z = 1 + y^2$ 作为初始条件, 即 $x = 0, y = s, z = 1 + s^2$.

> ini:=[0,s,1+s^2];

$$\text{ini} := [0,\, s,\, 1 + s^2]$$

PDEplot 可以画出初始条件曲线和解曲面.

> PDEplot(pde,u(x,y),ini,s=-2..2);

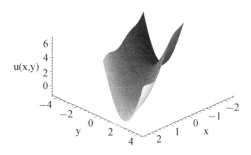

为了画出这个曲面, Maple 计算那些基特征曲线, 初始条件曲线比在上面的图形更明显.

> PDEplot(pde,u(x,y),ini,s=-2..2,basechar=only);

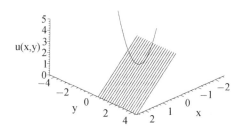

basechar=true 选项告诉 PDEplot 除了画出特征曲线和曲面以外, 还要画出初始条件曲线.
> PDEplot(pde,u(x,y),ini,s=-2..2,basechar=true).

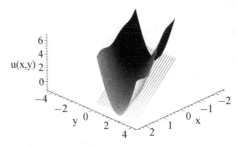

第九章 向量与矩阵计算

在这一章中, 我们将介绍 Maple 中向量与矩阵的计算. 在 Maple 中提供了两个
计算线性代数的程序包: linalg 和 LinearAlgebra. 其中 LinearAlgebra 程序包
是 Maple 6 以后的版本提供的新程序包, 它增加了许多新的功能. 而 linalg 是老的
线性代数程序包, 在 Maple 6 以前的版本中都有这个程序包. 也许是为了保持兼容
性, 在新的 Maple 版本中继续保留了 linalg 这个程序包. 下面我们将分别介绍这
两个程序包的使用方法, 以及他们的区别. 此外我们还要介绍 Maple 和 Matlab 的
互相调用.

9.1 建立向量和矩阵

在这一节中, 我们主要介绍 linalg 程序包中建立向量和矩阵的命令. 在进行
任何线性代数的计算之前, 首先我们需要调用 linalg 程序包.
> with(linalg);

Warning, new definition for norm
Warning, new definition for trace

[*BlockDiagonal, GramSchmidt, JordanBlock, LUdecomp, QRdecomp, Wronskian,*

addcol, addrow, adj, adjoint, angle, augment, backsub, band, basis, bezout,

blockmatrix, charmat, charpoly, cholesky, col, coldim, colspace, colspan, companion,

concat, cond, copyinto, crossprod, curl, definite, delcols, delrows, det, diag, diverge,

dotprod, eigenvals, eigenvalues, eigenvectors, eigenvects, entermatrix, equal,

exponential, extend, ffgausselim, fibonacci, forwardsub, frobenius, gausselim,

gaussjord, geneqns, genmatrix, grad, hadamard, hermite, hessian, hilbert, htranspose,

ihermite, indexfunc, innerprod, intbasis, inverse, ismith, issimilar, iszero, jacobian,

jordan, kernel, laplacian, leastsqrs, linsolve, matadd, matrix, minor, minpoly, mulcol,

mulrow, multiply, norm, normalize, nullspace, orthog, permanent, pivot, potential,

randmatrix, randvector, rank, ratform, row, rowdim, rowspace, rowspan, rref,

scalarmul, singularvals, smith, stack, submatrix, subvector, sumbasis, swapcol, swaprow, sylvester, toeplitz, trace, transpose, vandermonde, vecpotent, vectdim,

vector, wronskian]

在 Maple 中行向量和列向量是有区别的. 几乎所有的关于向量的命令都是以行向量作为参数, 定义行向量的命令是 vector.

> v1:=vector([a,b,c]);

$$v1 := [a,\, b,\, c]$$

> v2:=vector(3,n->x^n);

$$v2 := [x,\, x^2,\, x^3]$$

注意: 在第二个例子中, 我们用无名的函数定义了行向量的每个元素, 此时 vector 的第一个参数是行向量中元素的个数.

对于行向量可以做一些基本的计算, 但是由于最后名求值的原因, 我们必须使用 evalm 命令才能求出值.

> evalm(v1+1);

$$[a+1,\, b+1,\, c+1]$$

> evalm(v1*2);

$$[2\,a,\, 2\,b,\, 2\,c]$$

> evalm(v1+v2);

$$[a+x,\, b+x^2,\, c+x^3]$$

两个行向量之间的乘法是不可能的, 但有两个特殊的行向量乘法命令: dotprod 和 crossprod. dotprod 求行向量的点积, 即两个向量的相应元素相乘.

> dotprod(v1,v2);

$$a\,x + b\,x^2 + c\,x^3$$

> dotprod([1,I],[1,I]);

$$2$$

> dotprod([1,I],[1,I],orthogonal);

$$0$$

当第二个向量中包含复数时, dotprod 命令自动对第二个向量取复共轭. 对 dotprod 使用 orthogonal 选项可以取消对第二个向量取复共轭. 上面的第三个例子就是这种情况.

crossprod 可以计算两个向量的叉积. 但是它只对含有三个元素的向量有意义.

> crossprod(v1,v2);

$$[b\,x^3 - c\,x^2,\ c\,x - a\,x^3,\ a\,x^2 - b\,x]$$

Maple 没有提供直接输入列向量的命令, 要想输入列向量只有把它作为矩阵来处理. 例如对 crossprod 命令的结果可以用 convert 命令转化为列向量.

> convert(%,matrix);

$$\begin{bmatrix} b\,x^3 - c\,x^2 \\ c\,x - a\,x^3 \\ a\,x^2 - b\,x \end{bmatrix}$$

使用 matrix 命令输入列向量的命令如下:

> v3:=matrix(3,1,[d,e,f]);

$$v3 := \begin{bmatrix} d \\ e \\ f \end{bmatrix}$$

> v3:=matrix([[d],[e],[f]]);

$$v3 := \begin{bmatrix} d \\ e \\ f \end{bmatrix}$$

由于 dotprod 和 crossprod 命令的参数只能是行向量, 有时我们还需要将列向量转化为行向量.

> convert(v3,vector);

$$[d,\ e,\ f]$$

对于向量, 我们可以使用 norm 命令计算它的范数.

> norm([a,b,c]);

$$\max(|a|,\ |b|,\ |c|)$$

> norm([a,b,c],1);

$$|a| + |b| + |c|$$

> norm([a,b,c],2);

$$\sqrt{|a|^2 + |b|^2 + |c|^2}$$

> norm([a,b,c],infinity);

$$\max(|a|,\ |b|,\ |c|)$$

norm 命令的变种 normalize 可以计算长度为 1 的规范化向量.

> normalize([1,2,3]);

$$\left[\frac{1}{14}\sqrt{14},\ \frac{1}{7}\sqrt{14},\ \frac{3}{14}\sqrt{14}\right]$$

angle 命令可以计算两个向量的夹角.

> angle([1,0,0],[1,1,1]);

$$\arccos\left(\frac{1}{3}\sqrt{3}\right)$$

在 linalg 程序包中, 定义矩阵的标准命令是 matrix. 它的通常用法是指定矩阵的维数并给出矩阵元素的列表

> matrix(2,2,[a,b,c,d]);

$$\begin{bmatrix} a & b \\ c & d \end{bmatrix}$$

当矩阵的元素以列表的列表形式给出时, 也可以不指定维数, Maple 会自己确定维数.

> matrix([[a,b,c],[d,e,f],[g,h,i]]);

$$\begin{bmatrix} a & b & c \\ d & e & f \\ g & h & i \end{bmatrix}$$

定义矩阵也可以不给出矩阵元素的列表, 只指定维数. 然后用其他方法再给矩阵的元素赋值.

> A:=matrix(2,2);

$$A := \mathrm{array}(1..2,\ 1..2,\ [\,])$$

> print(A);

$$\begin{bmatrix} A_{1,1} & A_{1,2} \\ A_{2,1} & A_{2,2} \end{bmatrix}$$

> A[1,1]:=1;

$$A_{1,1} := 1$$

> A[1,2]:=2;

$$A_{1,2} := 2$$

> A[2,1]:=2;

$$A_{2,1} := 2$$

> A[2,2]:=1;

$$A_{2,2} := 1$$

> print(A);

$$\begin{bmatrix} 1 & 2 \\ 2 & 1 \end{bmatrix}$$

像向量一样, 矩阵元素的定义也可以使用无名的函数.

> matrix(3,3,(n,m)->n*x^m);

$$\begin{bmatrix} x & x^2 & x^3 \\ 2x & 2x^2 & 2x^3 \\ 3x & 3x^2 & 3x^3 \end{bmatrix}$$

另一种定义矩阵的命令是 array, 此时我们把矩阵作为二维阵列来输入. 但是使用 array 命令时要特别注意下标的用法. 只有使用 1..m, 1..n 形式的下标, Maple 才把输入的阵列当作矩阵来看待. 我们可以用 type 命令检测以下输入的阵列是不是矩阵.

> array(1..2,1..2,[[1,2],[3,4]]);

$$\begin{bmatrix} 1 & 2 \\ 3 & 4 \end{bmatrix}$$

> type(%,matrix);

true

> array(0..1,0..1,[[a,b],[c,d]]):
> type(%,matrix);

false

array 命令与指标函数组合可以输入一些特殊的矩阵, 例如恒等矩阵就可以用如下的方法输入.

> array(1..3,1..3,identity);

$$\begin{bmatrix} 1 & 0 & 0 \\ 0 & 1 & 0 \\ 0 & 0 & 1 \end{bmatrix}$$

可以与 array 命令组合的其他指标函数还有 antisymmetric, diagonal, sparse, symmetric 等.

linalg 还提供了许多命令用来建立特殊的矩阵. diag 命令可以建立对角矩阵

> diag(a,b,c);

$$\begin{bmatrix} a & 0 & 0 \\ 0 & b & 0 \\ 0 & 0 & c \end{bmatrix}$$

band 命令可以建立带状矩阵.

```
>  band([1,x,-1],4);
```

$$\begin{bmatrix} x & -1 & 0 & 0 \\ 1 & x & -1 & 0 \\ 0 & 1 & x & -1 \\ 0 & 0 & 1 & x \end{bmatrix}$$

toeplitz 命令可以建立 Toeplitz 矩阵, 它的其他行的元素是第一行元素的循环.

```
>  toeplitz([a,b,c,d]);
```

$$\begin{bmatrix} a & b & c & d \\ b & a & b & c \\ c & b & a & b \\ d & c & b & a \end{bmatrix}$$

jacobian 命令可以建立函数的 Jacobian 矩阵.

```
>  alias(f=f(x,y,z),g=g(x,y,z),h=h(x,y,z));
```

$$I, f, g, h$$

```
>  jacobian([f,g,h],[x,y,z]);
```

$$\begin{bmatrix} \dfrac{\partial}{\partial x} f & \dfrac{\partial}{\partial y} f & \dfrac{\partial}{\partial z} f \\ \dfrac{\partial}{\partial x} g & \dfrac{\partial}{\partial y} g & \dfrac{\partial}{\partial z} g \\ \dfrac{\partial}{\partial x} h & \dfrac{\partial}{\partial y} h & \dfrac{\partial}{\partial z} h \end{bmatrix}$$

有时我们为了测试的目的, 还需要随机矩阵. 使用 randmatrix 命令可以建立随机矩阵.

```
>  randmatrix(3,3);
```

$$\begin{bmatrix} -85 & -55 & -37 \\ -35 & 97 & 50 \\ 79 & 56 & 49 \end{bmatrix}$$

randmatrix 可以有第三个参数来指定随机矩阵的结构. 可用的参数有 sparse, dense, symmetric, antisymmetric, unimodular. 其中省缺值是 dense. randmatrix 命令还可使用 entries=f 的方式, f 是一个函数, 它用来生成矩阵的元素.

> randmatrix(5,5,sparse);

$$
\begin{bmatrix}
0 & -62 & 0 & 0 & 53 \\
83 & 0 & 0 & 41 & 0 \\
-93 & 0 & 0 & 88 & 54 \\
0 & -18 & 0 & 0 & 0 \\
-84 & 0 & 0 & 0 & 0
\end{bmatrix}
$$

生成矩阵的其他命令还有 blockmatrix, vandermonde, sylvester, hilbert 等, 有关这些命令的用法请读者参见 Maple 的帮助.

对于已经定义的矩阵和向量, 我们可以用 submatrix 和 subvector 去裁剪. 例如

> m1:=matrix([[1,2,3,4],[a,b,c,d],[e,f,g,h],[w, x,y,z]]);

$$
m1 := \begin{bmatrix}
1 & 2 & 3 & 4 \\
a & b & c & d \\
e & f & g & h \\
w & x & y & z
\end{bmatrix}
$$

> submatrix(m1,1..2,2..3);

$$
\begin{bmatrix}
2 & 3 \\
b & c
\end{bmatrix}
$$

> submatrix(m1,[1,3],[2,4]);

$$
\begin{bmatrix}
2 & 4 \\
f & h
\end{bmatrix}
$$

> subvector(m1,2,1..4);

$$[a, b, c, d]$$

> subvector(m1,[4,3,1],1);

$$[w, e, 1]$$

此外还可以用 row 和 col 命令得到矩阵的指定的行或列.

> row(m1,2);

$$[a, b, c, d]$$

```
>  col(m1,3);
```

$$[3, c, g, y]$$

对已定义的矩阵进行处理的命令还有 copyinto 和 extend. copyinto(m1,m2, r,c) 命令的作用是将第一个矩阵 m1 的项复制到第二个矩阵 m2 中, 复制的方法是将元素 m1[1,1] 复制到 m2[r,c] 的位置, m1 中其余的项也一同复制到 m2 中.

```
>  m2:=matrix(4,4,0);
```

$$m2 := \begin{bmatrix} 0 & 0 & 0 & 0 \\ 0 & 0 & 0 & 0 \\ 0 & 0 & 0 & 0 \\ 0 & 0 & 0 & 0 \end{bmatrix}$$

```
>  copyinto(m1,m2,2,2);
```

$$\begin{bmatrix} 0 & 0 & 0 & 0 \\ 0 & 1 & 2 & 3 \\ 0 & a & b & c \\ 0 & e & f & g \end{bmatrix}$$

expand 命令可以扩展矩阵, 具体用法是 expand(m1,m,n,x), 其中 m,n 是需要扩展的行和列数, x 是一表达式, 用来初始化新增的项.

```
>  extend(m1,2,2,x);
```

$$\begin{bmatrix} 1 & 2 & 3 & 4 & x & x \\ a & b & c & d & x & x \\ e & f & g & h & x & x \\ w & x & y & z & x & x \\ x & x & x & x & x & x \\ x & x & x & x & x & x \end{bmatrix}$$

9.2　矩　阵　计　算

在 linalg 程序包中, 提供了各种矩阵计算的命令. 下面我们分别介绍这些命令.

```
>  with(linalg);
```

```
Warning, new definition for norm
Warning, new definition for trace
```

[*BlockDiagonal, GramSchmidt, JordanBlock, LUdecomp, QRdecomp, Wronskian, addcol, addrow, adj, adjoint, angle, augment, backsub, band, basis, bezout, blockmatrix, charmat, charpoly, cholesky, col, coldim, colspace, colspan, companion, concat, cond, copyinto, crossprod, curl, definite, delcols, delrows, det, diag, diverge, dotprod, eigenvals, eigenvalues, eigenvectors, eigenvects, entermatrix, equal, exponential, extend, ffgausselim, fibonacci, forwardsub, frobenius, gausselim, gaussjord, geneqns, genmatrix, grad, hadamard, hermite, hessian, hilbert, htranspose, ihermite, indexfunc, innerprod, intbasis, inverse, ismith, issimilar, iszero, jacobian, jordan, kernel, laplacian, leastsqrs, linsolve, matadd, matrix, minor, minpoly, mulcol, mulrow, multiply, norm, normalize, nullspace, orthog, permanent, pivot, potential, randmatrix, randvector, rank, ratform, row, rowdim, rowspace, rowspan, rref, scalarmul, singularvals, smith, stack, submatrix, subvector, sumbasis, swapcol, swaprow, sylvester, toeplitz, trace, transpose, vandermonde, vecpotent, vectdim, vector, wronskian*]

```
>  m1:=matrix([[a,b,c],[d,e,f]]);
```

$$m1 := \begin{bmatrix} a & b & c \\ d & e & f \end{bmatrix}$$

```
>  m2:=matrix([[1,2,3],[4,5,6]]);
```

$$m2 := \begin{bmatrix} 1 & 2 & 3 \\ 4 & 5 & 6 \end{bmatrix}$$

我们首先定义了两个矩阵 m1, m2. 对 m1 和 m2 可以做一些初等的矩阵计算. 例如加法、标量乘法. 在进行初等矩阵计算的过程中, 我们必须使用 evalm 命令完成矩阵的求值.

```
>  evalm(m1+m2);
```

$$\begin{bmatrix} a+1 & b+2 & c+3 \\ d+4 & e+5 & f+6 \end{bmatrix}$$

```
>  evalm(m1*3);
```

$$\begin{bmatrix} 3a & 3b & 3c \\ 3d & 3e & 3f \end{bmatrix}$$

像列表和集合一样, 对矩阵也可以使用 map命令.
> map(sqrt,m2);

$$\begin{bmatrix} 1 & \sqrt{2} & \sqrt{3} \\ 2 & \sqrt{5} & \sqrt{6} \end{bmatrix}$$

transpose 命令可以对矩阵进行转置. 另一个转置命令是 htranspose, 它可以对复矩阵进行共轭转置.
> m3:=transpose(m2);

$$m3 := \begin{bmatrix} 1 & 4 \\ 2 & 5 \\ 3 & 6 \end{bmatrix}$$

矩阵乘法算子是 &*, 它与普通的乘法运算 * 是不同的, 这是因为矩阵乘法是非交换的.
> evalm(m3&*m1);

$$\begin{bmatrix} a+4d & b+4e & c+4f \\ 2a+5d & 2b+5e & 2c+5f \\ 3a+6d & 3b+6e & 3c+6f \end{bmatrix}$$

对于方阵, 可以用 inverse 命令求逆矩阵.
> m4:=matrix([[1,2],[3,4]]);

$$m4 := \begin{bmatrix} 1 & 2 \\ 3 & 4 \end{bmatrix}$$

> inverse(m4);

$$\begin{bmatrix} -2 & 1 \\ \dfrac{3}{2} & \dfrac{-1}{2} \end{bmatrix}$$

矩阵的幂运算对于方阵也是可行的.
> evalm(m4^4);

$$\begin{bmatrix} 199 & 290 \\ 435 & 634 \end{bmatrix}$$

对于向量和矩阵之间的乘法, 也可使用 &* 运算.
> v1:=vector([u,v,w]);

$$v1 := [u,\, v,\, w]$$

```
>  evalm(v1&*m3);
```

$$[u + 2v + 3w, \, 4u + 5v + 6w]$$

```
>  m5:=matrix([[a,b,c],[d,e,f],[g,h,i]]);
```

$$m5 := \begin{bmatrix} a & b & c \\ d & e & f \\ g & h & i \end{bmatrix}$$

只有维数相容, 还可以使用 innerprod 命令做向量与矩阵之间的乘法. 这个命令的一般用法是 innerprod(u,A1,A2,...,An,v), 其中 u 和 v 是向量, A1, A2,...,An 是矩阵. 当然他们的维数必须相容.

```
>  innerprod(v1,m5);
```

$$[u\,a + v\,d + w\,g, \, u\,b + v\,e + w\,h, \, u\,c + v\,f + w\,i]$$

```
>  innerprod(v1,m5,v1);
```

$$u^2 a + u\,v\,d + u\,w\,g + v\,u\,b + v^2 e + v\,w\,h + w\,u\,c + w\,v\,f + w^2 i$$

对于方阵, 可以用 det 命令计算行列式, 用 trace 命令计算矩阵的迹, 用 rank 命令计算矩阵的秩.

```
>  det(m5);
```

$$a\,e\,i - a\,f\,h - d\,b\,i + d\,c\,h + g\,b\,f - g\,c\,e$$

```
>  trace(m5);
```

$$a + e + i$$

```
>  rank(m5);
```

$$3$$

```
>  rank([[1,2],[3,6]]);
```

$$1$$

在 linalg 程序包中还提供了解线性方程组的专用命令 linsolve, 它可以处理各种线性方程组的问题. linsolve 可以直接解线性方程组 $Ax = b$, 并给出解向量 x.

```
>  A:=matrix([[1,2,6],[4,-5,6],[9,8,7]]);
```

$$A := \begin{bmatrix} 1 & 2 & 6 \\ 4 & -5 & 6 \\ 9 & 8 & 7 \end{bmatrix}$$

```
>  b:=vector([14,12,46]);
```

$$b := [14, \, 12, \, 46]$$

```
>  linsolve(A,b);
```

$$\left[\frac{1178}{431}, \frac{628}{431}, \frac{600}{431}\right]$$

当方程组无解时 (例如矩阵 A 包含线性相关的行或列), linsolve 不返回任何结果. 此时可以使用 kernel 或 nullspace 命令求出方程组 $Ax = 0$ 的解.

```
>  A:=matrix([[1,2,3],[4,8,12],[1,-1,0]]);
```

$$A := \begin{bmatrix} 1 & 2 & 3 \\ 4 & 8 & 12 \\ 1 & -1 & 0 \end{bmatrix}$$

```
>  linsolve(A,b);
>  kernel(A);
```

$$\{[-1, -1, 1]\}$$

```
>  evalm(A&* %[1]);
```

$$[0, 0, 0]$$

当线性方程组有无穷多解存在时, linsolve 可以用参数方式表达线性方程组的解. 命令的用法是 linsolve(A,b, 'rank', 'v'). 其中变量 v 告诉 Maple 用 v_i 来表示独立的变量. 第三个选项 rank 用来储存矩阵的秩.

```
>  A:=matrix([[1,2,3],[4,5,6],[0,0,0]]);
```

$$A := \begin{bmatrix} 1 & 2 & 3 \\ 4 & 5 & 6 \\ 0 & 0 & 0 \end{bmatrix}$$

```
>  b:=vector([1,2,0]);
```

$$b := [1, 2, 0]$$

```
>  sln:=linsolve(A,b,'rank','v');
```

$$\text{sln} := \left[-\frac{1}{3} + v_1, \frac{2}{3} - 2v_1, v_1\right]$$

```
>  evalm(A &* sln);
```

$$[1, 2, 0]$$

如果我们的方程组不是写成矩阵形式, 可以用 genmatrix 命令来生成矩阵形式.

```
>  eqnsys:={x+2*y-3*z=10, 4*x+3*y-2*z=12, 8*x+2*y-5*z=40};
```

$$\text{eqnsys} := \{x + 2y - 3z = 10, 4x + 3y - 2z = 12, 8x + 2y - 5z = 40\}$$

```
> eqnmat:=genmatrix(eqnsys,[x,y,z]);
```

$$\text{eqnmat} := \begin{bmatrix} 1 & 2 & -3 \\ 4 & 3 & -2 \\ 8 & 2 & -5 \end{bmatrix}$$

不过 genmatrix 命令生成的矩阵仅是系数矩阵. 如果给 genmatrix 命令加上第三个参数 flag, 它就可以生成增广矩阵.

```
> eqnmat:=genmatrix(eqnsys,[x,y,z],flag);
```

$$\text{eqnmat} := \begin{bmatrix} 1 & 2 & -3 & 10 \\ 4 & 3 & -2 & 12 \\ 8 & 2 & -5 & 40 \end{bmatrix}$$

使用 submatrix 和 col 命令可以从增广矩阵中提取出系数矩阵.

```
> A:=submatrix(eqnmat,1..3,1..3);
```

$$A := \begin{bmatrix} 1 & 2 & -3 \\ 4 & 3 & -2 \\ 8 & 2 & -5 \end{bmatrix}$$

```
> b:=col(eqnmat,4);
```

$$b := [10, 12, 40]$$

```
> linsolve(A,b);
```

$$\left[\frac{46}{15}, \frac{-44}{15}, \frac{-64}{15} \right]$$

使用 rowspace 和 colspace 命令还可以求出有矩阵的行向量和列向量生成的向量空间的基. 下面我们就对增广矩阵 eqnmat 使用这两个命令.

```
> rowspace(eqnmat);
```

$$\left\{ \left[0, 1, 0, \frac{-44}{15} \right], \left[0, 0, 1, \frac{-64}{15} \right], \left[1, 0, 0, \frac{46}{15} \right] \right\}$$

```
> colspace(eqnmat);
```

$$\{ [1, 0, 0], [0, 1, 0], [0, 0, 1] \}$$

在矩阵计算中, 经常需要求矩阵的特征多项式、特征值和特征向量. 使用 linalg 中的 charpoly, eigenvalues 和 eigenvects 可以求出矩阵的特征多项式、特征值和特征向量.

```
> P1:=matrix([[1,2,3],[4,5,6],[1,-1,2]]);
```

$$P1 := \begin{bmatrix} 1 & 2 & 3 \\ 4 & 5 & 6 \\ 1 & -1 & 2 \end{bmatrix}$$

```
> f:=charpoly(P1,'x');
```

$$f := x^3 - 8\,x^2 + 12\,x + 15$$

```
> ew:=eigenvalues(P1);
```

$$ew := 5, \frac{3}{2} + \frac{1}{2}\sqrt{21}, \frac{3}{2} - \frac{1}{2}\sqrt{21}$$

```
> ev:=eigenvects(P1);
```

$$ev := \left[5, 1, \left\{\left[\frac{-3}{2}, \frac{-9}{2}, 1\right]\right\}\right], \left[\frac{3}{2} + \frac{1}{2}\sqrt{21}, 1, \left\{\left[-\frac{3}{2} + \frac{1}{6}\sqrt{21}, -1 - \frac{1}{3}\sqrt{21}, 1\right]\right\}\right],$$
$$\left[\frac{3}{2} - \frac{1}{2}\sqrt{21}, 1, \left\{\left[-\frac{3}{2} - \frac{1}{6}\sqrt{21}, -1 + \frac{1}{3}\sqrt{21}, 1\right]\right\}\right]$$

在 linalg 程序包中还提供了大量的命令处理各种矩阵变换. 最重要的命令有 gausselim 和 ffgausselim. gausselim 使用 Gauss 消去法将矩阵变换为上三角矩阵, 从而可以迅速的求出方程组 $Ax = b$ 的解. ffgausselim 是 Gauss 消去法的无分式的实现.

```
> P2:=randmatrix(4,4);
```

$$P2 := \begin{bmatrix} 77 & 66 & 54 & -5 \\ 99 & -61 & -50 & -12 \\ -18 & 31 & -26 & -62 \\ 1 & -47 & -91 & -47 \end{bmatrix}$$

```
> A:=gausselim(P2);
```

$$A := \begin{bmatrix} 1 & -47 & -91 & -47 \\ 0 & -815 & -1664 & -908 \\ 0 & 0 & \dfrac{-75425}{163} & \dfrac{-80114}{163} \\ 0 & 0 & 0 & \dfrac{-12267841}{377125} \end{bmatrix}$$

```
> B:=ffgausselim(P2);
```

$$B := \begin{bmatrix} 1 & -47 & -91 & -47 \\ 0 & -815 & -1664 & -908 \\ 0 & 0 & 339503 & 387121 \\ 0 & 0 & 0 & 12267841 \end{bmatrix}$$

linalg 程序包还提供了用于矩阵分解的命令, 主要包括: LUdecomp 和 QRdecomp. LUdecomp 命令的调用方法是

LUdecomp(A, P='p', L='l', U='u' , U1='u1', R='r', rank='ran', det='d')

其中 P 是主元置换因子, L 是下三角因子, U 是上三角因子, U1 是改进的上三角因子, R 是行约化因子, rank 是矩阵 A 的秩, det 是矩阵 $U1$ 的行列式. 这些因子满足的关系是 $A = P * L * U$. 如果将 U 进一步分解为 $U1 * R$, 那么就有 $A = P * L * U1 * R$.

> A:=randmatrix(5,5);

$$A := \begin{bmatrix} -85 & -55 & -37 & -35 & 97 \\ 50 & 79 & 56 & 49 & 63 \\ 57 & -59 & 45 & -8 & -93 \\ 92 & 43 & -62 & 77 & 66 \\ 54 & -5 & 99 & -61 & -50 \end{bmatrix}$$

> LUdecomp(A,P='p',L='l',U='u',U1='u1',R='r',de t='d',rank='ran');

$$\begin{bmatrix} -85 & -55 & -37 & -35 & 97 \\ 0 & \dfrac{793}{17} & \dfrac{582}{17} & \dfrac{483}{17} & \dfrac{2041}{17} \\ 0 & 0 & \dfrac{359064}{3965} & \dfrac{21355}{793} & \dfrac{66742}{305} \\ 0 & 0 & 0 & \dfrac{6815363}{89766} & \dfrac{19335800}{44883} \\ 0 & 0 & 0 & 0 & \dfrac{10148464579}{27261452} \end{bmatrix}$$

LUdecomp 返回的矩阵是上三角矩阵 U, 由于最后名求值的原因, 我们必须使用 evalm 命令显示其他矩阵因子.

> evalm(p);

$$\begin{bmatrix} 1 & 0 & 0 & 0 & 0 \\ 0 & 1 & 0 & 0 & 0 \\ 0 & 0 & 1 & 0 & 0 \\ 0 & 0 & 0 & 1 & 0 \\ 0 & 0 & 0 & 0 & 1 \end{bmatrix}$$

> evalm(l);

$$
\begin{bmatrix}
1 & 0 & 0 & 0 & 0 \\[4pt]
\dfrac{-10}{17} & 1 & 0 & 0 & 0 \\[6pt]
\dfrac{-57}{85} & \dfrac{-1630}{793} & 1 & 0 & 0 \\[6pt]
\dfrac{-92}{85} & \dfrac{-281}{793} & \dfrac{-89129}{89766} & 1 & 0 \\[6pt]
\dfrac{-54}{85} & \dfrac{-679}{793} & \dfrac{138521}{119688} & \dfrac{-32342577}{27261452} & 1
\end{bmatrix}
$$

```
>  evalm(u);
```

$$
\begin{bmatrix}
-85 & -55 & -37 & -35 & 97 \\[6pt]
0 & \dfrac{793}{17} & \dfrac{582}{17} & \dfrac{483}{17} & \dfrac{2041}{17} \\[8pt]
0 & 0 & \dfrac{359064}{3965} & \dfrac{21355}{793} & \dfrac{66742}{305} \\[8pt]
0 & 0 & 0 & \dfrac{6815363}{89766} & \dfrac{19335800}{44883} \\[8pt]
0 & 0 & 0 & 0 & \dfrac{10148464579}{27261452}
\end{bmatrix}
$$

```
>  evalm(u1);
```

$$
\begin{bmatrix}
-85 & -55 & -37 & -35 & 97 \\[6pt]
0 & \dfrac{793}{17} & \dfrac{582}{17} & \dfrac{483}{17} & \dfrac{2041}{17} \\[8pt]
0 & 0 & \dfrac{359064}{3965} & \dfrac{21355}{793} & \dfrac{66742}{305} \\[8pt]
0 & 0 & 0 & \dfrac{6815363}{89766} & \dfrac{19335800}{44883} \\[8pt]
0 & 0 & 0 & 0 & \dfrac{10148464579}{27261452}
\end{bmatrix}
$$

```
>  evalm(r);
```

$$
\begin{bmatrix}
1 & 0 & 0 & 0 & 0 \\
0 & 1 & 0 & 0 & 0 \\
0 & 0 & 1 & 0 & 0 \\
0 & 0 & 0 & 1 & 0 \\
0 & 0 & 0 & 0 & 1
\end{bmatrix}
$$

```
>  d;
```

$$-10148464579$$

```
> ran;
```

$$5$$

QRdecomp 命令的调用方法是 QRdecomp(A, Q='q', rank='r')

```
> A:=matrix([[1,2,4],[2,1,0],[4,5,6]]);
```

$$A := \begin{bmatrix} 1 & 2 & 4 \\ 2 & 1 & 0 \\ 4 & 5 & 6 \end{bmatrix}$$

```
> R:=QRdecomp(A,Q='q',rank='r');
```

$$R := \begin{bmatrix} \sqrt{21} & \dfrac{8}{7}\sqrt{21} & \dfrac{4}{3}\sqrt{21} \\ 0 & \dfrac{3}{7}\sqrt{14} & \sqrt{14} \\ 0 & 0 & \dfrac{1}{3}\sqrt{6} \end{bmatrix}$$

```
> evalm(q);
```

$$\begin{bmatrix} \dfrac{1}{21}\sqrt{21} & \dfrac{1}{7}\sqrt{14} & \dfrac{1}{3}\sqrt{6} \\ \dfrac{2}{21}\sqrt{21} & -\dfrac{3}{14}\sqrt{14} & \dfrac{1}{6}\sqrt{6} \\ \dfrac{4}{21}\sqrt{21} & \dfrac{1}{14}\sqrt{14} & -\dfrac{1}{6}\sqrt{6} \end{bmatrix}$$

```
> r;
```

$$3$$

这里 QRdecomp 命令返回的是上三角矩阵 R, 正交矩阵 Q 则是由 QRdecomp 的 Q='q' 选项返回.

```
> A:=matrix([[1,2,4],[2,1,0],[4,5,6]]);
```

$$A := \begin{bmatrix} 1 & 2 & 4 \\ 2 & 1 & 0 \\ 4 & 5 & 6 \end{bmatrix}$$

```
> R:=QRdecomp(A,Q='q',rank='r');
```

$$R := \begin{bmatrix} \sqrt{21} & \dfrac{8}{7}\sqrt{21} & \dfrac{4}{3}\sqrt{21} \\ 0 & \dfrac{3}{7}\sqrt{14} & \sqrt{14} \\ 0 & 0 & \dfrac{1}{3}\sqrt{6} \end{bmatrix}$$

```
> evalm(q);
```

$$\begin{bmatrix} \dfrac{1}{21}\sqrt{21} & \dfrac{1}{7}\sqrt{14} & \dfrac{1}{3}\sqrt{6} \\[2ex] \dfrac{2}{21}\sqrt{21} & -\dfrac{3}{14}\sqrt{14} & \dfrac{1}{6}\sqrt{6} \\[2ex] \dfrac{4}{21}\sqrt{21} & \dfrac{1}{14}\sqrt{14} & -\dfrac{1}{6}\sqrt{6} \end{bmatrix}$$

```
>  r;
```

$$3$$

对于 $m \times n, m \neq n$ 的矩阵, QRdecomp 的结果则由选项 fullspan 来决定. 在省缺情况下, fullspan 的值为 true, QRdecomp 的 R 因子的维数与矩阵 A 相同.

```
>  A:=matrix([[1,3],[0,2],[2,3],[4,1]]);
```

$$A := \begin{bmatrix} 1 & 3 \\ 0 & 2 \\ 2 & 3 \\ 4 & 1 \end{bmatrix}$$

```
>  R1:=QRdecomp(A,Q='Q1',rank='r1');
```

$$R1 := \begin{bmatrix} \sqrt{21} & \dfrac{13}{21}\sqrt{21} \\[2ex] 0 & \dfrac{1}{21}\sqrt{6594} \\[2ex] 0 & 0 \\[1ex] 0 & 0 \end{bmatrix}$$

```
>  evalm(Q1);
```

$$\begin{bmatrix} \dfrac{1}{21}\sqrt{21} & \dfrac{25}{3297}\sqrt{6594} & \dfrac{3}{157}\sqrt{1570} & 0 \\[2ex] 0 & \dfrac{1}{157}\sqrt{6594} & -\dfrac{5}{471}\sqrt{1570} & \dfrac{1}{3}\sqrt{5} \\[2ex] \dfrac{2}{21}\sqrt{21} & \dfrac{37}{6594}\sqrt{6594} & -\dfrac{59}{4710}\sqrt{1570} & -\dfrac{4}{15}\sqrt{5} \\[2ex] \dfrac{4}{21}\sqrt{21} & -\dfrac{31}{6594}\sqrt{6594} & \dfrac{7}{4710}\sqrt{1570} & \dfrac{2}{15}\sqrt{5} \end{bmatrix}$$

```
>  r1;
```

$$2$$

如果 fullspan=false, 则 Q 因子的维数与 A 相同, 如果 A 的秩与 A 的列秩相同, 则 Q 的列向量张成 A 的列空间.

```
>  R2:=QRdecomp(A,Q='Q2',rank='r2',fullspan=false);
```

$$R2 := \begin{bmatrix} \sqrt{21} & \dfrac{13}{21}\sqrt{21} \\[3mm] 0 & \dfrac{1}{21}\sqrt{6594} \end{bmatrix}$$

```
>  evalm(Q2);
```

$$\begin{bmatrix} \dfrac{1}{21}\sqrt{21} & \dfrac{25}{3297}\sqrt{6594} \\[4mm] 0 & \dfrac{1}{157}\sqrt{6594} \\[4mm] \dfrac{2}{21}\sqrt{21} & \dfrac{37}{6594}\sqrt{6594} \\[4mm] \dfrac{4}{21}\sqrt{21} & -\dfrac{31}{6594}\sqrt{6594} \end{bmatrix}$$

9.3　LinearAlgebra 程序包

　　LinearAlgebra 程序包是 Maple 6 以后的版本提供的用于线性代数计算的新程序包, 它包括了 linalg 程序包中几乎所有的功能. 由于它采用了新的数据结构, 对于计算大的数值矩阵, 这个程序包的命令更有效. LinearAlgebra 程序包的基本数据类型是 Vector 和 Matrix, 它们分别由 Vector 和 Matrix 命令来定义. 它们的实现是基于 Maple 6 提供的 rtable 数据结构, 这种数据结构改进了矩阵的存储方式, 提高了矩阵的计算速度. linalg 程序包中定义的 vector 和 matrix 是用 array 数据结构定义的. 由于 array 数据结构和 rtable 数据结构是完全不同的两种数据结构, 因此 linalg 和 LinearAlgebra 的差别也很大. 特别是对于包含浮点数的大的矩阵和向量, LinearAlgebra 程序包中的命令效率更高. 主要的原因是, LinearAlgebra 程序包中的命令调用了 Maple 内建的数值线性代数库. 这个库是由 Numerical Algorithms Group 提供的.

矩阵和向量的定义

　　在 LinearAlgebra 程序包中定义矩阵和向量的命令分别为 Matrix 和 Vector, 由于这两个命令是用 rtable 数据结构来实现的, 他们的用法和 linalg 中的 matrix 与 vector 稍有些不同.

　　下面我们通过一系列例子来详细的说明 Vector 和 Matrix 的用法:

```
>  with(LinearAlgebra);
```

[*Add*, *Adjoint*, *BackwardSubstitute*, *BandMatrix*, *Basis*, *BezoutMatrix*,
BidiagonalForm, *BilinearForm*, *CharacteristicMatrix*, *CharacteristicPolynomial*,
Column, *ColumnDimension*, *ColumnOperation*, *ColumnSpace*, *CompanionMatrix*,
ConditionNumber, *ConstantMatrix*, *ConstantVector*, *CreatePermutation*,
CrossProduct, *DeleteColumn*, *DeleteRow*, *Determinant*, *DiagonalMatrix*,
Dimension, *Dimensions*, *DotProduct*, *Eigenvalues*, *Eigenvectors*, *Equal*,
ForwardSubstitute, *FrobeniusForm*, *GaussianElimination*, *GenerateEquations*,
GenerateMatrix, *GetResultDataType*, *GetResultShape*, *GivensRotationMatrix*,
GramSchmidt, *HankelMatrix*, *HermiteForm*, *HermitianTranspose*,
HessenbergForm, *HilbertMatrix*, *HouseholderMatrix*, *IdentityMatrix*,
IntersectionBasis, *IsDefinite*, *IsOrthogonal*, *IsSimilar*, *IsUnitary*,
JordanBlockMatrix, *JordanForm*, *LA_Main*, *LUDecomposition*, *LeastSquares*,
LinearSolve, *Map*, *Map2*, *MatrixAdd*, *MatrixInverse*, *MatrixMatrixMultiply*,
MatrixNorm, *MatrixScalarMultiply*, *MatrixVectorMultiply*, *MinimalPolynomial*,
Minor, *Multiply*, *NoUserValue*, *Norm*, *Normalize*, *NullSpace*,
OuterProductMatrix, *Permanent*, *Pivot*, *QRDecomposition*, *RandomMatrix*,
RandomVector, *Rank*, *ReducedRowEchelonForm*, *Row*, *RowDimension*,
RowOperation, *RowSpace*, *ScalarMatrix*, *ScalarMultiply*, *ScalarVector*,
SchurForm, *SingularValues*, *SmithForm*, *SubMatrix*, *SubVector*, *SumBasis*,
SylvesterMatrix, *ToeplitzMatrix*, *Trace*, *Transpose*, *TridiagonalForm*, *UnitVector*,
VandermondeMatrix, *VectorAdd*, *VectorAngle*, *VectorMatrixMultiply*,
VectorNorm, *VectorScalarMultiply*, *ZeroMatrix*, *ZeroVector*, *Zip*]

```
>  Vector(3,[1,2,3]);
```

$$\begin{bmatrix} 1 \\ 2 \\ 3 \end{bmatrix}$$

　　从上面的例子可以看出, Vector 和 vector 的差别. 在 linalg 程序包中, vector
仅能产生行向量, 但是 Vector 省缺的输出是列向量. 当然我们通过 Vector 的选项来得到行向量.
```
> Vector[row](3,[4,5,6]);
```
$$[4,\ 5,\ 6]$$

此外 Vector 还可以使用指标函数来生成向量. 对于 Vector, 系统内置的指标函数有 zero,unit,constant 等, 使用指标函数的具体用法如下:
```
> Vector(4,shape=zero);
```
$$\begin{bmatrix} 0 \\ 0 \\ 0 \\ 0 \end{bmatrix}$$

```
> Vector(4,shape=unit[3],orientation=row);
```
$$[0,\ 0,\ 1,\ 0]$$

```
> Vector(3,shape=constant[2]);
```
$$\begin{bmatrix} 2 \\ 2 \\ 2 \end{bmatrix}$$

上面的例子中, orientation=row 也是产生行向量的一种方法. 此外 Vector 还有其他许多选项.

例如: readonly=true 用来指定向量是只读的. storage=name, 其中 name 是存储的结构, 它的省缺值为 rectangular, 这个选项可以指定存储的方式. datatype=name, 其中 name 为任何 Maple 类型, 用来指定向量的数据类型. fill=value, 可以指定向量中未说明的项的值.

关于这些选项以及其他选项的详细用法, 请读者参考 Maple 的帮助.

使用 rtable 结构, 我们还可以用更简单的方式定义向量和矩阵. 定义方法如下:
```
> <1,2,3>;
```
$$\begin{bmatrix} 1 \\ 2 \\ 3 \end{bmatrix}$$

用逗号分隔开的项代表行.
```
> <1|2|3>;
```
$$[1,\ 2,\ 3]$$

用 "|" 分隔的项代表列.

将两者组合起来就可以定义矩阵.

>   `<<1,2,3>|<4,5,6>|<7,8,9>>;`

$$\begin{bmatrix} 1 & 4 & 7 \\ 2 & 5 & 8 \\ 3 & 6 & 9 \end{bmatrix}$$

这是定义矩阵的一种简便方式.

一般情况下, `Matrix` 命令的用法和 `matrix` 的用法是基本相同的.

>   `Matrix(2,3,[[1,2,3],[4,5,6]]);`

$$\begin{bmatrix} 1 & 2 & 3 \\ 4 & 5 & 6 \end{bmatrix}$$

与 `Vector` 一样, `Matrix` 也具有 `fill` 选项, 它的省缺值是 0. 因此, 如果我们定义一个矩阵, 但是某些项没有给初始值, `Matrix` 将把未设置初始值的项赋值为 0.

>   `Matrix(3);`

$$\begin{bmatrix} 0 & 0 & 0 \\ 0 & 0 & 0 \\ 0 & 0 & 0 \end{bmatrix}$$

如果给选项 `fill` 设置一个值, `Matrix` 就用这个值来填充.

>   `Matrix(3,2,fill=3);`

$$\begin{bmatrix} 3 & 3 \\ 3 & 3 \\ 3 & 3 \end{bmatrix}$$

此外, `Matrix` 还可以用指标函数来定义矩阵. Maple 系统提供了许多内置的指标函数来定义特殊形式的矩阵. 例如: `unit` 单位矩阵, `zero` 零矩阵, `diagonal` 对角矩阵, `band` 带状矩阵, `triangular[upper]` 上三角矩阵, `triangular[lower]` 下三角矩阵, `symmetric` 对称矩阵, `antisymmetric` 反对称矩阵等. 有关内置指标函数的用法请参照 Maple 的帮助文件 `?rtable_indexfcn`.

用户也可以自己定义指标函数, 例如:

>   `f:=(i,j)->(i+j)*x^(i+j);`

$$f := (i,\, j) \to (i+j)\, x^{(i+j)}$$

> Matrix(3,3,f);

$$\begin{bmatrix} 2\,x^2 & 3\,x^3 & 4\,x^4 \\ 3\,x^3 & 4\,x^4 & 5\,x^5 \\ 4\,x^4 & 5\,x^5 & 6\,x^6 \end{bmatrix}$$

除了使用 Matrix 定义矩阵以外, Maple 还提供了一些特殊矩阵的构造函数. 例如: BandMatrix 可以定义带状矩阵, 它的一般调用方法是

BandMatrix(L,n,r,c,outopts}

其中 L 是对角线及次对角线元素的列表的列表, n 是一非负整数, 用来标志次对角线的位置, r 和 c 表示矩阵的行和列, outopts 是一些其他构造矩阵的选项.

当我们省略掉 r,c 时, BandMatrix 会构造一个包含了所需的对角元的最小矩阵, 当省略掉 n 时, BandMatrix 将放置 iquo(nops(L),2) 个下对角线, 以保持下对角线和上对角线个数基本相同.

> L:=[[w,w],[x,x,x],[y,y,y],[z,z]];

$$L := [[w, w], [x, x, x], [y, y, y], [z, z]]$$

> BandMatrix(L);

$$\begin{bmatrix} y & z & 0 \\ x & y & z \\ w & x & y \\ 0 & w & x \end{bmatrix}$$

如果我们指定了 n 的值, BandMatrix 将把 L 的第 $n+1$ 个列表做为主对角线元素.

> BandMatrix(L,1);

$$\begin{bmatrix} x & y & z & 0 \\ w & x & y & z \\ 0 & w & x & y \end{bmatrix}$$

如果指定了 r,c 的值, BandMatrix 将构造一个 $r \times c$ 的矩阵, 并根据 n 的值来确定对角线的位置, 对于未定义的部分, 赋值为 0.

> BandMatrix(L,1,5,4);

$$\begin{bmatrix} x & y & z & 0 \\ w & x & y & z \\ 0 & w & x & y \\ 0 & 0 & 0 & 0 \\ 0 & 0 & 0 & 0 \end{bmatrix}$$

对于其他的构造矩阵的命令, 我们就不再一一列举了, 读者可以参看 Maple 的帮助.

由于 Matrix 使用了 rtable 数据结构, 因此, 使用 Matrix 定义的矩阵和使用 matrix 定义的矩阵是两种不同的数据结构, 这两种矩阵之间可以互相转换, 完成转换的命令是 convert. 例如:

```
>  M:=matrix(3,3,[[1,1,1],[4,5,6],[7,8,9]]);
```

$$M := \begin{bmatrix} 1 & 1 & 1 \\ 4 & 5 & 6 \\ 7 & 8 & 9 \end{bmatrix}$$

```
>  M1:=convert(M,Matrix);
```

$$M1 := \begin{bmatrix} 1 & 1 & 1 \\ 4 & 5 & 6 \\ 7 & 8 & 9 \end{bmatrix}$$

```
>  type(M,Matrix);
```

$$false$$

```
>  type(M1,Matrix);
```

$$true$$

反之, 由 Matrix 定义的矩阵也可转换为 matrix 类型的矩阵.

```
>  A:=<<1,2,3>|<4,2,1>|<7,8,9>>;
```

$$A := \begin{bmatrix} 1 & 4 & 7 \\ 2 & 2 & 8 \\ 3 & 1 & 9 \end{bmatrix}$$

```
>  type(A,matrix);
```

$$false$$

```
>  A1:=convert(A,matrix);
```

$$A1 := \begin{bmatrix} 1 & 4 & 7 \\ 2 & 2 & 8 \\ 3 & 1 & 9 \end{bmatrix}$$

```
>  type(A1,matrix);
```

$$true$$

在 linalg 程序包中, 执行许多矩阵计算命令时, 我们经常要使用 evalm 命令以便完成计算, 这主要是因为 Maple 对于阵列数据类型需要进行最后名求值. 但是对于 LinearAlgebra 程序包就没有这种问题, 用户可以直接完成矩阵的计算.

例如: 计算两个矩阵的乘积可以使用 MatrixMatrixMultiply 命令, 计算方阵的逆可以使用 MatrixInverse 命令.

> B:=<<2,3,4>|<1,3,5>>;

$$B := \begin{bmatrix} 2 & 1 \\ 3 & 3 \\ 4 & 5 \end{bmatrix}$$

> MatrixMatrixMultiply(A, B);

$$\begin{bmatrix} 42 & 48 \\ 42 & 48 \\ 45 & 51 \end{bmatrix}$$

> MatrixInverse(A);

$$\begin{bmatrix} \dfrac{5}{3} & \dfrac{-29}{6} & 3 \\ 1 & -2 & 1 \\ \dfrac{-2}{3} & \dfrac{11}{6} & -1 \end{bmatrix}$$

对于其他的矩阵计算命令, 限于篇幅, 我们就不再一一列举, 读者可以通过 Maple 的帮助系统来学习.

9.4 在 Maple 中调用 Matlab

在 Maple 6 以后的版本中, 我们可以在 Maple 中调用 Matlab. 调用的命令是 with(Matlab);. 当然前提条件是在你的计算机中同时也安装了 Matlab 软件. 如果 with(Matlab) 返回一组函数名, 就表示 Maple 调用 Matlab 成功. 此时系统会打开一个 Matlab 的窗口. 如果 with(Matlab) 命令没有返回, 或者返回一个错误, 就表示 Maple 和 Matlab 的链接没有建立起来. 链接失败的原因可能很多, 但大多数情况都是路径设置不正确造成的, 此时你应当检查一下你的路径设置.

> with(Matlab);

[*chol*, *closelink*, *defined*, *det*, *dimensions*, *eig*, *evalM*, *fft*, *getvar*, *inv*, *lu*,

ode45, *openlink*, *qr*, *setvar*, *size*, *square*, *transpose*]

```
>  closelink();
```

使用 Matlab 程序包中的 closelink 命令可以切断与 Matlab 的链接, 同时关闭
Matlab. 使用 Matlab 程序包中的 openlink 命令也可以建立与 Matlab 的链接. 这
两个命令在调用时都没有参数.

```
>  openlink();
```

在使用 Matlab 程序包时, 可以使用两种类型的矩阵: MatlabMatrix 和 MapleMatrix.

　　MatlabMatrix 是在 Matlab 中定义的矩阵, 在 Maple 中使用时需要将变量名加
上双引号. 例如我们在 Matlab 中定义矩阵 M:

```
M=[1 2 3 4
    4 2 3 1
    5 6 3 7
    5 3 4 1]
```

在 Maple 中可以调用 Matlab 中的矩阵 M, 调用的方法如下:

```
>  det("M");
```

$$-45.$$

```
>  inv("M");
```

$$
\begin{bmatrix}
-.222222222222222071 & 1.22222222222222121 & .0666666666666667630 & -.799999999999999376 \\
-.111111111111111299 & -1.88888888888888706 & .133333333333333304 & 1.39999999999999880 \\
.333333333333333315 & -.333333333333333037 & -.199999999999999954 & .399999999999999744 \\
.111111111111111202 & .888888888888888064 & .0666666666666666520 & -.799999999999999376
\end{bmatrix}
$$

　　其中 det 计算了矩阵 M 的行列式, inv 计算了矩阵的逆.

　　MapleMatrix 是等价于矩阵的任何 Maple 表达式. 它既可以是用 array, matrix
定义的矩阵, 也可以是用 Matrix 或 rtable 方式定义的矩阵. 使用 setvar 命令我
们可以把 Maple 中定义的矩阵传送到 Matlab 中. 但是在 Maple 中定义的矩阵必须
是数值矩阵. 例如, 我们用 linalg 中的 randmatrix 生成一个 Maple 矩阵 maple_a:

```
>  maple_a:=linalg[randmatrix](4,4);
```

$$
maple\_a := \begin{bmatrix}
-91 & -47 & -61 & 41 \\
-58 & -90 & 53 & -1 \\
94 & 83 & -86 & 23 \\
-84 & 19 & -50 & 88
\end{bmatrix}
$$

　　使用 setvar 命令将 maple_a 定义为 Matlab 中的矩阵 matlab_a, 此时在 Mat-
lab 的内存区中可以找到这个矩阵.

```
>  setvar("matlab_a",maple_a);
```

defined 命令可以检查 Matlab 中矩阵和函数是否存在, 也可以用来检查矩阵的属性.

```
> defined("matlab_a");
```

$$true$$

```
> defined("maple_a");
```

$$false$$

矩阵的属性有两种: variable, globalvar. 在 Maple 中我们可以用 setvar 命令的 globalvar 选项定义 Matlab 中的全局变量.

```
> setvar("y", 10, 'globalvar');
```

然后我们用 defined 命令来检查这个变量的属性.

```
> defined("y", 'globalvar');
```

$$true$$

假设我们在 Matlab 中定义了一个 m 文件 "example.m" 如下:

```
function ret=example(x)
        global y
        ret=x*y;
```

使用 defined 命令检查一下 Matlab 是否能找到这个 m 文件, 如果能找到, 我们就可以用 evalM 命令来求值.

```
> defined("example", 'function');
```

$$true$$

```
> defined("y",'variable');
```

$$true$$

```
> evalM("answer = example(2)");
```

getvar 命令可以把求值的结果带回 Maple.

```
> getvar("answer");
```

$$20.$$

size 命令和 dimensions 命令的作用是一样的, 都是求返回矩阵的维数. 唯一的区别是 size 是在 Matlab 中计算矩阵的维数, 而 dimensions 则是在 Maple 中计算矩阵的维数.

```
> size("matlab_a");
```

$$[4, 4]$$

```
> dimensions(maple_a);
```

$$[4, 4]$$

在 Maple 中还可以使用 Matlab 中矩阵分解命令, 例如对前面定义的 Matlab 中的矩阵 matlab_a 可以计算它的 QR 分解和 LU 分解.

```
> qr("matlab_a");
```

$$\begin{bmatrix} -.548381859703621854 & .0527474605239980008 & -.747094917654318346 & -.371946535635639009 \\ -.349518108382528168 & -.613687697456886894 & -.132971723471955377 & .695372578305804234 \\ .566460382550993956 & .316909533392540964 & -.615786585548943166 & .446651837232399096 \\ -.506198639726420096 & .721230520044219947 & .212072124122806460 & .422628546439905162 \end{bmatrix},$$

$$\begin{bmatrix} 165.942761216028942 & 94.6290147574282798 & -8.47882721541752460 & -53.6510296367180786 \\ 0. & 92.7596332789129862 & -99.0587889311483991 & 73.5335386108606174 \\ 0. & 0. & 80.8793287839685746 & -25.9986644451738088 \\ 0. & 0. & 0. & 31.5191238036898228 \end{bmatrix}$$

计算 QR 分解返回的结果是正交矩阵 Q 和上三角矩阵 R. 计算 LU 分解返回的结果是下三角矩阵 L 和上三角矩阵 U, 其中 L 是一个置换 P 与下三角矩阵的乘积. 如果要得到 LU 分解的三个矩阵 L, P, U 则需要加一个输出选项, 使用的方法是 lu(X, output=LUP).

```
> lu("matlab_a");
```

$$\begin{bmatrix} -.968085106382978734 & .357958437999543300 & 1. & 0. \\ -.617021276595744684 & -.416305092486869200 & .534888126508877182 & 1. \\ 1. & 0. & 0. & 0. \\ -.893617021276595702 & 1. & 0. & 0. \end{bmatrix},$$

$$\begin{bmatrix} 94. & 83. & -86. & 23. \\ 0. & 93.1702127659574444 & -126.851063829787236 & 108.553191489361694 \\ 0. & 0. & -98.8479104818451618 & 24.4084265814112840 \\ 0. & 0. & 0. & 45.3269582192651157 \end{bmatrix}$$

Matlab 中的 Cholesky 分解是针对对称正定矩阵的分解, 例如对下面定义的 Maple 中的矩阵 a 就可以进行 Cholesky 分解.

```
> a:= array(1..2, 1..2, [[1,0],[0,3]]);
```

$$a := \begin{bmatrix} 1 & 0 \\ 0 & 3 \end{bmatrix}$$

```
> chol(a);
```

$$\begin{bmatrix} 1. & 0. \\ 0. & 1.73205080756887720 \end{bmatrix}$$

如果要对不是对称正定矩阵 X 进行 Cholesky 分解, 使用输出选项 output=RP 可以得到两个输出 R 和 p. 其中 R 是满足 $R' * R = XX$ 的最大维数的矩阵, 这里 XX 是 X 的左上角子矩阵, 维数是 $\dim(R)$, 而 $p = 1 + \dim(R)$.

```
>  b:=array(1..4,1..4,[[3,1,3,5],[1,6,4,2],[6,7,8,1],[3,3,7,3]]);
```

$$b := \begin{bmatrix} 3 & 1 & 3 & 5 \\ 1 & 6 & 4 & 2 \\ 6 & 7 & 8 & 1 \\ 3 & 3 & 7 & 3 \end{bmatrix}$$

```
>  (r,p) := Matlab[chol](b, 'output'='RP');
```

$$r, p := \begin{bmatrix} 1.73205080756887720 & .577350269189625842 & 1.73205080756887742 \\ 0. & 2.38047614284761666 & 1.26025207562520892 \\ 0. & 0. & 1.84709629036559764 \end{bmatrix}, 4.$$

对于调用 Matlab 的其他命令, 我们就不作详细介绍.

第十章 数据处理

对于实际的数学问题, 我们经常需要处理各种各样的数据, 在这一章中, 我们将介绍 Maple 处理数据的各种方法.

10.1 统计程序包

Maple 的统计程序包由 7 个子程序包和一个命令组成. 它们分别是:

- anova 方差分析程序包.
- describ 描述统计程序包.
- fit 线形回归程序包.
- random 随机数生成程序包.
- statevalf 统计分布计算程序包.
- statplots 统计图形程序包.
- transform 数据处理程序包.
- importdate 导入数据文件.

下面我们通过例子来说明 stats 的用法. 首先输入一些数据

```
> with(stats);
```
$$[anova, describe, fit, importdata, random, statevalf, statplots, transform]$$

```
> with(describe);
```

$[coefficientofvariation, count, countmissing, covariance, decile, geometricmean,$
  $\quad harmonicmean, kurtosis, linearcorrelation, mean, meandeviation, median, mode,$
  $\quad moment, percentile, quadraticmean, quantile, quartile, range, skewness,$
  $\quad standarddeviation, sumdata, variance]$

```
> data:=[2,3.2,4,Weight(3,5),missing,Weight(1..  4,3)];
```
$$data := [2, 3.2, 4, \text{Weight}(3, 5), missing, \text{Weight}(1..4, 3)]$$

```
> mean(data);
```
$$2.881818182$$

在我们输入数据的过程中 missing 代表缺失的数据, Weight 代表分量. 其中 Weight(3,5) 表示分量 3 重复了 5 次, 而 Weight(1..4, 3) 表示 1 到 4 之间的 3 个数据, 因此是 $(1 + 4)/2 \times 3$.

在实际应用中, 输入数据的方式有许多种, 在 Maple 中, 我们还可以用 `importdata` 从文件中导入数据. 例如给定数据文件 `statdata.dat`, 它包含的数据为

```
1 2 3.5
1 * 4
2 7 3
9 8 7.5
```

在使用 `importdata` 命令时如果不加参数, 它将把数据按照一个序列读出.

```
>  importdata('c:\\statdata.dat');
```
$$1., 2., 3.5, 1., \textit{missing}, 4., 2., 7., 3., 9., 8., 7.5$$

如果加上一个参数, 它将把数据按照指定的列数读出.

```
>  importdata('c:\\statdata.dat',3);
```
$$[1., 1., 2., 9.], [2., \textit{missing}, 7., 8.], [3.5, 4., 3., 7.5]$$

对于输入的数据, `transform` 子程序包提供了许多命令进行处理

```
>  with(transform);
```

[*apply*, *classmark*, *cumulativefrequency*, *deletemissing*, *divideby*, *frequency*, *moving*, *multiapply*, *scaleweight*, *split*, *standardscore*, *statsort*, *statvalue*, *subtractfrom*, *tally*, *tallyinto*]

```
>  tst:=[Weight(1..3,4),3..4,Weight(4..7,4),8];
```
$$tst := [\text{Weight}(1..3, 4), 3..4, \text{Weight}(4..7, 4), 8]$$

`statvalue` 命令可以把输入的数据中的 `Weight` 命令移除, 并按照 `Weight` 的含义进行转换. 使用 `classmark` 命令可以把所有的表示范围的数据换为它们的平均值. `frequency` 命令把 `Weight` 类型的数据替换为它的频数. `cumulativefrequency` 命令的作用和 `frequency` 相似, 但它把频数进行了累加.

```
>  statvalue(tst);
```
$$[1..3, 3..4, 4..7, 8]$$

```
>  classmark(tst),statvalue(classmark(tst));
```
$$\left[\text{Weight}(2, 4), \frac{7}{2}, \text{Weight}\left(\frac{11}{2}, 4\right), 8\right], \left[2, \frac{7}{2}, \frac{11}{2}, 8\right]$$

```
>  frequency(tst);
```
$$[4, 1, 4, 1]$$

```
>  cumulativefrequency(tst);
```
$$[4, 5, 9, 10]$$

这里的 apply 作用和 map 的作用是相同的, 但是 Weight 因子不变. multiapply 的作用和 zip 相同, 也是生成一个新的列表.

```
>  apply[sin](tst);
```
$$[\text{Weight}(\sin(1)..\sin(3), 4), \sin(3)..\sin(4), \text{Weight}(\sin(4)..\sin(7), 4), \sin(8)]$$

```
>  multiapply[(x,y)->x*y]([[1,2,3],[4,5,6]]);
```
$$[4, 10, 18]$$

scaleweight 命令把方括号内的数与 Weight 因子相乘, 在下面的例子中, count 是 describe 子程序包中的命令, 用来对数据列表记数.

```
>  scaleweight[1/count(tst)](tst);
```
$$\left[\text{Weight}\left(1..3, \frac{2}{5}\right), \text{Weight}\left(3..4, \frac{1}{10}\right), \text{Weight}\left(4..7, \frac{2}{5}\right), \text{Weight}\left(8, \frac{1}{10}\right)\right]$$

statsort 可以把数据列表进行排序.

```
>  statsort([6,missing,3,Weight(4..5,2)]);
```
$$[3, \text{Weight}(4..5, 2), 6, \textit{missing}]$$

split 命令把数据列表按照方括号内的数字 n 分割为等长的 n 份, 但是数据的次序不变. 如果数据的个数不能 n 等分, split 将在列表中插入一些数据 (使用 Weight 因子).

```
>  split[3]([3,4,5,6,7,8]);
```
$$[[3, 4], [5, 6], [7, 8]]$$

```
>  split[4]([3,4,5,6,7,8]);
```
$$\left[\left[3, \text{Weight}\left(4, \frac{1}{2}\right)\right], \left[\text{Weight}\left(4, \frac{1}{2}\right), 5\right],\right.$$
$$\left.\left[6, \text{Weight}\left(7, \frac{1}{2}\right)\right], \left[\text{Weight}\left(7, \frac{1}{2}\right), 8\right]\right]$$

tallyinto 命令的作用是按照给定的模式对数据进行分类, 并统计数据出现的频数. 返回的结果是 Weight 类型的数据. 在下面的例子中, 第一项为 Weight(1..3, 4) 是因为数据中 $1 \leqslant x < 3$ 的 x 共有 4 项.

```
>  tallyinto([1,2,2,2,3,4,5,6,6],[1..3,3..4,4..7 ]);
```
$$[\text{Weight}(1..3, 4), 3..4, \text{Weight}(4..7, 4)]$$

```
> tst:=[seq(rand(100)(),n=1..100)];
```

tst := [81, 70, 97, 63, 76, 38, 85, 68, 21, 9, 55, 63, 57, 60, 74, 85, 16, 61, 7, 49, 86, 98,
   66, 9, 73, 81, 74, 66, 73, 42, 91, 93, 0, 11, 38, 13, 20, 44, 65, 91, 95, 74, 9, 60, 82,
   92, 13, 77, 49, 35, 61, 48, 3, 23, 95, 73, 89, 37, 57, 99, 94, 28, 15, 55, 7, 51, 62,
   97, 88, 42, 97, 98, 27, 27, 74, 25, 7, 82, 29, 52, 4, 85, 45, 98, 38, 76, 75, 74, 23,
   0, 19, 1, 49, 47, 13, 65, 44, 11, 36, 59]

```
> bins:=[seq(10*n..10*n+10,n=0..9)];
```

bins :=
   [0..10, 10..20, 20..30, 30..40, 40..50, 50..60, 60..70, 70..80, 80..90, 90..100]

```
> tallyinto(tst,bins);
```

[Weight(30..40, 6), Weight(40..50, 10), Weight(50..60, 7), Weight(60..70, 12),
   Weight(70..80, 13), Weight(80..90, 10), Weight(90..100, 14), Weight(0..10, 11),
   Weight(10..20, 8), Weight(20..30, 9)]

```
> frequency(%);
```
$$[6, 10, 7, 12, 13, 10, 14, 11, 8, 9]$$

在统计程序包中, describe 子程序包提供了一些常规的统计计算命令. 例如: count 可以计算输入数据的个数, countmissing 则能给出输入数据中缺失数据的个数. range 可以求出数据的范围, mean 给出平均值.
```
> tst:=[1,2,3,Weight(4..6,3),Weight(missing,2)] :
> count(tst);
```
$$6$$

```
> countmissing(tst);
```
$$2$$

```
> range(tst);
```
$$1..6$$

```
> mean(tst);
```
$$\frac{7}{2}$$

计算其他平均值的命令还有 quadraticmean, harmonicmean 和 geometricmean. 计算标准差和方差的命令是 standarddeviation 和 variance, 它们的变种还有 coefficientofvariation 和 meandeviation.

```
> quadraticmean(tst);
```
$$\frac{1}{6}\sqrt{534}$$

```
> standarddeviation(tst);
```
$$\frac{1}{6}\sqrt{93}$$

```
> variance(tst);
```
$$\frac{31}{12}$$

对于多组数据的比较, 可以使用的命令是 linearcorrelation 和 covariance.
```
> tst:=[1,2,3,4],[2,4,5,6]:
> linearcorrelation(tst);
```
$$\frac{13}{35}\sqrt{7}$$

```
> evalf(%);
```
$$.9827076297$$

```
> covariance(tst);evalf(%);
```
$$\frac{13}{8}$$
$$1.625000000$$

对于其他描述统计的命令读者可以通过 Maple 的帮助学习, 在这里就不做详细的说明了.

下面我们介绍 statplots 子程序包的用法. statplots 的命令主要用来画各种统计图形, 我们首先看一下直方图.
```
> with(stats): with(statplots): with(transform):
> with(random): with(describe): with(plots):
> f:=normald[5,1]:
> data:=[f(100)]:
```

为了画直方图, 我们首先生成一组数据, 命令 normald[5,1] 定义了一个满足正态分布的随机分布函数 f, 其中 $\mu=5, \sigma=1$. 下一个命令使用函数 f 生成了 100 个随机数据. 对于其他的随机分布, 可以用类似的方式得到, 有关细节可参照 Maple 的帮助.
```
> tallyinto(data,[seq(n*0.5..(n+1)*0.5,n=1..20) ]);
```

[Weight(9.0..9.5, 0), Weight(8.5..9.0, 0), Weight(6.0..6.5, 4), 2.5..3.0,
 Weight(4.0..4.5, 15), Weight(9.5..10.0, 0), Weight(6.5..7.0, 4), Weight(3.0..3.5, 4),
 Weight(.5..1.0, 0), Weight(10.0..10.5, 0), Weight(7.0..7.5, 4), Weight(4.5..5.0, 21),
 Weight(3.5..4.0, 14), Weight(1.0..1.5, 0), 7.5..8.0, Weight(5.0..5.5, 12),
 Weight(1.5..2.0, 0), Weight(8.0..8.5, 0), Weight(5.5..6.0, 20), Weight(2.0..2.5, 0)]

```
> histdata:=scaleweight[1.0/count(")](");
```

histdata := [Weight(9.0..9.5, 0), Weight(8.5..9.0, 0), Weight(6.0..6.5, .04000000000),
 Weight(2.5..3.0, .01000000000), Weight(4.0..4.5, .1500000000), Weight(9.5..10.0, 0),
 Weight(6.5..7.0, .04000000000), Weight(3.0..3.5, .04000000000), Weight(.5..1.0, 0),
 Weight(10.0..10.5, 0), Weight(7.0..7.5, .04000000000),
 Weight(4.5..5.0, .2100000000), Weight(3.5..4.0, .1400000000), Weight(1.0..1.5, 0),
 Weight(7.5..8.0, .01000000000), Weight(5.0..5.5, .1200000000), Weight(1.5..2.0, 0),
 Weight(8.0..8.5, 0), Weight(5.5..6.0, .2000000000), Weight(2.0..2.5, 0)]

使用 tallyinfo 和 scaleweight 命令对数据进行分类处理以后, 就可以用 histogram 命令画出直方图. 但是为了同时画出正态分布曲线, 我们先用 p1 记录这个直方图.

画正态分布曲线的方法是使用 statevalf 子程序包, 这个子程序包的功能是计算各种统计分布函数的值. 它的一般用法是 statevalf[function,distribution] (args). 对于连续的分布, function 可取的值及含义如下:

cdf 累积密度函数

icdf 逆累积密度函数

pdf 概率密度函数

对于离散的分布, function 可取的值及含义如下:

dcdf 离散累积概率函数

idcdf 逆离散累积概率函数

pf 概率函数

statevalf 的第二个参数是 distribution, 它可以是任何一种统计分布函数, 例如我们前面定义的分布函数 f. 下面的命令 fpdf:=statevalf[pdf,f] 定义了一个函数, 用它可以画出 $\mu = 5, \sigma = 1$ 的正态分布曲线.

```
> p1:=histogram(histdata):
> fpdf:=statevalf[pdf,f]:
> p2:=plot(fpdf(x),x=0.5..10):
> display([p1,p2]);
```

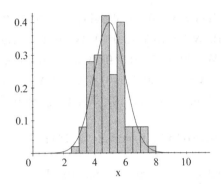

使用 statplots 子程序包中的 scatter2d 和 quantile2 命令可以画二维数据的散点图. 点的坐标来自于两个列表.

　　下面我们先建立两个列表, scatter2d 以这两个列表作为参数画出散点图.

```
>   datax:=[normald[5,1](100)]:
>   datay:=[normald[7,3](100)]:
>   scatter2d(datax,datay);
```

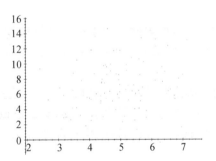

quantile2 命令的用法和 scatter2d 的用法相同, 唯一的区别是, quantile2 先把两个列表的数据进行从小到大的排序, 然后在画出散点图.

```
>   quantile2(datax,datay);
```

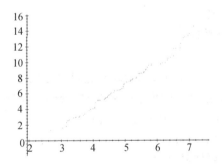

对于一维数组, 我们可以用 scatter1d, boxplot, notchedbox 等命令来画图.

```
>   scatter1d(datax);
```

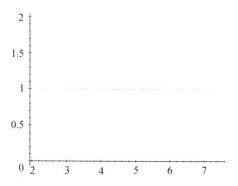

scatter1d 命令将所有的点画在 $y = 1$ 的轴上. 当使用 jittered 选项时, scatter1d 会在 0 到 1 之间随机选择 y 的值来画散点图.

> scatter1d[jittered](datax);

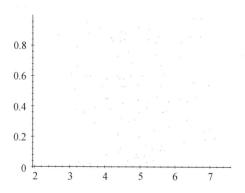

boxplot 命令可以用箱式图描述数据的分布情况, notchedbox 的作用和 boxplot 相似, 其方括号内的参数可以指定箱子的纵向位置和宽度.

> boxplot(datax);

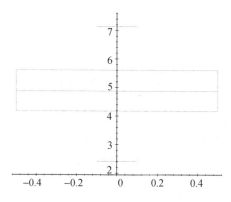

> notchedbox[5,2](datax);

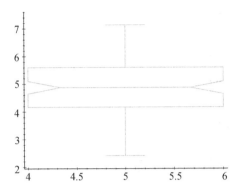

在 statplots 子程序包中还有三个命令分别是: xshift, xscale 和 xyexchange 它们都可以作用到二维图形上. xshift 的作用是在 x 轴方向平移图形, xscale 的作用是对 x 值进行缩放, xyexchange 命令可以交换 x 和 y 的坐标, 作用到二维图形上就是旋转 90°. 下面我们画一个二维图形, 然后对它进行平移、缩放、旋转.

```
>   P1:=plot(x^2,x=0..3):
>   P2:=xshift[3](P1):
>   P3:=xscale[2](P1):
>   P4:=xyexchange(P1):
>   plots[display]([P1,P2,P3,P4]);
```

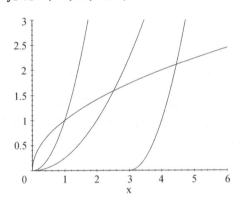

10.2   插值与回归

插值的含义是给出一个光滑的曲线让它通过给定的点. 在 Maple 中有两个命令处理插值问题, 它们分别是 interp 和 spline.

interp 可以求出一个多项式, 使它恰好通过指定的点. 例如, 我们首先随机给出 10 个点

```
>   datax:=[seq(i,i=1..10)];
```
$$datax := [1, 2, 3, 4, 5, 6, 7, 8, 9, 10]$$

```
>  datay:=[seq(rand(10)(), i=1..10)];
```
$$datay := [1, 0, 7, 3, 6, 8, 5, 8, 1, 9]$$

```
>  dataxy:=zip((x,y)->[x,y],datax,datay);
```
$$dataxy := [[1, 1], [2, 0], [3, 7], [4, 3], [5, 6], [6, 8], [7, 5], [8, 8], [9, 1], [10, 9]]$$

使用 interp 命令可以求出一个次数为 9 的多项式 f

```
>  f:=interp(datax,datay,x);
```

$$f := \frac{17}{51840}x^9 - \frac{517}{40320}x^8 + \frac{11699}{60480}x^7 - \frac{3719}{2880}x^6 + \frac{27323}{17280}x^5 + \frac{176741}{5760}x^4 - \frac{652577}{3240}x^3$$
$$+ \frac{1816483}{3360}x^2 - \frac{1669153}{2520}x + 293$$

然后我们画出这条曲线以及 10 个点

```
>  p1:=plot(f,x=0.9..10.1):
>  p2:=plot(dataxy,style=point,symbol=circle,color=blue):
>  plots[display]([p1,p2]);
```

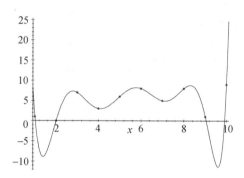

虽然 interp 求出的函数非常光滑, 但是它的次数太高, 要用这个函数进行外推的话偏差太大.

另外一种插值方法是样条插值, 命令为 spline, 它采用分段插值的方法来得到一个分段光滑的曲线, 通常每一段都是 2 次或 3 次的曲线. 下面我们就用上面给出的数据进行样条插值.

```
>  readlib(spline):
```

由于 spline 不是 Maple 中的常用命令, 所以我们需要用 readlib 命令来调用它. spline 的前两个参数分别为 x 和 y 坐标的数据列表, 第三个参数为函数的变量, 第四个参数为分段曲线的次数, 通常我们使用 2 次或 3 次的曲线, 但是 spline 也可以计算更高次数的曲线. 下面我们给出了 2 次和 3 次样条的函数和图像.

```
>  g:=unapply(spline(datax,datay,x,2),x);
```

$$g := x \rightarrow \text{piecewise}(x<2,\, 2\,x-x^2,\, x<3,\, 40-38\,x+9\,x^2,\, x<4,\, -221+136\,x-20\,x^2,$$
$$x<5,\, 531-240\,x+27\,x^2,\, x<6,\, -844+310\,x-28\,x^2,\, x<7,\, 992-302\,x+23\,x^2,$$
$$x<8,\, -968+258\,x-17\,x^2,\, x<9,\, 568-126\,x+7\,x^2,\, 649-144\,x+8\,x^2)$$

```
> h:=unapply(spline(datax,datay,x,3),x);
```

$$h := x \rightarrow \text{piecewise}\Big(x<2,\, 2+\frac{207809}{40545}\,x-\frac{124177}{13515}\,x^2+\frac{124177}{40545}\,x^3,\, x<3,$$
$$\frac{1148902}{13515}-\frac{968123}{8109}\,x+\frac{717227}{13515}\,x^2-\frac{59305}{8109}\,x^3,\, x<4,$$
$$-\frac{828787}{2703}+\frac{649288}{2385}\,x-\frac{1047052}{13515}\,x^2+\frac{291568}{40545}\,x^3,\, x<5,$$
$$\frac{1012301}{2703}-\frac{9674344}{40545}\,x+\frac{678968}{13515}\,x^2-\frac{139937}{40545}\,x^3,\, x<6,$$
$$\frac{314326}{2703}-\frac{3392569}{40545}\,x+\frac{260183}{13515}\,x^2-\frac{212}{153}\,x^3,\, x<7,$$
$$-\frac{17051674}{13515}+\frac{24542387}{40545}\,x-\frac{1291759}{13515}\,x^2+\frac{202477}{40545}\,x^3,\, x<8,$$
$$\frac{778912}{255}-\frac{50458483}{40545}\,x+\frac{2279711}{13515}\,x^2-\frac{307733}{40545}\,x^3,\, x<9,$$
$$-\frac{25348512}{4505}+\frac{81535373}{40545}\,x-\frac{3220033}{13515}\,x^2+\frac{75947}{8109}\,x^3,$$
$$\frac{4282833}{901}-\frac{58752658}{40545}\,x+\frac{395164}{2703}\,x^2-\frac{197582}{40545}\,x^3\Big)$$

```
> p3:=plot(g(x),x=1..10):
> p4:=plot(h(x),x=1..10,color=green):
> plots[display]([p2,p3,p4]);
```

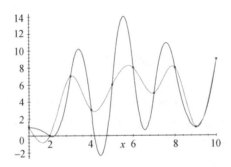

回归的含义是构造一条近似的曲线, 使它尽可能的接近给定的数据点. 在统计程序包的 fit 子程序包中的 leastsqr 命令可以用来构造回归函数. 下面我们通过例子来说明 leastsqr 的用法.

我们生成一组随机数据:

```
> with(stats): with(fit): with(statplots): with(plots):
> datax:=[seq(rand(100)(),i=1..50)]:
```

```
>   datay:=map(x->evalf(sin(x/100*Pi)+rand(30)()/ 100,4),datax):
>   p1:=scatter2d(datax,datay):
```

我们用一个二次曲线 $y = a0 + a1 * x + a2 * x^2$ 来拟合这些数据. 使用的命令是 leastsquare. 它的参数有两组. 在方括号中的第一组参数用来描述拟合曲线, 包括: 变量列表, 拟合函数形式, 以及拟合函数的参数集合. 在圆括号中的第二组参数是数据的列表. 具体用法如下:

```
>   leastsquare[[x,y],y=a0+a1*x+a2*x^2,{a0,a1,a2 }]([datax,datay]);
```
$$y = .1866122788 + .03911177735\,x - .0003984139193\,x^2$$

```
>   f:=rhs(%);
```
$$f := .1866122788 + .03911177735\,x - .0003984139193\,x^2$$

拟合函数 f 的曲线用 p2 表示. 用 display 命令同时显示 p1 和 p2.

```
>   p2:=plot(f,x=0..100):
>   display([p1,p2]);
```

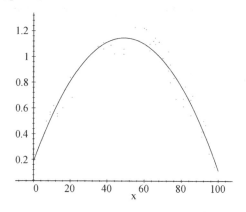

leastsquare 还可以处理多维的简单拟合函数. 例如 $y = a1 * x1 + a2 * x2 + \cdots$.

```
>   datax1:=[1,2,3]:datax2:=[2,3,4]:datay1:=[3,7, 8]:
>   leastsquare[[x1,x2,y],y=a1*x1+a2*x2,{a1,a2} ]([datax1,datax2,
datay1]);
```
$$y = \frac{3}{2}\,x1 + x2$$

需要说明的是: leastsquare 命令使用的是最小二乘法. 它对于拟合函数有一些限制. 首先它要求拟合的参数必须是线性的. 对于非线性的函数, 例如 $f = a0 + a1 * \sin(a2 * x)$ leastsquare 命令无法使用. 此外拟合函数本身也必须是比较简单的函数, 通常是多项式函数. 对于复杂的函数, 例如: $f = a0 + a1 * \sin(x/10) + a2 * \sin(x/20) + a3 * \sin(x/40)$, leastsquare 虽然也可以计算, 但是经过很长时间以后也未必能返回正确的结果. 这样的问题是从 Maple V Release 4 以后的版本才出现的. 在 Maple V Release 3 版本中, 还可以求出正确的结果.

不过使用共享库中的 fit 命令, 还是可以解决上述问题的. 下面我们就介绍一下 fit 命令的用法. 首先我们调入共享库.
> with(share):
> readshare(fit,numerics):

对于第一个例子的数据, fit 命令的用法如下:
> f1:=fit(datax,datay,[1,x,x^2],x);

$$f1 := .1866122947 + .03911177634\,x - .0003984139092\,x^2$$

可以看出计算的结果和 leastsquare 命令是一样的.

对于复杂的非线性函数, fit 同样有效, 例如我们的拟合函数为 $f = a0 + a1 * \sin(x/10) + a2 * \sin(x/20) + a3 * \sin(x/40)$. 计算的结果如下:
> f:=fit(datax,datay,a0+a1*sin(x/10)+a2*sin(x/2 0)+a3*sin(x/40),x);

$$f :=$$
$$.0321572783 + .07881337051\sin\left(\frac{1}{10}\,x\right) + .3489868374\sin\left(\frac{1}{20}\,x\right)$$
$$+ 1.007798304\sin\left(\frac{1}{40}\,x\right)$$

> p3:=plot(f,x=0..100):
> display([p1,p3]);

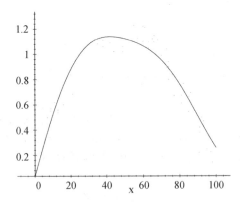

fit 也可以处理多维的情况. 例如:
> datax1:=[seq(rand(100)()/100,i=1..50)]:
> datax2:=[seq(rand(100)()/100,i=1..50)]:
> datax12:=zip((x1,x2)->[x1,x2],datax1,datax2):
> datay:=zip((x1,x2)->x1+2*x2+cos(x1*x2)+rand(1 00)()/1000,datax1,datax2):
> f:=fit(datax12,datay,a1*x1+a2*x2+a3*cos(x1*x2)+a4*x1*x2,[x1,x2]);

$$f := 1.058776261\,x1 + 2.055120765\,x2 + 1.000361369\cos(x1\,x2) - .05052181835\,x1\,x2$$

10.3 极大与极小

Maple 可以使用 maximize, minimize 和 extrema 命令计算一维和多维函数的极大值和极小值. 这三个命令都需要用 readlib 来调入. 我们首先介绍 maximize 和 minimize 的使用方法.

```
> readlib(minimize):readlib(maximize):
> minimize((x+2)/(x^2+1));
```

$$1 - \frac{1}{2}\sqrt{5}$$

```
> minimize(sin(x));
```

$$-1$$

对于多维函数 minimize 命令同样可以使用.

```
> minimize(x^2+y^2+5);
```

$$5$$

对于多维函数, 我们还可以指定对某个变量求极值.

```
> minimize(x^2+3*y^3-1,{x});
```

$$3y^3 - 1$$

此外还可以在一个指定的范围内求极值.

```
> minimize(x^4+2*y^2*x,{x,y},{x=-10..10,y=2..5});
```

$$\frac{75}{2}\operatorname{RootOf}(2\_Z^3 + 25, -2.320794417)$$

```
> evalf(%);
```

$$-87.02979064$$

在 Maple V Release 4 版本中, minimize 有一个选项 'infinite'. 对于那些无法求出极值的函数, 使用这个选项会返回函数自身. 例如函数 e^x 是没有极值的, 因此 minimize 不返回值, 但是使用了 'infinite' 选项后, 它会返回 e^x 自身. 不过在 Maple 6 以后的版本中, minimize(exp(x)) 得到的结果是 0, 它实际上是 $\lim_{x\to-\infty} e^x$ 的极限值.

```
> minimize(exp(x));
> minimize(exp(x),'infinite');
```

$$e^x$$

对于 maximize 命令, 它实际上是把表达式加了减号, 然后取小值, 再对极小值取减号得到的结果. 因此我们不再举例来说明它的用法.

在 Maple 6 以后的版本中, minimize 增加了一个 location 选项, 这个选项有两个选择: true 和 false. 它的省缺值是 false, 如果将 location 的值设置为 true, minimize 就可以获得极值点的位置. 例如:

```
>   minimize((x+1)/(x^2+1),location=true);
```

$$-\frac{\sqrt{2}}{(-1-\sqrt{2})^2+1}, \left\{\left[\{x=-1-\sqrt{2}\}, -\frac{\sqrt{2}}{(-1-\sqrt{2})^2+1}\right]\right\}$$

minimize 和 maximize 命令可以在无约束的条件下求函数的极值, 对于有约束条件, 可以使用 extrema 命令来求极值. 调用 extrema 的方法有两种. 一种是使用 readlib 命令, 另一种是使用 student 程序包.

extrema 命令的一般用法是: extrema(expr, constraints, vars, 's'). 其中第二个选项 contraints 是约束条件, 如果没有约束条件, 可以用 { } 来代替. 例如:

```
>   readlib(extrema):
>   extrema(a*x^2+b*x+c,{},x);
```

$$\left\{-\frac{1}{4}\frac{b^2-4\,c\,a}{a}\right\}$$

约束条件通常是等式, 例如:

```
>   extrema(x*y*z,x^2+y^2+z^2=1,{x,y,z});
```

$$\left\{\max\left(-\frac{1}{3}\operatorname{RootOf}(3\_Z^2-1), \frac{1}{3}\operatorname{RootOf}(3\_Z^2-1), 0\right),\right.$$
$$\left.\min\left(-\frac{1}{3}\operatorname{RootOf}(3\_Z^2-1), \frac{1}{3}\operatorname{RootOf}(3\_Z^2-1), 0\right)\right\}$$

第四个选项是一个未赋值的变量, 它可以带回达到极值点的位置.

```
>   extrema(x*y,x+y=1,{x,y},'s');
```

$$\left\{\frac{1}{4}\right\}$$

```
>   s;
```

$$\left\{\left\{x=\frac{1}{2}, y=\frac{1}{2}\right\}\right\}$$

10.4　线　性　优　化

Maple 对于线性优化问题提供了专门的程序包 simplex. 它包括一些处理线性优化的命令, 其中最重要的命令是 minimize 和 maximize. 这两个命令的基本用法是: minimize(f,C), 其中 f 是一个线性表达式, 它是目标函数, C 是一系列线性约束条件的集合, 这些约束条件必须是带有 $\leqslant$ 或 $\geqslant$ 的线性不等式, simplex 程序包不能处理严格不等式.

```
>   with(simplex);
```

```
Warning, new definition for maximize

Warning, new definition for minimize
```

[*basis, convexhull, cterm, define_zero, display, dual, feasible, maximize, minimize, pivot, pivoteqn, pivotvar, ratio, setup, standardize*]

需要注意的是, 当我们调用 `simplex` 时, 它给出了 `maximize` 和 `minimize` 的新定义. 此时 `maximize` 和 `minimize` 是 `simplex` 程序包中的命令, 而不再是求函数极值的命令.

     `maximize` 的用法如下:

```
>   maximize(300*x1+400*x2,{2*x1+4*x2<=170,2*x1+2*x2<=150,6*x2<=180});
```
$$\{x1 = 65,\ x2 = 10\}$$

`maximize`还有其他的参数, 第三个参数说明变量的类型, 可用的值为NONNEGATIVE或UNRESTRICTED. 省缺参数为 UNRESTRICTED, 它的含义是对所有变量都是无约束的. NONNEGATIVE 的含义是所有的变量都是非负的. 第四个参数必须是一个未赋值的变量, 它用来返回对最优化的描述, 第五个参数可用来返回变换的情况.

```
>   maximize(6*x1+10*x2+8*x3+12*x4,{3*x1+2*x2+2* x4<=60, x1+x2+2*x3
+x4<=45,

>   2*x1+4*x4<=90, 4*x1+4*x3+3*x4<=120,x1+2*x2+2*x3+2*x4<=30},
NONNEGATIVE,

>   'eqsys');
```
$$\left\{ x3 = 0,\ x2 = 0,\ x4 = \frac{15}{2},\ x1 = 15 \right\}$$

```
>   eqsys;
```

$$\left\{ x4 = -\frac{3}{4}\_SL5 + \frac{15}{2} + \frac{1}{4}\_SL1 - x2 - \frac{3}{2}\,x3,\ \_SL2 = \frac{45}{2} + \frac{1}{4}\_SL1 + \frac{1}{4}\_SL5 - \frac{3}{2}\,x3, \right.$$
$$\_SL3 = 30 + 4\,x2 + 2\_SL5 + 4\,x3,\ \_SL4 = \frac{75}{2} + \frac{5}{4}\_SL1 + 3\,x2 + \frac{1}{4}\_SL5 - \frac{7}{2}\,x3,$$
$$\left. x1 = -\frac{1}{2}\_SL1 + 15 + \frac{1}{2}\_SL5 + x3 \right\}$$

需要说明的是 `maximize` 在上例中仅得到了一个最优解, 还有一个最优解 $x1 = x2 = x3 = 0, x4 = 15$ 并没有求出来.

第十一章　Maple 编程

Maple 用户的数量很多, 许多用户仅仅是交互式的使用 Maple 系统. 他们并没有意识到 Maple 也是一种完善的程序语言.

编写 Maple 程序实际上是非常简单的, 只要在你每天使用的一系列命令前后分别加上 proc()及 end 即可. Maple 系统中含有数以千计的命令, 其中的百分之八十自身就是 Maple 程序, 用户完全可以尽情地检测和修改他们, 以适应自己的需要, 或者扩充它们来解决新的问题. 一些在其他语言中需要花费若干天或者若干星期编写的应用程序, 在 Maple 中只需几个小时便可完成. Maple 之所以有如此高效率, 主要因为 Maple 是交互式语言, 语言的可交互性大大方便了程序的测试与修改.

Maple 编程不需要专门的技巧. 区别于传统语言的是, Maple 含有丰富的功能强大的命令, 他们将一些复杂的, 通常需要写数页编码的任务浓缩为一个命令. 例如, solve 命令可用于求方程组的解. Maple 还带有一个巨大的程式库, 其中包括图形处理程序. 因此, 利用 Maple 自带的程序构造应用程序, 是一件极为容易的事情.

下面我们通过一个简单的程序来说明 Maple 程序的基本结构:

```
>   test:=proc(X::list)
>     local n,i,total;
>     n:=nops(X);
>     if n=0 then ERROR('empty list') end if;
>     total:=0;
>     for i from 1 to n do
>      total :=total+X[i];
>     end do;
>     total/n;
>   end proc:
>   test([1,2,a]);
```

$$1 + \frac{1}{3}a$$

```
>   test([a,b,c]);
```

$$\frac{1}{3}a + \frac{1}{3}b + \frac{1}{3}c$$

```
>   X:=[1.3,5.3,11.2,2.1,2.1];
```

$$X := [1.3, 5.3, 11.2, 2.1, 2.1]$$

```
>   test(X);
```

$$4.400000000$$

这个程序计算一个列表的平均值. 在其中我们用到了条件语句、循环语句以及局部变量的声明等. 这些都是 Maple 程序的基本组成部分.

11.1 程序的基本结构

Maple 以 proc 命令开始一个过程. 以 end proc 结束这个过程. 一个过程的基本结构如下:

```
name:=proc(P)
  local L;
  global G;
  options O;
  description D;
  B
end proc;
```

其中 name 是用户定义的过程的名字, P 是过程的形式参数, local L 是局部变量, global G 是过程的全局变量, options 是过程的选项, description 是过程的描述域, B 是过程的体, 最后用 end proc 语句结束过程.

像其他 Maple 对象一样, 我们定义过程时通常都赋给它一个名字. 而且通常都是用 proc 开始, 以 end proc 结束. 但是也有一些特殊情况. 例如我们经常要定义函数, 定义函数实际上就是定义一个过程. 例如下列定义的函数

```
>  F := (x,y) -> x^2 + y^2;
```
$$F := (x, y) \rightarrow x^2 + y^2$$

实际上就是一个最简单的过程. 用过程语言来描述就是

```
>  F :=proc(x,y) x^2+y^2 end proc;
```
$$F := proc(x, y)\, x^2 + y^2\, \mathbf{endproc}$$

这两个定义是等价的. 在这个过程的定义中, 我们省略了局部变量与全局变量, 选项与描述体等部分, 仅有一个过程体. 调用过程的方式和调用函数的方式是一样的,

```
>  F(2,3);
     13
```

当 Maple 执行过程体内的语句时, 它用函数调用时提供的实际参数 A 代替形式参数 P. 值得注意的是: Maple 在进行代换之前将计算实际参数 A 的值. 通常, 过程执行后返回的结果是过程体中最后一个可执行语句计算的结果.

11.1.1　无名过程

过程的定义是合法的 Maple 表达式. 可以建立、使用、调用过程, 而不必为过程指定一个名字. 不过定义一个无名过程通常是和其他过程组合在一起使用的.

```
>  (x)-> x^2;
```
$$x \to x^2$$

可以用下列方式调用无名过程

```
>  ( x -> x^2)(t);
```
$$t^2$$

```
>  proc(x,y) x^2+y^2 end proc(u,v);
```
$$u^2 + v^2$$

无名过程的常用方式是与 map 命令联合使用.

```
>  map(x->x^2, [1,2,3,4]);
```
$$[1, 4, 9, 16]$$

可以把几个无名过程一起使用, 如果合适, 也可以与其他命令一起使用, 例如微分算子 D.

```
>  D(x -> x^2);
```
$$x \to 2\,x$$

```
>  F := D(exp+2*ln);
```
$$F := \exp + 2 \left(a \to \frac{1}{a} \right)$$

可以把结果 F 直接作为变量使用.

11.1.2　过程简化

当建立一个过程时, Maple 并不执行这个过程, 但是对过程体进行简化.

```
>  proc(x) local t;
>      t := x*x*x + 0*2;
>      if true then sqrt(t); else t^2 end if;
>  end proc;
```
$$proc(x) \, \textbf{local} \, t;\ t := x^3\,;\ \mathrm{sqrt}(t) \, \textbf{end proc}$$

过程简化是程序优化的一个简单形式.

11.1.3　条件语句

与其他程序语言相同的, Maple 的过程体也是由赋值语句, 条件语句, 循环语句组成的. 在这里我们首先说明一下条件语句的用法.

条件语句有四种形式. 前两种形式的语法如下:

```
if expr
   then statseq
end if
if expr
   then statseq1
   else statseq2
end if
```

Maple 执行条件语句的过程是: 首先求 expr 的值, 如果结果是 Boolean 值 true 就执行 then 以后的语句 statseq, 然后结束. 如果 expr 的值是 false 或 FAIL, 则 Maple 执行 else 以后的语句. 例如:

```
>   x:=-2:
>   if x<0 then 0 else 1 end if;
    0
```

expr 必须具有 Boolean 值 true, false 或者 FAIL, 否则将会出现错误.

```
>   if x, then 0, else 1 end if;

Syntax error, reserved word 'then' unexpected
```

如果条件不成立时不要作任何动作, 则可以省略 else 语句.

```
>   if x>0 then x:=x-1 end if;
>   x;
    -2
```

条件语句可以嵌套. 即 then 部分及 else 部分的语句序列中可以是任何语句, 包括 if 语句.

下面的例子计算一个数的符号.

```
>   if x>1 then 1
>   else if x=0 then 0 else -1 end if;
>   end if;
```

这个例子说明了 FAIL 的用法.

```
>   r:=FAIL:
>   if r then
>     print(1)
>   else
>     if not r then
>        print(0)
>     else
>        print(-1)
>     end if
```

```
>  end if;
     -1
```

如果 Maple 有许多情形需要考虑, 仅使用 if 和 else 语句会变的杂乱难读.
Maple 提供了下述两种形式的语句.

```
if   expr
     then statseq
     elif expr
          then statseq
 end if
```
和
```
if   expr
     then statseq
     elif expr
          then statseq
          else statseq
 end if
```
其中 elif *expr* then *statseq* 结构可以多次出现.

下面我们用 elif 来实现符号函数.
```
>  x:=-2;
     x := -2
```
```
>  if x<0 then -1
>  elif x=0 then 0
>  else 1
>  end if;
     -1
```

由于循环语句的情况较为复杂, 我们在下一节中单独说明.

11.2   循 环 语 句

像其他程序语言一样, Maple 也提供两种循环语句. 分别为 for 循环和 while
循环. 但是在 Maple 中, for 循环与 while 循环本质上是统一的, 因此, 我们主要讨
论 for 循环的用法.

11.2.1   for 循环

循环结构主要是用来处理相似的计算. 例如, 求前五个自然数的和可以如下计
算.

```
>   total:=0;
>   total:=total+1;
>   total:=total+2;
>   total:=total+3;
>   total:=total+4;
>   total:=total+5;
```

这个问题也可以用 for 循环处理.

```
>   total:=0:
>   for i from 1 to 5 do
>       total:=total+i;
>   end do;
```
$$total := 1$$
$$total := 3$$
$$total := 6$$
$$total := 10$$
$$total := 15$$

每轮循环, Maple 使 i 的值加 1 并检查 i 的值是否大于 5, 如果不大于 5, Maple 则再次执行循环体. 循环结束后 total 的值为 15.

```
>   total;
15
```

下述过程使用 for 循环计算前 n 个自然数的和.

```
>   SUM:=proc(n)
>       local i, total;
>       total :=0;
>       for i from 1 to n do
>         total:=total+i;
>       end do;
>       total;
>   end proc:
```

SUM 最后的 total 语句是为了保证 SUM 返回 total 的值. 例如计算前 100 个数的和的命令为

```
>   SUM(100);
    5050
```

上面我们给出了 for 循环常见的使用方法, for 循环的一般语法结构如下:

```
 for name from expr1 by expr2 to expr3 while condition
   do
     commands
```

```
end do;
```
其中 expr1 是 name 的初始值, expr3 是 name 的终值. expr2 是步长. condition 则
是 name 所满足的条件. 在 for 循环的结构中, 可以省略下列任何一部分 for name,
from expr1, by expr2, to expr3 或者 while expr. commands 也可以省略. 除了
for 部分必须放置于首位外, 其余的部分可以按任意的顺序放置. 省略的部分有自
己的缺省值, 见下表.

各部分及其缺省值

部分	缺省值
for	虚拟变元
from	1
by	1
to	infinity
while	true

其中 while condition 是用来判断循环变量是否满足条件, 在省缺情况下, condition
为恒真. 有时我们可以通过给定一个条件来终止循环. 例如我们要找出大于 10^7 的
第一个素数可以编写如下程序:

```
>   for i from 10^7 while not isprime(i) do end do;
```

现在 i 是第一个大于 10^7 的素数.

```
>   i;
    10000019
```

注意到循环体是空的. Maple 容许空语句.

下面是重复 n 次动作的例子. 掷五次骰子.

```
>   die:=rand(1..6):
>   to 5 do die(); end do;
    4
    3
    4
    6
    5
```

在这个例子中我们省略了循环变量, 仅给出了循环的次数. 有时也可以省略掉所有
的循环语句, 仅有

```
do commands end do;
```
此时的含义是作无限循环.

11.2.2　while 循环

while 循环也是一类非常重要的循环结构, 实际上 while 循环是 for 循环中省略了除 while 部分外的其他部分, 它的结构为

```
while condition do
    commands
end do;
```

表达式 expr 称为 while 条件. 它必须是 Boolean 值表达式, 也就是说: 它的值必须是 true, false, 或者 FAIL. 例如:

```
>   x:=256;
```
$$x := 256$$

```
>   while x>1 do x:=x/4 end do;
```
$$x := 64$$
$$x := 16$$
$$x := 4$$
$$x := 1$$

while 循环的工作方式如下. 首先 Maple 计算 while 条件. 如果值为 true, Maple 运行循环体. 重复循环直到 Maple 条件的值为 false 或 FAIL. 注意, Maple 在执行循环体之前计算条件. while 条件不是 true, false 或 FAIL 三者之一时就是出现错误. 例如:

```
>   x:=1/2:
>   while x>1 do x:=x/2 end do;
>   x;
```
$$\frac{1}{2}$$

```
>   while x do x:=x/2 end do;
```

```
Error, invalid boolean expression
```

11.2.3　for-in 循环

for 循环还有一种形式, 我们称为 for-in 循环, 它语法结构是

```
for name in expr while condition
do
    commands
end do;
```

这种循环的含义是循环变量 name 遍历对象 expr 的每一个分支. 这个对象可以是列表、集合, 也可以是一个和式的项或乘积的项. 例如:

```
>   L:=[7,2,5,3,5,8];
```

$$L := [7, 2, 5, 3, 5, 8]$$

```
> for i in L do
> if i<=7 then print(i) end if;
> end do;
```
$$7$$
$$2$$
$$5$$
$$3$$
$$5$$

```
> A:=x^3+3*x^2-2*x+y^2;
```
$$A := x^3 + 3\,x^2 - 2\,x + y^2$$

```
> for i in A do
> print(i)
> end do;
```
$$x^3$$
$$3\,x^2$$
$$-2\,x$$
$$y^2$$

11.2.4　break 和 next

Maple 语言中还有另外两个循环结构的控制语句: break 和 next. 当 Maple 执行 break 时, 其结果是退出它所处的最里面的循环体. 继续运行循环体后面的第一个语句. 例如:

```
> L:=[2,5,7,8,9];
```
$$L := [2, 5, 7, 8, 9]$$

```
> for i in L do
>     print(i);
>     if i=7 then break end if;
> end do;
```
$$2$$
$$5$$
$$7$$

当 Maple 遇到 next 时, 它会结束本次循环, 即跳过循环体种下面尚未执行的语句, 接着进行下一次是否执行循环的判定. 例如, 要跳过列表中等于 7 的元素.

```
> L:=[7,2,5,8,7,9];
```
$$L := [7, 2, 5, 8, 7, 9]$$

```
>   for i in L do
>      if i=7 then next end if;
>   print(i);
>   end do;
      2
      5
      8
      9
```

如果不在循环体中使用 break 和 next 语句, 会引起错误.

```
>   next;
```

Error, break or next not in loop

11.2.5 其他循环结构

Maple 语言中除了上述循环结构以外还提供了许多简明而有效的循环结构. 这种类型的循环命令有 7 种, 可以分为三类:

1. map, select, remove
2. zip
3. seq, add, mul

11.2.6 map, select 和 remove 命令

map 命令将一个函数施加于一个集体目标的每一个元素. 最简单的 map 命令形式是 map(f,x). 其中 f 是一个函数, x 是一个表达式. map 命令用 f(x_i) 代替表达式 x 中的 x_i 项[①]. 例如:

```
>   map(f, [a, b, c]);
      [f(a), f(b), f(c)]
```

对于一列整数, 用 map 命令可以生成它们的绝对值列和平方列.

```
>   L:=[-1, 2, -3, -4, 5];
      L := [−1, 2, −3, −4, 5]
```

```
>   map(abs, L);
      [1, 2, 3, 4, 5]
```

```
>   map(x->x^2, L);
      [1, 4, 9, 16, 25]
```

[①] 例外: 对于图表和阵列, Maple 把函数施行于图表与阵列的元素, 而不是它们的项或下标函数.

　　更一般形式的 map 命令形式为 map(f,x,y1,...,yn). 这里 f 是一个函数, x 是任意表达式, $y1,\cdots,yn$ 是表达式, 它的作用是以 f(x_i, y1, ..., yn) 代替 x 中的 x_i.

> map(f, [a,b,c], x, y);
　　$[\mathrm{f}(a,\,x,\,y),\,\mathrm{f}(b,\,x,\,y),\,\mathrm{f}(c,\,x,\,y)]$

> L:=[seq(x^i, i=0..5)];
　　$L := [1,\,x,\,x^2,\,x^3,\,x^4,\,x^5]$

> map((x,y)->x^2+y, L, 1);
　　$[2,\,x^2+1,\,x^4+1,\,x^6+1,\,x^8+1,\,x^{10}+1]$

　　需要注意的是, 由于化简的缘故, 对于代数类型的输入, 它的结果类型不一定也是相同的代数类型. 考虑下面的例子.

> a:=2-3*x+I;
　　$a := 2 - 3x + \mathrm{I}$

> map(z->z+x, a);
　　$2 + \mathrm{I}$

对 a 的每一项加上 x, 产生 2+x-3*x+x+I+x = 2+I. 结果是一个复数.

> type(%, complex);
　　true

但是, a 却不是复数.

> type(a, complex);
　　false

　　select 及 remove 命令与 map 命令具有相同的语法形式, 它们的使用也有类似之处. 其语法形式为 select(f, x) 和 remove(f, x), 其中 f 是一 Boolean 值函数, x 是下列表达式中的一种: 和、积、列表、集合, 或者为下标名.

11.2.7　zip 命令

　　zip 命令用于黏接两个列表或向量. 它具有两种形式 zip(f, u, v) 或 zip(f,u, v,d). 其中 f 是二元函数, u, v 同为列表或者向量. d 是一个值. zip 的作用是, 对每一对项 u_i, v_i 生成元素 f(u_i, v_i) 得到新的列或向量. 下面就是一例.

> zip((x,y)->x.y, [a,b,c,d,e,f], [1,2,3,4,5,6]);
　　$[a1,\,b2,\,c3,\,d4,\,e5,\,f6]$

　　如果列表或向量不等长时, 结果的长度依赖于是否提供 d 的值. 如果没有指定 d 的值, 结果的长度将与 u, v 中的较短者相等.

> zip((x,y)->x+y, [a,b,c,d,e,f], [1,2,3]);
　　$[a+1,\,b+2,\,c+3]$

一旦 d 的值被指定, zip 命令的结果将与二者中较长的等长. Maple 以 d 弥补所缺的值.

```
>  zip((x,y)->x+y, [a,b,c,d,e,f], [1,2,3], xi);
```
$$[a+1, b+2, c+3, d+\xi, e+\xi, f+\xi]$$

注意: zip 不能像 map 命令那样将多余的项 xi 传递给函数 f.

11.2.8   seq, add 及 mul 命令

seq, add 和 mul 命令分别形成序列, 和, 以及积. seq, add 和 mul 通常的用法是 seq(f, i=a..b)、add(f, i=a..b) 和 mul(f, i=a..b). 其中 f, a, b 是表达式, i 是名字. 表达式 a, b 的计算结果须为数字常量.

seq 的结果是一个序列, 它是通过依次给下标名 i 赋值 a, a+1, ..., b, 计算 f 而得到的. 与 seq 相类似的, add 的结果是这个序列的和, 而 mul 的结果则是这个序列的积. 如果 a 的值大于 b, 它们的结果分别为 NULL 序列, 0, 1.

```
>  seq(i^2, i=1..4);
```
$1, 4, 9, 16$

```
>  mul(i^2, i=1..4);
```
576

```
>  add(x[i], i=1..4);
```
$x_1 + x_2 + x_3 + x_4$

```
>  mul(i^2, i=4..1);
```
1

```
>  seq(i, i=4.123...6.1);
```
$4.123, 5.123$

seq, add 和 mul 还可有下列的形式 seq(f, i=X)、add(f, i=X) 和 mul(f, i=X). 其中 f 和 X 是表达式, i 是名字.

这种形式下 seq 的结果仍然为一个序列. 它是通过依次将 X 的项赋值给 i 计算 f 的值而得到. add 结果是这个序列的和, mul 的结果是此序列元素的积.

```
>  a:=x^3+3*x^2+3*x+1;
```
$$a := x^3 + 3x^2 + 3x + 1$$

```
>  seq(degree(i,x), i=a);
```
$3, 2, 1, 0$

```
>  add(degree(i,x),i=a);
```
6

```
>  a:=[23,-42,11,-3];
```
$$a := [23, -42, 11, -3]$$

```
>  mul(abs(i), i=a);
     31878

>  add(i^2, i=a);
     2423
```

11.3   变   量

在前面的使用中, 我们经常遇到的现象是, 前面定义的变量对后面的计算有影响. 事实上, 在交互方式下所使用的变量都不在一个过程体中, 我们把这种变量称为**全局变量**. 对于过程的情形, 我们希望 Maple 对一些变量只在过程内部识别它们, 这种变量就称为**局部变量**.

过程内部的变量既可以是局部变量, 也可以是全局变量. 过程外部的变量都是全局变量. Maple 认为在不同的过程中的局部变量是不同的变量, 即使它们有相同的名字. 于是, 过程可以改变局部变量的值, 而不影响其他过程中同名的局部变量或同名的全局变量的值. 用下列方式可以声明局部变量和全局变量.

```
local L1, L2, ... , Ln;
global G1, G2, ... , Gm;
```

在下列过程中, i 和 m 是局部变量.

```
>  MAX := proc()
>     local i,m;
>     if nargs = 0 then RETURN(0) end if;
>     m := args[1];
>     for i from 2 to nargs do
>        if args[i] > m then m := args[i] end if;
>     end do;
>     m;
>  end proc:
```

如何一个变量既不声明为局部变量, 也不声明为全局变量, Maple 将按照下列规则确认其类型.

如果满足下列两条, 则为局部变量

- 变量出现在赋值语句的左边, 例如语句 A := y 和 A[1] := y 中的 A.
- 变量是 for 循环中的指标变量, 或者在 seq, add 和 mul 命令中出现.

如何不满足这两条规则, 则为全局变量.

```
>  MAX := proc()
>     if nargs = 0 then RETURN(0) end if;
>     m := args[1];
>     for i from 2 to nargs do
```

```
>          if args[i] > m then m := args[i] end if;
>       end do;
>       m;
>  end proc:
```

Warning, 'm' is implicitly declared local

Warning, 'i' is implicitly declared local

Maple 声明 m 为局部变量, 原因是它在赋值语句 m:=args[1] 的左边. Maple 声明 i 为局部变量, 原因是: 它是 for 循环的指标变量.

在编写过程时不要依赖于这种便利的方式声明局部变量, 而应当明确的声明所有的局部变量. 不过这些警告信息帮助我们发现拼写错误的变量和没有声明的变量.

下列 newname 过程创造了在序列 C1, C2, ..., 中下一个没有使用的名字. 由于上述两个规则没有应用于 cat(C, N), 于是 newname 过程创造的名字是全局变量,
```
>  newname := proc()
>     global N;
>     N := N+1;
>     while not assigned(cat(C,N)) do
>        N := N+1;
>     end do;
>     cat(C,N);
>  end proc:
>  N := 0;
```
$$N := 0$$

newname 过程不需要任何自变量.
```
>  newname()*sin(x)+newname()*cos(x);
```
$$C1\sin(x) + C2\cos(x)$$

在过程中给一个全局变量赋值是一个愚蠢的想法. 有时是在你没有意识到的情况下, 全局变量的任何变化都会影响这个变量的使用. 因此应当审慎的使用这一技术.

11.3.1 变量的作用域

变量的作用域通常是指涉及这些变量值的语句和过程的全体. 在 Maple 中只有两种可能. 或者一个名字的值在任何地方都是可行的 (即为全局的), 或者它仅对构成某个特殊过程定义的语句有效 (即是局部的).

为了说明二者的区别, 先对全局变量名 b 赋值.
```
>  b:=2;
```

b := 2

其次, 定义两个几乎等同的过程. 过程 g 以 b 为局部变量, 过程 h 以 b 为全局变量.
```
>  g:=proc()
>     local b;
>     b:=103993/33102;
>     evalf(b/2);
>  end proc:
```

以及
```
>  h:=proc()
>     global b;
>     b:=103993/33102;
>     evalf(b/2);
>  end proc:
```

定义过程时不会影响全局变量 b 的值. 事实上, 运行过程 g (因为它使用 b 作为局部变量) 也不会影响 b 的值.
```
>  g();
```
1.570796327

所以, 全局变量 b 的值仍旧是 2. 过程 g 赋予局部变量 b 一个值, 它与作为全局变量的 b 值不同.
```
>  b;
```
2

过程 h 的效果就完全不同了, 因为它使用全局变量.
```
>  h();
```
   1.570796327

h 改变了 b 的值, 所以它不再是 2. 当 h 被激活时, 其副作用, 是把 b 的值改变了.
```
>  b;
```
$$\frac{103993}{33102}$$

11.3.2   局部变量的求值

在 Maple 编程中, 局部变量的求值具有特殊性. 在过程体的执行过程中, 局部变量的求值只进行一层, 而对于全局变量 Maple 则进行完全求值, 即使在过程体内也是这样.

我们首先在 Maple 的交互环境下考虑下列例子:
```
>  f := x+y;
```
   $f := x + y$

```
>   x :=z^2/y;
```
$$x := \frac{z^2}{y}$$

```
>   z := y^3+3;
```
$$z := y^3 + 3$$

在这种情形, Maple 完全递归地求值如下

```
>   f;
```
$$\frac{(y^3+3)^2}{y} + y$$

你可以通过使用 eval 命令来控制求值的层次. 下面的一系列命令, 就是进行一层、二层和三层求值.

```
>   eval(f,1);
```
$$x + y$$

```
>   eval(f,2);
```
$$\frac{z^2}{y} + y$$

```
>   eval(f,3);
```
$$\frac{(y^3+3)^2}{y} + y$$

然而, 在 Maple 编程的过程中, 对于局部变量, 我们不必担心完全求值的问题. Maple 对于局部变量总是进行一层求值[①]. 这种作法对于提高 Maple 程序的有效性是非常重要的. 由于在编程时, 总是按照顺序执行的方式编写代码, 因此它对程序的执行只有非常小的影响. 只有在很少的情况下, 过程体需要对局部变量完全递归的求值, 这时可以使用 eval 命令. 例如:

```
>   F := proc()
>     local x,y,z;
>     x := y^2; y :=z; z:=3;
>     eval(x)
>   end proc:
>   F();
      9
```

此外也可以把局部变量作为未知量来使用. 例如, 在下列过程中, 局部变量 x 没有赋予任何值. 过程把它作为多项式 $x^n - 1$ 中的变量.

```
>   RootsOfUnity := proc(n)
>     local x;
>     [solve( x^n - 1=0, x)];
```

---

① 一层求值的概念是 Maple 编程中特有的概念, 在传统的程序语言中没有分层求值的概念.

```
> end proc:
> RootsOfUnity(5);
```

$$\left[1, \frac{1}{4}\sqrt{5} - \frac{1}{4} + \frac{1}{4}\,\mathrm{I}\,\sqrt{2}\,\sqrt{5+\sqrt{5}}, -\frac{1}{4}\sqrt{5} - \frac{1}{4} + \frac{1}{4}\,\mathrm{I}\,\sqrt{2}\,\sqrt{5-\sqrt{5}},\right.$$
$$\left.-\frac{1}{4}\sqrt{5} - \frac{1}{4} - \frac{1}{4}\,\mathrm{I}\,\sqrt{2}\,\sqrt{5-\sqrt{5}}, \frac{1}{4}\sqrt{5} - \frac{1}{4} - \frac{1}{4}\,\mathrm{I}\,\sqrt{2}\,\sqrt{5+\sqrt{5}}\right]$$

11.3.3 过程参数

下面我们考察 Maple 调用一个函数和过程时都做了些什么工作? 当调用一个函数F(ArgumentSequence) 时, Maple 首先对 F 求值, 然后计算 ArgumentSequence 的值, 如果其中某个参数求值的结果是序列的话, Maple 把这些参数产生的序列展开成一个单一的序列, 就是实际参数序列. 如果 Maple 发现 F 的值是一个过程

```
 proc(FormalParamenters)
  body;
 end;
```

那么 Maple 就执行过程体中的语句, 并且用实际参数代替形式参数.

考察下列例子.

```
> s := a,b:  t := c:
> F := proc(x,y,z) x+y+z end proc:
> F(s,t);
   a+b+c
```

这里, s,t 是变量序列, a,b,c 是实际参数序列, x,y,z 是形式参数序列.

实际参数的个数 n 可以不同于形式参数的个数. 如果实际参数的个数少, 则只有当缺少的实际参数在过程体的执行过程中用到时, 才出现错误. 如果实际参数的个数多, Maple 忽略多余的参数. 例如:

```
> f := proc(x,y,z) if x>y then x else z end if end proc:
> f(1,2,3,4);
   3

> f(1,2);

Error, (in f) f uses a 3rd argument, z, which is missing

> f(2,1);
   2
```

11.3.4 参数的声明

通过声明形式参数, 可以让过程只对特定类型的输入工作, 当输入的类型不正确时, Maple 将给出错误信息提示. 类型声明的语法如下:

```
parameter::type
```

这里 parameter 是形式参数的名字, type 是一个类型. Maple 知道许多表达式的类型; 见 ?type.

当执行一个过程时, Maple 首先从左到右的检测实际参数的类型, 然后执行过程体. 任何类型检测都可能生成错误信息. 如果没有类型错误出现, 过程将被执行. 例如:

```
> MAX := proc(x::numeric, y::numeric)
>    if x>y then x else y end if
> end proc:
> MAX(Pi,3);
```

```
Error, MAX expects its 1st argument, x, to be of type numeric, but
received Pi
```

如果没有对参数进行声明, 则参数可以是任意类型. 于是, proc(x) 等价于 proc(x::anything). 如果这确实是你希望的, 你应该用后一种方法告知其他用户, 你的过程可以对任何输入工作.

11.3.5 参数的序列

在过程中, 并不需要对每个形式参数指定名字. 使用 args, 过程内部可以接受实际参数序列. 下列过程生成实际输入参数的列表.

```
> f := proc() [args] end proc;
```
$$f := proc() \, [\text{args}] \, \textbf{endproc}$$

```
> f(a,b,c);
```
$$[a, b, c]$$

```
> f(c);
```
$$[c]$$

```
> f();
```
$$[]$$

第 i 个参数简记为 args[i]. 于是, 下列两个过程是等价的, 当调用它们时, 至少要有两个 numeric 类型的实际参数.

```
> MAX := proc(x::numeric,y::numeric)
>    if x>y then x else y end if;
> end proc;
```

$$MAX := proc(x::numeric,\, y::numeric)\, \textbf{if}\, y < x\, \textbf{then}\, x\, \textbf{else}\, y\, \textbf{endif}\, \textbf{endproc}$$

```
>  MAX := proc()
>     if args[1]> ags[2] then args[1] else ars[2] end if;
>  end proc;
```
$$MAX := proc()\, \textbf{if}\, ags_2 < args_1\, \textbf{then}\, args_1\, \textbf{else}\, ars_2\, \textbf{endif}\, \textbf{endproc}$$

nargs 命令提供了实际参数的个数. 这使我们很容易的编写一个过程, MAX, 可以找到任意多个参数的最大值.

```
>  MAX := proc()
>     local i,m;
>     if nargs = 0 then RETURN(FAIL) end if;
>     m := args[1];
>     for i from 2 to nargs do
>        if args[i] > m then m := args[i] end if;
>     end do;
>     m;
>  end proc:
```

三个值 $2/3, 1/2$ 和 $4/7$ 的最大值是
```
>  MAX(2/3,1/2,4/7);
```
$$\frac{2}{3}$$

11.4   过程选项和描述域

11.4.1   过程选项

过程可以有一个或多个选项. 在过程定义中可以用 options 语句说明选项.

options O1, O2, ..., Om

除了下列选项有特殊含义以外, 可以用任何字符串作为选项.

Maple 的特殊选项包括 remember, system, operator, arrow, Copyright, builtin. 关于 remember 和 system 选项, 我们将在下面递归过程一节中介绍. 其他几个选项的含义如下:

operator 和 arrow 选项   operator 选项容许 Maple 对过程作额外的化简工作, 而 arrow 选项使 Maple 用箭头的方式显示过程.

```
>  proc(x)
>     option operator, arrow;
>     x^2;
>  end proc;
```
$$x \to x^2$$

Copyright 选项 Maple 把任何以单词 Copyright 开始的选项作为 Copyright 选项. 使用 Copyright 选项时 Maple 不显示过程体的内容, 除非 interface 变量 verboseproc 的值大于等于 2, 在省确情况下, 这个值为 1.

```
>   f := proc(expr::anything, x::name)
>       option 'Copyright 1684 by G. W. Leibniz';
>       Diff(expr, x);
>   end proc;
```
$$f := proc(expr::anything, x::name) \ldots \textbf{endproc}$$

builtin 选项 Maple 过程分为两类, 一类是 Maple 核心部分, 另一类是用 Maple 语言定义的. builtin 选项说明核心过程. 当对内建的过程完全求值时就可以看到 builtin 选项.

```
>   eval(type);
```
$$proc() \, \textbf{option} \, builtin; \, 161 \, end$$

每个内建过程用一个数字唯一标识. 用户当然不能建立自己的内建过程.

11.4.2 描述域

过程头的最后部分是描述域. 它只能出现在任何 local 语句, global 语句, options 语句以后, 过程体以前. 它的表达方式如下.

```
description strings;
```
描述域对过程的执行没有影响. 使用它的目的是对程序进行说明. 不像注释, 当 Maple 显示过程时, 将丢弃它们, 而描述域提供了在过程中附加一行注释的方法. 举例如下:

```
>   f := proc(x)
>       description 'computes the square of x';
>       x^2; # compute x^2
>   end proc:
>   print(f);
```
$$proc(x) \, \textbf{description} \, 'computes \ the \ square \ of \ x' \, x^2 \, \textbf{endproc}$$

即使由于使用 Copyright 选项而不显示过程体的内容, Maple 也会显示描述域.

```
>   f := proc(x)
>     option 'Copyrighted ? ';
>     description 'computes the square of x';
>     x^2; # compute x^2
>   end proc:
>   print(f);
```
$$proc(x) \, \textbf{description} \, 'computes \ the \ square \ of \ x' \ldots \textbf{endproc}$$

11.5 递 归 过 程

与其他语言相同, Maple 也可以对过程进行递归的调用. 例如我们考虑 Fibonacci
数的定义.

$$f_n = f_{n-1} + f_{n-2}, \qquad\qquad n \geqslant 2$$

其中 $f_0 = 0, f_1 = 1$. 下面的过程可以就计算 f_n. 它是一个典型的递归过程.

```
>   fib:=proc(n::nonnegint)
>     if n<2 then
>       RETURN(n);
>     else
>       fib(n-1)+fib(n-2);
>     end if;
>   end proc:
```

下面是 Fibonacci 数列的前 10 个数.

```
>   seq(fib(i),i=0..10);
```
$$0, 1, 1, 2, 3, 5, 8, 13, 21, 34, 55$$

使用 time 命令可以得到计算所花费的时间.

```
>   time(fib(20));
```
$$2.157$$

上面我们定义的过程在 Maple 中并不是最优的过程. 原因是在计算 f_{20} 的时候, 我
们还要首先找到 f_{19} 和 f_{18} 以及前面所有的值. 在常用的程序设计语言中没有办法
解决这个问题. 在 Maple 中使用过程选项 remember 可以很好的解决递归过程的效
率问题. remember 选项的作用是让 Maple 记住以前计算过的结果, 并把它们存储
在记录表中. 我们把刚才的程序改写为下面的过程.

```
>   fib := proc(n::nonnegint)
>   option remember;
>     if n<2 then
>       RETURN(n);
>     else
>       fib(n-1)+fib(n-2);
>     end if;
>   end proc:
```

调用一个有 remember 选项的过程时, Maple 将计算的结果存储在这个过程的记录
表中. 不论什么时候调用这个过程, Maple 将检查以前是否用相同的参数调用过这
个过程, 如果是, Maple 将使用记录表中以前的计算结果, 而不再执行过程.

　　可以用直接赋值的方法在记录表中写值, 这个方法对于没有 remember 选项的过程也有效.

```
>  fib(0) :=0;
```
$$fib(0) := 0$$

```
>  fib(1) := 1;
```
$$fib(1) := 1$$

　　下面就是 fib 过程的记录表.

$$table([$$
$$0 = 0$$
$$1 = 1$$
$$])$$

由于 fib 有 remember 选项, 执行它会把新的值写入记录表它的中.

```
>  fib(9);
```
$$34$$

下面就是它的新记录表.

$$table([$$
$$0 = 0$$
$$4 = 3$$
$$8 = 21$$
$$1 = 1$$
$$5 = 5$$
$$9 = 34$$
$$2 = 1$$
$$6 = 8$$
$$3 = 2$$
$$7 = 13$$
$$])$$

记录表的使用可以极大的改进递归过程的效率. 测试一下刚才的计算就可以看出这一点.

```
>  time(fib(20));
```
$$0$$

Maple 还有一个过程选项 system 可以抹掉记录表中的内容. 这种选择一般出现在内存垃圾收集的过程中, 内存垃圾收集是 Maple 内存管理的一个重要部分. 特别重要的是, 在像 fib 在样依赖于记录表的过程中不要使用 system 选项.

11.6   过程的返回值

当调用过程时, Maple 通常返回过程体中最后一个语句产生的值. 其他三种类型的返回是通过使用参数、直接返回和错误返回.

11.6.1   参数赋值

有时, 过程的返回值可以通过参数得到. 考察下列 Boolean 过程 MEMBER, 它可用来确定表达式 x 是否在列表 L 中. 更进一步, 如果调 MEMBER 时有第三个参数 p, 则 MEMBER 将把 x 在 L 中的位置赋值给 p.

```
>  MEMBER := proc(x::anything, L::list, p::evaln) local i;
>     for i to nops(L) do
>        if x=L[i] then
>           if nargs>2 then p := i end if;
>           RETURN(true)
>        end if
>     end do;
>     false
>  end proc:
```

如果用两个参数调用 MEMBER, nargs 是 2, 过程体没有引用形式参数 p. 因此 Maple 不会抱怨缺少参数.

```
>  MEMBER( x, [a,b,c,d] );
      false
```

如果用三个参数调用 MEMBER, 类型声明 p::evaln 保证 Maple 把第三个参数作为名字[1]来使用, 而不是用它的值.

```
>  q := 78;
      q := 78

>  MEMBER( c, [a,b,c,d], q);
      true

>  q;
      3
```

---

[1] 如果第三个参数没有被声明为 evaln, 则应该把名字 q 用单引号括起来 ('q') 以保证把 q 的名字而不是 q 的值传送给过程.

Maple 对形式参数仅赋值一次, 这意味这在过程体中不能像局部变量那样自由
的使用形式参数. 当给形式参数赋值后, 就不能再引用这个参数. 给形式参数赋值
的唯一目的是当过程返回时, 相应的实际参数能返回一个值. 下列过程把 −13 赋值
给它的参数, 然后返回这个参数的名字.

```
>   f := proc(x::evaln)
>       x :=-13;
>       x;
>   end proc:
>   f(q);
        q
```

q 的值现在是 −13.

```
>   q;
        −13
```

下面的 count 过程是刻画上述特点的更复杂例子. count 将确定一个乘积的
因子 p 是否包含表达式 x. 如果 p 包含 x, 则 count 用第三个参数 n 返回包含 x 的
因子个数.

```
>   count := proc(p::'*', x::name, n::evaln)
>       local f;
>       n := 0;
>       for f in p do
>           if has(f,x) then n:= n+1 end if;
>       end do;
>       evalb( n>0 );
>   end proc:
```

count 并没有按照预想的方式工作.

```
>   count(2*x^2*exp(x)*y, x, m);
        −m < 0
```

在过程内形式参数 n 已经是 m, 而当调用过程时 Maple 确定的实际参数只赋
一次值, 于是当执行到 evalb 语句时 n 的值是名字 m 而不是 m 的值. 更糟的是,
n:=n+1 语句把名字 m+1 赋值给 m, 对 m 一次求值就可以看到:

```
>   eval(m, 1);
        m + 1
```

在上面的结果中, m 的值依然是 m+1.

```
>   eval(m, 2);
        m + 2
```

于是如果要求 m 的完全值, 将使 Maple 进入无限循环中.

对这类问题的一般解决方法是使用局部变量, 只有当过程返回值时再把局部变量的值赋给形式参数.

```
>   count := proc(p::'*', x::name, n::evaln)
>       local f,m;
>       m := 0;
>       for f in p do
>           if has(f,x) then m := m + 1 end if;
>       end do;
>       n := m;
>       evalb( m>0 );
>   end proc:
```

新的 count 过程按照我们预期的要求工作.

```
>   count(2*x^2*exp(x)*y, x, m);
```
>   *true*

```
>   m;
```
>   2

11.6.2 直接返回

直接返回出现在使用 RETURN 命令时, 语法如下:

    RETURN sequence;

RETURN 命令使得过程立即返回, 序列的值就成为了过程的返回值.

例如, 下列过程计算 x 在列表 L 中第一个位置的值 i. 如果 x 不在列表 L 中出现, 过程返回 0.

```
>   POSITION := proc(x::anything, L::list)
>       local i;
>       for i to nops(L) do
>           if x=L[i] then RETURN(i) end if;
>       end do;
>       0;
>   end proc:
```

在应用 RETURN 命令的大多数情况, 用它返回单一的表达式. 然而返回一个序列, 包括空序列也是合法的. 例如, 下面的 GCD 过程计算两个整数 a 和 b 的最大公因子 g. 它返回序列 $g, a/g, b/g$. GCD 必需单独处理 $a = b = 0$ 的情况, 这是因为此时 g 为 0.

```
>   GCD := proc(a::integer, b::integer)
>       local g;
```

```
>       if a=0 and b=0 then RETURN(0,0,0) end if;
>       g := igcd(a,b);
>       g, iquo(a,g), iquo(b,g);
>   end proc:
>   GCD(0,0);
      0, 0, 0

>   GCD(12,8);
      4, 3, 2
```

当然, 除了返回序列, 也可以返回列表或集合.

11.6.3　错误返回

错误返回出现在使用 ERROR 命令时, 语法如下.

ERROR sequence;

ERROR 命令使得目前的过程立即退回到 Maple 对话区. Maple 显示下列错误信息.

Error,(in procname),sequence

这里, sequence 是 ERROR 的参数, 而procname 是错误发生时的过程的名字. 如果过程没有名字, Maple 显示 Error, (in unknown) ....

ERROR 命令通常用在需要检测实际参数的类型, 但是参数说明又无法解决的时候. 下列的 pairup 过程以形如 $[x_1,y_1,x_2,y_2,\ldots,x_n,y_n]$ 的列表为输入, 由它产生形如 $[[x_1,y_1],[x_2,y_2],\ldots,[x_n,y_n]]$ 的列表的列表. 简单的类型检测无法决定列表 L 是否有偶数个元素, 因此需要直接检查.

```
>   pairup := proc(L::list)
>       local i, n;
>       n := nops(L);
>       if irem(n,2)=1 then
>           ERROR( 'L must have an even number of entries' );
>       end if;
>       [seq( [L[2*i-1],L[2*i]], i=1..n/2 )];
>   end proc:
>   pairup([1, 2, 3, 4, 5]);
```

Error, (in pairup) L must have an even number of entries

```
>   pairup([1, 2, 3, 4, 5, 6]);
      [[1, 2], [3, 4], [5, 6]]
```

11.6.4　陷阱错误

全局变量 lasterror 存储最后一个错误的值. 前面的 pairup 导致一个错误.

```
>   lasterror;
```

L must have an even number of entries

traperror 命令用来陷阱错误. traperror 对它的参数求值, 如果没有错误出现, 就返回参数的值.

```
>   x := 0:
>   result := traperror( 1/(x+1) );
    result := 1
```

当 Maple 对参数求值出现错误时, traperror 返回对应错误的字符串.

```
>   result := traperror(1/x);
    result := division by zero
```

此时, lasterror 的值发生了变化.

```
>   lasterror;
    division by zero
```

通过比较 traperror 和 lasterror 的结果, 可以检测是否有错误出现. 如果有错误出现, 则 lasterror 和 traperror 的返回值相同.

```
>   evalb( result = lasterror );
    true
```

traperror 和 ERROR 常用来尽可能迅速的中断计算. 例如, 假设你试图用几种方法计算积分, 在第一种方法的计算过程中, 发现它不可能成功. 此时你希望中断这种方法尝试其他方法. 实现这一目的的代码如下:

```
>   result := traperror( MethodA(f,x) );
>   if result=lasterror then #An error occurred
>       if lasterror=FAIL then # Method A failed, try Method B
>           result := MethodB(f,x);
>       else # some other kind of error occurred
>           ERROR(lasterror); # propagate that error
>       end if
>   else # Method A succeeded
>     RETURN(result);
>   end if:
```

通过执行命令 ERROR(FAIL), MethodA 可以在任何时间中断.

11.6.5　未求值返回

Maple 通常用一种特殊方式的返回作为失败返回, 当它不能完成计算时, 以未计算的函数调用作为结果返回. 下列的过程 MAX 计算两个数 x 和 y 的最大值.

```
>   MAX := proc(x,y) if x>y then x else y end if end proc:
```

对于符号计算系统来讲, 上述的 MAX 过程是无法接受的, 因为这个过程要求它的参数是数值类型, 以便 Maple 能决定是否 $x > y$.

```
>  MAX(3.2, 2);
    3.2

>  MAX(x, 2*y);
```

Error, (in MAX) cannot evaluate boolean

由于 MAX 缺乏符号计算能力, 当试图画出包含 MAX 的表达式时就出现了问题.

```
>  plot( MAX(x, 1/x), x=1/2..2 );
```

Error, (in MAX) cannot evaluate boolean

在调用 plot 命令之前, Maple 求 MAX(x,1/x) 的值时出现了错误.

解决的方法是, 当参数 x 和 y 不是数值类型时, MAX 未求值返回. 也就是说, 此时 MAX 应当返回 'MAX'(x,y).

```
>  MAX := proc(x, y)
>      if type(x, numeric) and type(y, numeric) then
>         if x>y then x else y end if;
>      else
>         'MAX'(x,y);
>      end if;
>  end proc:
```

新的 MAX 可以处理数值和非数值的输入.

```
>  MAX(3.2, 2);
    3.2

>  MAX(x, 2*y);
    MAX(x, 2y)

>  plot( MAX(x, 1/x), x=1/2..2 );
```

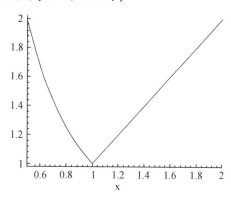

对 MAX 做进一步的改进, 就可以使它能求出任意多个参数的最大值. 在下面的过程里, args 是实际参数序列, nargs 是实际参数的个数, procname 是过程名字.

```
>  MAX := proc()
>     local m,i;
>     m := -infinity;
>     for i in (args) do
>        if not type(i, numeric) then
>           RETURN('procname'(args));
>        end if;
>        if i>m then m := i end if;
>     end do;
>     m;
>  end proc:
>  MAX(3,1,4);
     4

>  MAX(3,x,1,4);
     MAX(3, x, 1, 4)
```

11.7 过 程 对 象

这一节描述过程对象, 它的类型和运算, 它的特殊求值规则, 以及如何把它存为文件并从文件中恢复.

11.7.1 最后名求值

对于普通的表达式, Maple 以完全递归的方式求值. 对于赋了值的名字, 所有进一步的引用都返回它的值来代替名字.

```
>  f := g;
     f := g

>  g := h;
     g := h

>  h := x^2;
     h := x^2
```

现在 f 的值为 x^2.

```
>  f;
     x^2
```

过程和表的名字是例外的. 对这样的名字, Maple 采用最后名字求值模型. 这种模型避免显示过程定义的细节内容.

```
>  F := G;
      F := G
```

```
>  G := H;
      G := H
```

```
>  H := proc(x) x^2 end proc;
      H := proc(x) x^2 end
```

现在 F 的值是 H, 这是因为 H 是实际过程前的最后名字.

```
>  F;
      H
```

可以用 eval 命令对过程完全求值.

```
>  eval(F);
      proc(x) x^2 end
```

11.7.2 过程的类型和运算域

Maple 能辨认所有过程 (包括由映射创造的过程) 的类型为过程类型, 以及赋给过程的任何名字.

```
>  type(F,name);
      true
```

```
>  type(F,procedure);
      true
```

```
>  type(eval(F),procedure);
      true
```

于是, 可以用下列测试保证 F 是过程的名字.

```
>  if type(F, name) and type(F, procedure) then ...  end if
```

过程有六个运算域:

1. 形式参数序列
2. 局部变量序列
3. 选项序列
4. 记录表
5. 描述串
6. 全局变量序列

作为一个过程结构的例子, 考虑下列过程:

```
>   f := proc(x::name, n::posint)
>       local i;
>       global y;
>       option Copyright;
>       description 'a summation';
>       sum( x[i] + y[i], i=1..n );
>   end proc:
```

在过程的记录表中写入一项

```
>   f(t,3) := 12;
```
$$f(t, 3) := 12$$

下面可以看到 f 的各部分.

　　过程的名字:

```
>   f;
```
$$f$$

过程自己:

```
>   eval(f);
```
$$proc(x::name, n::posint) \textbf{description} 'a\ summation' \ldots end$$

形式参数:

```
>   op(1, eval(f));
```
$$x::name, n::posint$$

局部参数:

```
>   op(2, eval(f));
```
$$i$$

选项:

```
>   op(3, eval(f));
```
$$Copyright$$

记录表:

```
>   op(4, eval(f));
```

$$table([$$
$$(t, 3) = 12$$
$$])$$

描述域:
```
>  op(5, eval(f));
```
a summation

全局变量:
```
>  op(6, eval(f));
```
y

过程体不是它的运算域, 因此不能用 op 命令进入过程体. 如果需要操作过程体, 见
?hackware.

11.7.3 保存和恢复过程

当你编写了一个新过程时, 你可以通过保存整个工作区来保存你的工作; 当你
对过程的工作感到满意时, 可以把它存为 .m 文件. 这样的文件使用 Maple 的内部
表达方式, 这样可以使 Maple 能快速有效的恢复它存储的对象.
```
>  CMAX := proc(x::complex(numeric), y::complex(numeric))
>     if abs(x)>abs(y) then
>        x;
>     else
>        y;
>     end if;
>  end proc:
```
使用 save 命令保存过程, 同样的方式也可以保存任何其他 Maple 对象.
```
>  save( CMAX, 'CMAX.m' );
```
read 命令恢复存储在 .m 文件中的对象.
```
>  read( 'CMAX.m' );
```

某些 Maple 用户更愿意用他们喜欢的编辑器编写 Maple 过程. 你也可以用 read
命令从文件中读出数据, Maple 像在会话区中键入一样执行文件中的每一行.

第十二章 Maple 编程的高级课题

本章我们将讨论 Maple 编程的高级课题. 主要内容包括: Maple 程序的调试, Maple 的输入与输出, Maple 的实用程序.

12.1 Maple 程序的调试

用任何一种程序语言编写程序, 出现错误都是难免的. Maple 也不例外. 错误的类型主要有设计上的逻辑错误以及由于疏忽而产生的错误. 许多错误是非常微细的, 仅通过试验和检查很难发现它们. 为此 Maple 提供了一个调试器以帮助发现这些错误.

Maple 调试器可以停止正在执行的过程, 检查和改进局部变量和全局变量的值, 继续执行一个语句或一系列语句, 或直到程序完成. 当过程执行到一个特殊的语句、或给某个特殊的局部变量或全局变量赋了值, 或出现了某个特殊的错误时, Maple 可以停止执行过程. 这些工具可以使你能看到过程的内部工作情况, 以便确定为什么它没有按照你的要求工作. 下面我们通过一个例子来说明 Maple 调试器的用法.

看下列的代码:

```
>  sieve := proc(n::integer)
>      local i,k,flags,count,twice_i;
>      count := 0;
>      for i from 2 to n do flags[i] := true end do;
>      for i from 2 to n do
>          if flags[i] then
>              twice_i := 2*i;
>              for k from twice_i by i to n do
>                  flags[k] = false;
>                  end do;
>                  count := count+1
>          end if;
>      end do;
>      count;
>  end proc:
```

这个过程的目的是改进 Eratosthenes 筛法. 当给定参数 n 时, 这个过程应当返回小于等于 n 的素数的个数. 当调用 sieve 过程时发现了错误.

```
>  sieve(10);
```

9 *l*

在使用调试命令以前先调用 showstat 命令, 它可以给程序中的独立的语句加上标号. 通过标号我们可以更容易调试程序.

```
> showstat(sieve);
```

```
sieve := proc(n::integer)
local i, k, flags, count, twice_i;
   1    count := 0;
   2    for i from 2 to n do
   3      flags[i] := true
        end do;
   4    for i from 2 to n do
   5      if flags[i] then
   6        twice_i := 2*i;
   7        for k from twice_i by i to n do
   8          flags[k] = false
          end do;
   9        count := count+1
        end if
      end do;
  10    count
end proc
```

为了调用调试器, 必须开始执行过程, 并且在过程执行中停下来. 为了执行一个过程, 可以在顶层用 Maple 命令调用它, 也可以在另一个过程中调用. 使一个执行过程停下来的最简单方法是设置一个断点. 用 stopat 命令可以作到.

```
> stopat(sieve);
     [sieve]
```

这个断点设置在 sieve 过程的第一个语句. stopat 命令还返回包含这个断点的所有过程的列表 (在这种情况下是 sieve). 当你再次执行 sieve 过程时, Maple 将在执行它的第一个语句时停下来. 当执行停止时调试器提示符出现. 下面的例子演示了 sieve 过程的初始执行情况.

```
> sieve(10);
```

```
sieve:
   1*    count := 0;

  DBG>
```

在调试提示符之前 (在本例中是 "DBG>") 提供了一些信息.

1. 前面的计算结果 (上述执行在作任何计算前停止, 因此没有结果出现).

2. 执行停止时过程的名字 (本例中是 sieve).

3. 执行停止前的语句标号 (本例中是 1). 语句标号后可能是一个 (∗) 或 (?) 表明
   这是一个断点或条件断点.

4. 在 if 或 do 的复合语句中, Maple 不是显示深层次的语句, 而是用 "..." 代替.
   在调试提示符下, 我们可以调用调试命令, 或计算 Maple 的表达式. 不过此时
计算的表达式只能是停止运行的过程的内部表达式. 你只能接受相同的过程参数,
局部变量, 全局变量和环境变量. 我们调用 sieve 时的参数是 10, 因此形式参数 n
是 10.

```
DBG>  n

10
sieve:
   1*    count := 0;
```

对我们计算的每个表达式, 调试器将依次显示计算的结果, 停止运行的过程名, 语句
标号, 语句和新的调试提示符.

一旦进入调试状态, 调试命令可以控制过程的执行. 最常用的调试命令是 next,
它执行当前显示的语句直到同一嵌套层次 (或更浅的层次) 的下一个语句:

```
DBG>  next

0
sieve:
   2     for i from 2 to n do
         ...
         end do;
```

这里输出的第一行 0 表示赋值语句 count :=0 的计算结果. 由于语句 2 前没有断
点, 所以没有 "∗" 出现在语句标号后. 使用 next 命令, 调试器不会显示 for 循环体,
它们也是由语句组成 (带有自己的语句标号). 再次执行 next 命令, 结果如下:

```
DBG>  next

true
sieve:
   4     for i from 2 to n do
         ...
         end do;
```

过程在语句 4 停下. 语句 3(前一个 for 循环的循环体) 是深层的嵌套, 因而 next 命
令跳过它. 虽然它执行了 $n-1$ 次, 过程没有在循环内停止. 然而调试器显示循环计
算的最后结果 (给 flags[10] 赋值为 true).

使用 step 调试命令, 可以进入嵌套控制结构.

```
DBG>  step
```

```
true
sieve:
   5       if flags[i] then
               ...
           end if

DBG>   step

true
sieve:
   6          twice_i := 2*i;
```

当执行语句不是深层的结构语句时, 如果使用 step 调试语句, 它的效果与 next 调试语句相同.

```
DBG>   step

4
sieve:
   7          for k from twice_i by i to n do
                ...
              end do;
```

下面我们用 showstat 调试命令来显示一下整个过程.

```
DBG>   showstat

sieve := proc(n::integer)
local i, k, flags, count, twice_i;
   1*    count := 0;
   2     for i from 2 to n do
   3       flags[i] := true
         end do;
   4     for i from 2 to n do
   5       if flags[i] then
   6         twice_i := 2*i;
   7 !       for k from twice_i by i to n do
   8           flags[k] = false
             end do;
   9         count := count+1
           end if
         end do;
   10    count
end proc
```

除了它只能在调试器内工作以外, showstat 调试命令类似于通常的 showstat 命令. 如果你不指定过程的名字, 它显示目前停止的过程. 语句标号后的感叹号 (!) 标明这个语句是目前停止的语句.

用 step 进入最内层的循环.

```
DBG>  step

4
sieve:
   8          flags[k] = false
```

一个相关的调试命令 list 仅显示前五个语句, 目前语句和下一个语句, 它提示我们过程停止的位置.

```
DBG>  list

sieve := proc(n::integer)
local i, k, flags, count, twice_i;
      ...
   3     flags[i] := true
       end do;
   4    for i from 2 to n do
   5      if flags[i] then
   6        twice_i := 2*i;
   7        for k from twice_i by i to n do
   8 !        flags[k] = false
           end do;
   9        count := count+1
         end if
       end do;
    ...
end proc
```

使用 outfrom 调试命令可结束目前嵌套或更深层次的执行, 当执行到浅层次的嵌套时再次停下来.

```
DBG>  outfrom

true = false
sieve:
   9          count := count+1


DBG>  outfrom

1
sieve:
   5      if flags[i] then
         ...
         end if
```

cont 调试命令继续执行过程直到正常的终止或遇到下一个断点.

```
DBG>   cont
       9l
```

可以看到过程没有给出期待的结果. 虽然从前面的调试命令可以发现原因, 但在实际生活中情况并不是如此. 因而, 我们假装没有发现原因, 继续使用调试命令. 首先使用 unstopat 命令从 sieve 中取消断点.

```
>  unstopat(sieve);
      []
```

过程 sieve 保持变量 count 变化的轨迹. 从逻辑的观点, 应当观察 Maple 如何改变 count. 最容易的方法是使用视点. 当 Maple 改变观察的变量时, 视点调用调试器. 使用 stopwhen 命令设置视点. 在过程 sieve 中, 我们希望在 Maple 改变变量 count 时停止.

```
>  stopwhen([sieve,count]);
      [[sieve, count]]
```

stopwhen 返回目前被观察的所有变量的列表.

再次执行 sieve 过程, 我们得到

```
>  sieve(10);

count := 0
sieve:
    2     for i from 2 to n do
              ...
          end do;
```

由于 Maple 改变 count 导至执行停止, 此时调试器显示赋值语句 count := 0. 通常调试器还显示过程的名字和下一个语句. 注意 Maple 已经给 count 赋了值后执行停止.

显然, 第一个给 count 赋值的语句工作正常, 因此使用 cont 调试命令继续执行过程.

```
DBG>   cont

count := 1
sieve:
    5     if flags[i] then
              ...
          end if
```

如果你不仔细观察, 会觉得这个语句也是正确的, 因此继续执行.
```
DBG>   cont

count := 2*l
sieve:
    5       if flags[i] then
            ...
            end if
```
这个输出是可疑的, 因为 Maple 应当简化 2*1, 但是注意, 它显示的是 2*1. 检查过程的原文件, 发现数字 "1" 被打成了字母 "l". 没有必要继续执行过程, 用 quit 调试命令退出调试器.
```
DBG>   quit
```
　改正了原文件后, 把它读入 Maple, 关闭视点再次执行过程
```
>   unstopwhen();
    []

>   sieve(10);
    9
```
这个结果仍然不正确. 小于 10 的素数有 4 个, 分别是 2, 3, 5 和 7. 因而再次调用调试器, 步进跟踪到过程的最内层调查研究. 不再从程序的开始启动, 设置断点在语句 6.
```
>   stopat(sieve,6);
    [sieve]

>   sieve(10);

true
sieve:
    6*       twice_i := 2*i;

DBG>   step

4
sieve:
    7        for k from twice_i by i to n do
             ...
             end do;

DBG>   step

4
sieve:
    8           flags[k] = false
```

```
DBG>   step

true = false
sieve:
    8              flags[k] = false
```

最后一步显示了错误. 前面的计算结果应当是 false (由于给 flags[k] 赋值 false),
但是代替它的是 true=false. 应当是赋值语句的地方被等式代替, 因此 Maple 没有
给 flags[k] 赋值为 false. 再次退出调试器, 修改原文件.

```
DBG>   quit
```

下面是正确的过程.

```
>  sieve := proc(n::integer)
>      local i,k,flags,count,twice_i;
>      count := 0;
>      for i from 2 to n do flags[i] := true end do;
>      for i from 2 to n do
>          if flags[i] then
>              twice_i := 2*i;
>              for k from twice_i by i to n do
>                  flags[k] := false;
>              end do;
>              count := count+1
>          end if;
>      end do;
>      count;
>  end proc:
```

现在 sieve 给出了正确的结果.

```
>  sieve(10);
    4
```

在前面的例子中, 我们已经看到了 Maple 调试器的基本用法, 下面我们对调试
命令做更详尽的说明.

12.1.1 显示过程的语句

使用 showstat 命令显示过程的语句以及由调试器确定的语句标号. showstat
命令的用法如下:

```
showstat(procedure)
```

这里 procedure 是要显示的过程名字. showstat 命令用 "*" 标记无条件断点, 用
"?" 标记条件断点.

也可以用 showstat 命令显示单一语句或一个语句范围.

```
showstat(procedure, number)
showstat(procedure, range)
```

在此时没有显示的语句用 "..." 表示. 过程名字, 它的参数, 局部和全局变量也被显示.

用户也可以在调试器中显示过程语句. showstat 调试命令用法如下.

```
showstat procedure number or range
```

showstat 调试命令的参数与通常的 showstat 命令相同, 除了它可以省略 procedure. 而在此时, 调试器显示目前停止的过程的指定语句 (如果用户没有指定语句, 则显示所有语句). 当显示目前停止过程时, showstat 调试命令在停止执行的语句后标记 (!).

许多命令在调试器的内外存在微小的差别. showstat 命令是一个例子. 通常的差别是: 在调试器内, 用户不需要指定过程的名字, 而在调试器外, 你必须用括号把参数括起来, 参数之间还需要用逗号分开.

12.1.2 断点

使用断点可以在过程的指定语句调用调试器. 可以用 stopat 命令在 Maple 过程中设置断点. 调用 stopat 命令的方法如下:

```
stopat( procedureName, statementNumber, condition )
```

这里 procedureName 是要设置断点的过程名字, statementNumber 是过程中设置断点前的语句标号. 如果省略语句标号, 调试器在过程的语句 1 前设置断点 (也就是说, 当用户一调用过程, 执行就停止). 当 showstat 显示过程时, stopat 设置的无条件断点被加上标记 "*".

也可以在调试器内设置断点. stopat 调试命令语法如下:

```
stopat procedureName statementNumber condition
```

stopat 调试命令的参数与通常的 stopat 命令相同, 除了它可以省略过程名. 而在此时, 调试器在目前过程的指定语句设置断点 (如果不指定语句, 则断点在第一句).

注意 stopat 设置的断点在指定语句之前. 当 Maple 遇到断点时, 执行停止, Maple 在这个语句前进入调试状态. 这意味这不可能在一个语句序列的最后语句之后设置断点 (也就是说, 不能在循环语句的最后、if 语句或过程语句设置断点).

如果两个恒等的过程存在, 它们可以共享也可以不共享断点, 这依赖于建立它们的方式. 如果你分别建立两个原文相同的过程, 则它们不共享断点. 如果你建立一个过程, 然后把它赋给另一个, 则它们共享断点. 例如:

```
>  f :=proc(x) x^2 end proc:
>  g :=proc(x) x^2 end proc:
>  h := op(g):
>  stopat(g);
```

$[g, h]$

使用 unstopat 命令清除断点. 调用 unstopat 命令的语法如下:

unstopat(procedureName, statmentNumber)

这里procedureName是要清除断点的过程的名字,statementNumber是过程的语句标号. 如果省略statementNumber, 则 unstopat 清除过程中的所有断点.

也可以在调试器内清除断点. unstopat 调试命令语法如下:

unstopat procedureName statmentNumber

除了可以省略过程名字以外, 调试命令 unstopat 的参数与通常 unstopat 命令的参数相同. 此时, unstopat 命令清除目前过程中指定的断点 (如果没有指定, 则清除所有断点).

直接断点 通过使用 DEBUG 命令, 可以在过程原文件中插入一个直接断点.

DEBUG()

如果调用 DEBUG 命令时无参数, 则执行停止在 DEBUG 命令后的语句, 并调用调试器.

如果 DEBUG 命令的参数是 Boolean 表达式,

DEBUG(boolean)

则只有当 Boolean 表达式的值为真时, 过程才停止. 如果 Boolean 表达式的值为 false 或 FAIL, 则 DEBUG 命令被忽略.

如果 DEBUG 命令的参数是其他的表达式,

DEBUG(not boolean)

则调试器显示参数的值来代替过程停止时的最后结果.

```
>   f := proc(x)
>     DEBUG("my breakpoint, current value of x:",x);
>       x^2
>   end proc:
>   f(3);

"my breakpoint, current value of x:"
3
f:
    2    x^2
```

在此时 showstat 命令不用 "*" 或 "?" 标记直接断点.

```
DBG>   showstat

f := proc(x)
    1     DEBUG("my breakpoint, current value of x:",x);
    2 !   x^2
end proc
```

unstopat 也不能清除直接断点.

```
DBG>  unstopat

[f]
f:
    2    x^2

DBG>  showstat

f := proc(x)
    1    DEBUG("my breakpoint, current value of x:",x);
    2 !  x^2
end proc

DBG>  quit
```

如果用 print 或 lprint 命令显示过程, 用 stopat 插入的断点显示为一个对 DEBUG 的调用.

```
>  f := proc(x) x^2 end proc:
>  stopat(f);
     [f]

>  showstat(f);

f := proc(x)
    1*   x^2
end proc

>  print(f);
```
$$proc(x)\,\mathrm{DEBUG}();\ x^2\,\textbf{endproc}$$

12.1.3 视点

视点监视局部或全局变量, 当对监视的变量赋值时停止执行. 当用户希望了解过程为什么停止而不是在那里停止时, 通常用视点代替断点.

用户可以用 stopwhen 命令设置视点. 调用 stopwhen 命令的方式有两种:

stopwhen(globalVariableName)

stopwhen([procedureName, variableName])

第一种形式令调示器在全局变量 $globalVariableName$ 变化时被调用. 在这种方式下, 用户可以监视诸如 Digits 的环境变量.

```
>  stopwhen(Digits);
     [Digits]
```

第二种形式令调示器在过程 `procedureName`的局部变量`variableName`变化时被调用. 在这两种形式下 (或用户无参数调用 stopwhen 时), Maple 返回目前视点的一个列表.

```
>   f :=proc(x)
>     local a;
>     x^2;
>     a:=%;
>   end proc:
>   stopwhen([f, a]);
      [Digits, [f, a]]
```

当由于 Maple 改变视点变量使得执行停止时, 调试器显示一个赋值语句以代替最后计算结果 (赋值语句的右边). 然后像通常一样, 调试器显示过程的名字和过程中的下一个语句. 注意: Maple 已经给视点变量赋值以后, 执行才停止.

用户也可以用 stopwhen 调试器命令设置视点. 在调试器内调用 stopwhen 调试命令的方法如下:

stopwhen globalVariableName

stopwhen [procedureName variableName]

参数与通常的 stopwhen 命令相同.

unstopwhen命令 (或 unstopwhen 调试命令) 可用来清除视点. 参数与 stopwhen 命令的相同. 如果不给 unstopwhen 命令指定任何参数, 则所有的视点都被清除. 类似于 stopwhen 命令, unstopwhen 返回所有 (剩余) 视点的列表.

12.1.4 错误视点

使用错误视点可以监视 Maple 错误. 当视点错误出现时, 调用调试器并显示错误出现的语句.

设置错误视点的命令是 stoperror. 调用 stoperror 命令的语法如下:

stoperror("errorMessage")

只要错误信息*errorMessage* 一出现, 调试器就被调用. 可以用名字 all 代替*error-Message*, 此时当任何错误出现时执行都将停止并调用调试器.

stoperror 命令返回目前设置的错误视点的列表; 如果调用 stoperror 时没有任何参数, 则它将返回所有错误视点.

```
>   stoperror("division by zero");
      [division by zero]
```

由 traperror 命令设置的错误陷阱不产生任何错误信息, 因此 stoperror 不能捕捉它们. 当陷阱错误出现时, 使用特殊命令 stoperror(trapeerror) 可以调用调试器.

用户也可以在调试器内设置错误视点. stoperror 调试器命令语法如下:

```
stoperror errorMessage
```
参数与通常的 stoperror 命令相同, 除了在错误信息两边不需要加引号.

unstoperror 命令 (或 unstoperror 调试命令) 清除错误视点. 参数与 stoperror 相同. 如果指定参数, unstoperror 命令将清除对应的错误视点并返回所有剩余的错误视点. 如果对 unstoperror 命令不指定任何参数, 则所有的错误视点都被清除.

```
> unstoperror();
     []
```

下面我们通过例子来说明错误视点的应用. 下面定义两个过程. 第一个过程 f, 计算 $1/x$. 另一个过程 g 调用 f 但是陷阱当 $x = 0$ 时出现的 "division by zero" 错误.

```
>  f := proc(x) 1/x end proc:
>  g := proc(x) local r;
>      r := traperror(f(x));
>      if r = lasterror then infinity
>      else r
>      end if
>  end proc:
```

当调用过程时, 得到 $x = 9$ 的倒数.

```
>  g(9);
```

$$\frac{1}{9}$$

当 $x = 0$ 时, 你得到了期待的 ∞.

```
>  g(0);
```

$$\infty$$

当直接调用过程 f 时, stoperror 命令停止了过程的执行.

```
>  stoperror("division by zero");
     [division by zero]

>  f(0);

Error, division by zero
f:
   1    1/x

DBG>  cont

Error, (in f) division by zero
```

从过程 g 中调用 f 是在 traperror 内部, 因此 "Division by zero" 错误不调用调试
器.

```
>   g(0);
        ∞
```

试用 stoperror(traperror) 命令替换.

```
>   unstoperror("division by zero");
        []
```

```
>   stoperror("traperror");
        [traperror]
```

现在 Maple 不在 f 的错误处停止,

```
>   f(0);

Error, (in f) division by zero
```

但是当陷阱错误出现时, Maple 调用调试器.

```
>   g(0);

Error, division by zero
f:
    1    1/x

DBG>  step

Error, division by zero
1
g:
    2    if r = lasterror then
          ...
         else
          ...
         end if

DBG>  step

Error, division by zero
g:
    3       infinity

DBG>  step
        ∞
```

12.2　检查和改变系统状态

当我们调用了调试器以后, 用户可以检查全局变量、局部变量和过程参数的状态. 用户也可以计算表达式的值, 确定过程的停止点 (在静态和动态的层次), 检查过程.

调试器可以计算任何 Maple 表达式的值并且完成给局部变量和全局变量的赋值. 计算一个表达式的值, 只要在调试提示符下输入表达式即可.

```
>   f := proc(x) x^2 end proc:
>   stopat(f);
     [f]

>   f(10);

f:
   1*    x^2

DBG>  sin(3.0)

 .1411200081
f:
   1*    x^2

DBG>  cont
    100
```

调试器可以对停止运行的过程中的任何变量名字求值. 参数或局部变量名字的值为它们在过程中的目前值. 全局变量名字的值为目前值. 环境变量, 例如 Digits 的值为停止运行过程的环境变量值.

如果一个表达式恰好对应于一个调试命令 (例如, 用户过程有一个局部变量名字 step), 你可以把它放在括号中求值.

```
>   f := proc(step)
>      local i;
>      for i to 10 by step do i^2 end do;
>   end proc:
>   stopat(f,2);
     [f]

>   f(3);

f:
   2*     i^2
```

```
DBG>   step

1
f:
   2*      i\symbol{94}2

DBG>   (step)

3
f:
   2*      i^2

DBG>   quit
```

当过程运行停止时, 你可以用赋值算子 (:=) 改变局部变量和全局变量的值. 下面的例子在循环中设置断点, 仅当指标变量等于 5 时中断.

```
>   sumn := proc(n)
>      local i, sum;
>      sum := 0;
>      for i to n do sum := sum + i end do;
>   end proc:
>   showstat(sumn);


sumn := proc(n)
local i, sum;
   1    sum := 0;
   2    for i to n do
   3      sum := sum+i
        end do
end proc

>   stopat(sumn,3,i=5);
       [f, sumn]

>   sumn(10);


10
sumn:
   3?     sum := sum+i
```

重设指标为 3, 使断点在以后才能遇到.

```
DBG>   i := 3

sumn:
   3?     sum := sum+i
```

```
DBG>   cont

17
sumn:
   3?     sum := sum+i
```

现在 Maple 把数字 1, 2, 3, 4, 3 和 4 相加. 再作一次, 过程加上 5, 6, 7, 8, 9 和 10 后结束.

```
DBG>   cont
     62
```

有两个调试命令可以给出执行状态的信息. list 调试命令显示过程停止的位置, where 调试命令显示过程激活的堆栈.

list 调试命令的用法如下:

```
list  procedureName statementNumber
```

除了未指定任何参数的情况以外, list 调试命令类似于 showstat. 而在此时, list 显示前 5 个语句、目前语句和下一个语句. 它提供了停止过程的某些内容, 换句话说, 它提供了执行停止的静态位置.

where 调试命令显示过程激活的堆栈. 从顶层开始, 它给用户显示调试器执行的语句以及它传递给调用过程的参数. where 调试命令对每一层过程调用重复这些内容直到目前过程的目前语句. 换句话说, 它标记了执行停止的动态位置. where 命令的语法如下:

```
where  numLevels
```

下面这个过程调用上面的 sumn 过程.

```
>   check := proc(i)
>       local p, a, b;
>       p := ithprime(i);
>       a := sumn(p);
>       b := p*(p+1)/2;
>       evalb( a=b );
>   end proc:
```

sumn 中有一个 (条件) 断点.

```
>   showstat(sumn);

sumn := proc(n)
local i, sum;
   1    sum := 0;
   2    for i to n do
   3?     sum := sum+i
        end do
```

```
end proc
```

当 check 调用 sumn 时, 断点调用了调试器.

```
>   check(9);

    10
    sumn:
      3?      sum := sum+i
```

where 调试命令告诉我们 check 从顶层被调用, 据有参数 "9", 然后 check 调用 sumn, 参数为 "23", 现在执行在 sumn 过程的语句 3 停止.

```
DBG>   where

    TopLevel: check(9)
        [9]
    check: a := sumn(p)
        [23]
    sumn:
      3?      sum := sum+i

DBG>   cont
        true
```

下面的例子说明了 where 命令在一个递归函数中的应用.

```
>   fact := proc(x)
>     if x <= 1 then 1
>     else x*fact(x-1) end if;
>   end proc:
>   showstat(fact);

fact := proc(x)
   1    if x <= 1 then
   2      1
        else
   3      x*fact(x-1)
        end if
end proc

>   stopat(fact,2);
        [f, fact, sumn]

>   fact(5);

fact:
   2*      1
```

```
DBG>  where

TopLevel: fact(5)
    [5]
fact: x*fact(x-1)
    [4]
fact: x*fact(x-1)
    [3]
fact: x*fact(x-1)
    [2]
fact: x*fact(x-1)
    [1]
fact:
   2*      1
```

如果你对递归过程调用的历史不感兴趣, 可以要求 where 仅显示某一个层次.
```
DBG>  where 3

fact: x*fact(x-1)
    [2]
fact: x*fact(x-1)
    [1]
fact:
   2*      1

DBG>  quit
```

showstep 命令 (或 showstop 调试命令) 显示目前所有断点、视点、错误视点.
在调试器外, showstop 命令用法如下:
```
showstop()
```
在调试器内, showstop 调试命令用法为
```
showstop
```
定义一过程
```
>  f := proc(x)
>     local y;
>     if x < 2 then
>        y := x;
>        print(y^2);
>     end if;
>     print(-x);
>     x^3;
>  end proc:
```

设置一些断点.

```
>   stopat(f):
>   stopat(f,2):
>   stopat(int);
        [f, fact, int, sumn]
```

设置一些视点.
```
>   stopwhen(f,y):
>   stopwhen(Digits);
        [Digits, [f, y], Digits, [f, a]]
```

设置一些错误视点.
```
>   stoperror("division by zero");
        [division by zero, traperror]
```

showstop 命令报告所有的断点和视点, 包括以前的过程 f.
```
>   showstop();

Breakpoints in:
    f
    fact
    int
    sumn
Watched variables:
    Digits
    y in procedure f
    Digits
    a in procedure f
Watched errors:
    "division by zero"
    traperror
```

12.3 控 制 执 行

当断点、视点或错误视点导致 Maple 的过程停止执行, 并调用调试器时, 它显示调试提示符或调试窗口. 当过程停止执行时, 用户可以检查变量的值或进行其他实验. 此时, 可以用几种方式让过程进一步执行.

下面的例子使用了两个过程.
```
>   f := proc(x)
>      if g(x) <25 then
>         print("less than five");
>         x^2;
>      end if;
>      x^3;
```

```
>   end proc:
>   g := proc(x)
>      2*x;
>      x^2;
>   end proc:
>   showstat(f);

f := proc(x)
   1    if g(x) < 25 then
   2       print("less than five");
   3       x^2
        end if;
   4    x^3
end proc

>   showstat(g);

g := proc(x)
   1    2*x;
   2    x^2
end proc

>   stopat(f);
      [f]
```

quit 调试命令退出调试器返回到 Maple 提示符. cont 调试命令让调试器继续执行过程直到遇到断点或视点, 或者过程正常终止.

next 调试命令执行目前的语句. 如果语句是控制结构 (if 语句或循环语句), 调试器执行控制结构中的任何语句, 一直到控制结构后的下一个语句. 同样的, 如果语句包含过程调用, 在执行再一次停止以前, 调试器执行它所调用的过程. 如果目前语句之后没有进一步执行的语句 (例如, 它是 if 语句分支中的最后一个语句, 或过程的最后一个语句), 则在调试器遇到下一个语句 (在上一个嵌套层次) 之前不会停止.

```
>   f(3);

f:
   1*    if g(x) < 25 then
            ...
         end if;
```

执行整个 if 语句, 包括调用过程 g.

```
   DBG>   next
         less than five
```

```
9
f:
   4    x^3

DBG>  quit
```

step 调试命令也执行目前语句. 然而, 执行在下个语句之前停止, 不论它是目前的、更深的或更浅的嵌套层次. 换句话说, step 命令跟踪进入嵌套语句或过程调用.

```
>  f(3);


f:
   1*    if g(x) < 25 then
          ...
         end if;\vspace{1mm}
```

为计算表达式 g(x)< 25 的值, Maple 需要调用过程 g, 因此下一个语句在 g 中显示.

```
DBG>  step

g:
   1    2*x;
```

在过程 g 中, 仅有一层, 因此 next 和 step 调试命令是等价的.

```
DBG>  next

6
g:
   2    x^2

DBG>  step

f:
   2       print("less than five");
```

从过程 g 中返回后, 进入 if 语句.

```
DBG>  quit
```

into 调试命令的作用界于 next 和 step 命令的中间. 在目前过程中, into 执行到下个语句, 不论它是在目前的嵌套层次还是在控制结构 (if 语句或循环) 内部. 换句话说, into 命令进入嵌套层次, 但不进入调用的过程.

```
>  f(3);
```

```
f:
  1*    if g(x) < 25 then
          ...
        end if;
```

直接进入 if 语句.
```
DBG>  into
```

```
f:
  2        print("less than five");
```

```
DBG>  quit
```

outfrom 调试命令导致目前嵌套层次的执行完成. 当达到浅的嵌套层次, 也就是说, 如果一个循环终止, if 语句的分支终止, 或目前的过程调用返回时, 过程执行停止.
```
>  f(3);
```

```
f:
  1*    if g(x) < 25 then
          ...
        end if;
```

跟踪进入 if 语句.
```
DBG>  into
```

```
f:
  2        print("less than five");
```

执行 if 语句中的两个语句.
```
DBG>  outfrom
    less than five
```

```
9
f:
  4    x^3
```

```
DBG>  quit
```

return 调试命令导致目前调用过程完成. 执行目前过程后的第一个语句停止.
```
>  f(3);
```

```
f:
   1*    if g(x) < 25 then
            ...
         end if;
```

跟踪进入过程 g.

```
DBG>   step

g:
   1    2*x;
```

由 g 返回 f.

```
DBG>   return

f:
   2       print("less than five");

DBG>   quit
```

有关调试命令的更详细用法可以参考帮助页 **?debugger**.

12.4　文件的操作

Maple 的大多数输入、输出库函数都可以对文件进行操作, 不过这里所说的文件不仅仅指磁盘上的文件, 还包括 Maple 的用户界面. 从输入、输出库函数的观点来看, 在大多数情况下, 我们根本无法区分两者. 你对实际文件进行的任何操作也同样可以对用户界面施行.

12.4.1　文件的类型和模式

1. 缓存文件和非缓存文件.

Maple 的输入输出库函数可以用两种方式来处理文件: 缓存方式和非缓存方式. Maple 在使用这两种方式处理文件时并没有区别, 只是在缓存方式下处理文件的速度比非缓存方式通常要快一些. 在缓存方式下, Maple 将数据收集到内存的缓冲区中, 当缓冲区被填满后, 再一次性的写到文件中. 以非缓存方式处理文件时, 我们把数据直接写到文件中, 此时我们还需要与底层的操作系统打交道. Maple 的大多数输入输出命令都是用缓存方式处理文件的. 缓存方式和非缓存方式的标识符分别为 STREAM 和 RAW.

2. 文本文件和二进制文件.

在许多操作系统中, 例如 DOS/Windows, Macintosh 和 VMS 等操作系统中文本文件和二进制文件是有区别的, 它们主要的差异是对新行字符的处理. 在 Maple

中, 新行字符代表一行的结束和新的一行的开始, 它是一个单一的字符.(在 Maple 中通常用字符串 "\n" 表示) 这个字符的 ASCII 码为 10. 然而在不同的操作系统中, 新行字符有不同的表示方式. 例如, 在 DOS/Windows 和 VMS 系统中新行字符表示为两个字符,ASCII 码值为 10 和 13. 而在 Macintosh 系统中新行字符表示为一个字符, 其 ASCII 码为 13.

Maple 的输入输出命令可以处理文本文件和二进制文件. 当 Maple 以文本文件的方式写新行字符时, 它根据底层操作系统对这个字符进行转换, 当 Maple 读文本文件时再把经过转换的新行字符改为 Maple 的新行字符. 对于二进制文件, Maple 的输入输出命令不进行任何字符的转换.

当 Maple 在 Unix 系统上运行时, Maple 不去区分文本文件和二进制文件. 这是因为, 在 Unix 系统中文本文件和二进制文件是相同的.

在 Maple 中, 文本文件和二进制文件的标识符为 TEXT 和 BINAR.

3. 读模式与写模式.

Maple 的输入输出命令可以用两种模式打开一个文件, 分别为读模式和写模式. 在读模式, 我们只能读出文件的内容, 而不能向文件中写数据. 在写模式, 我们既可以读文件的内容, 也可以向文件中写数据. 如果你企图向一个以只读方式打开的文件写数据, Maple 就会把这个文件关闭, 然后再用写模式打开这个文件.

在 Maple 中, 读模式和写模式的标识符为 READ 和 WRITE.

4. default 文件和 terminal 文件.

Maple 的输入、输出函数将 Maple 的用户界面也作为文件. 标识符 default 和 terminal 就对应于这个文件. default 对应于目前的输入流, 也就是 Maple 读入和执行的命令. terminal 对应于顶层的输入流, 也就是你启动 Maple 时的当前输入流. 当 Maple 以交互方式运行时, default 和 terminal 是等价的. 只有当我们用 read 语句从一个源文件读入命令时, default 和 terminal 才不等价, 此时 default 对应于读入的文件, 而 terminal 对应于会话区. 在 UNIX 环境下, 如果输入是从一个文件或管道线重定向得到的, terminal 就对应于这个文件或管道线.

12.4.2   打开和关闭文件

当我们读或写一个文件时, 我们必须首先打开这个文件. 通常我们用文件名来标识一个文件. 但是当我们要对文件做进一步操作时, 我们可以用文件描述符来代表文件. 当然你必须首先打开文件以便建立文件描述符.

打开文件的命令是 fopen 和 open. fopen 命令以缓存方式打开文件, open 以非缓存方式打开文件.

fopen 命令的用法是

fopen(fileName, accessMode, fileType)

其中fileName指定要打开的文件的名字. accessMode指定打开文件的方式, 它的值
只能是 READ, WRITE 和 APPEND, 这分别对应于读模式, 写模式和附加模式. 选项
fileType 可以是 TEXT 或 BINAR.

    如果你试图用读模式打开一个不存在的文件, fopen 命令会产生错误.

    如果你用写模式打开一个不存在的文件, Maple 将首先建立文件. 如果文件存
在, Maple 将删除原文件, 并建立新的文件. 如果你用 APPEND 方式打开文件, Maple
将保持原文件, 并将新的内容写入.

    open 命令的用法是

    open(fileName, accessMode)

除了不能指定fileType以外, open 命令的参数与 fopen 命令的参数是相同的. Maple
以非缓存方式打开文件时总是采用 BINAR 方式.

    fopen 和 open 命令打开文件时都返回一个文件描述符, 使用文件描述符, 我们
可以对文件做进一步的操作. 当然你也可以用文件名来工作.

>   f:=fopen('testFile.txt',WRITE);
$$f := 0$$

>   writeline(f,'This is a example');
$$18$$

>   fclose(f);

    当你完成对文件的操作时, 你应当关闭文件, 以便 Maple 把数据实际写到磁盘
上. 同时也可以释放系统资源 (因为操作系统可以同时打开的文件个数是有限的).
关闭文件的命令是 fclose 和 close. 这两个命令的用法是

    fclose(fileIdentifier)

    close(fileIdentifier)

其中fileIdentifier是文件描述符. 当你退出 Maple 或执行 restart 命令时, 系统
会自动关闭没有关闭的文件. 文件关闭以后, 文件描述就失去了与原文件的联系.

12.4.3 位置的确定与调整

    对应于打开的文件, 不论是写文件还是读文件, 我们都需要了解在文件指针目
前所处的位置. 任何读写文件的操作都会按照读写的字节向后移动文件指针的位置.
使用 filepos 命令可以确定文件指针的位置, 这个命令的用法是

    filepos(fileIdentifier, position)

其中fileIdentifier是文件的描述符或文件名, 如果它是文件名, 而你还没有打开
这个文件, Maple 将会以二进制只读的方式打开文件. position是一个选项, 如果你
没有指定position选项, Maple 将返回目前文件指针的位置. 如果你使用了position
选项, Maple 将把文件指针调整到你指定的位置并返回目前的位置. 通常这两个值

是一致的, 除非文件的大小比你所指定的position值小, 此时返回的文件尾的位置. position 的值可以是正整数, 也可以是 infinity, 后者对应的是文件尾.

例如下列命令返回了文件的长度.

```
> filepos('testFile.txt',infinity);
                    19
```

上面的例子说明了如何把文件指针移动到文件尾. 在编程过程中, 我们经常需要判断文件指针是否已经到达文件尾. feof 命令可以判断是否到达文件尾. feof 命令的用法是

```
feof( fileIdentifier )
```

其中fileIdentifier是文件名或文件描述符. feof 的返回值是 Boolean 值, 当到达文件尾它返回 Boolean 值 true, 否则返回的 Boolean 值为 false.

12.4.4   文件状态的确定

iostatus 命令可以返回目前所用文件的状态信息. 调用 iostatus 命令的方法是

```
iostatus()
```

iostatus 命令返回一个列表, 它包含下列元素:

iostatus()[1] Maple 输入、输出目前使用的文件个数.

iostatus()[2] 目前嵌套调用 read 命令的个数. (例如 read 命令读的文件当中还包含 read 语句.)

iostatus()[3] 操作系统所支持的 iostatus()[1]+iostatus()[2] 的上界.

当 $n > 3$ 时, iostatus()[n] 是目前使用的文件的信息列表.

iostatus()[n][1]   fopen 或 open 返回的文件描述符.

iostatus()[n][2] 文件名.

iostatus()[n][3] 文件种类 (STREAM, RAW或 DIRECT).

iostatus()[n][4] 操作系统所使用的文件指针或文件描述符. 文件指针的形式为 FP=integer 或 FD=integer.

iostatus()[n][5] 文件模式 (READ 或 WRITE).

iostatus()[n][6] 文件类型 (TEXT 或 BINAR).

12.4.5   移除文件

在我们编程的过程中, 许多文件是临时的, 当我们完成工作后就不需要这些文件了. 此时可以移除这些文件. 使用 fremove 命令可以完成这些工作. 这个命令的用法是

```
fremove( fileIdentifier )
```

其中 **fileIdentifier** 是你要移除的文件的名字或文件描述符. 如果目前这个文件是打开的,Maple 将关闭文件然后移除. 如果文件不存在, **fremove** 将产生错误.

12.5 输　　入

Maple 中有许多完成输入工作的命令. 最常用的命令是 readline, readstat 和 readdate. 此外 Maple 还可以按照字节输入或按照特定的方式输入.

12.5.1 按行输入

readline 命令从打开的文件中输入文本行, 所谓文本行指的是从行的第一个字符开始直到新行字符为止. Maple 把文本行的内容作为字符串返回. 如果没有新行可以读入, 它就返回 0 来代替字符串, 这标志读到了文件尾. 调用 readline 命令的语法是

    readline(fileIdentifier)

其中 **fileIdentifier** 是文件描述符或文件名. 你可以省略 **fileIdentifier**, 此时 Maple 使用 default 作为输入文件. 也就是说, readline() 与 readline(default) 是等价的.

如果你使用 −1 作为 **fileIdentifier**, Maple 也把 default 作为输入流, 但是 Maple 的命令行预处理程序对每个输入行进行预处理. 也就是说当命令行以 "!" 开始时就交给操作系统去处理, 当命令行以 "?" 开始时就直接调用 Maple 的帮助命令.

如果你调用 readline 时, 参数是文件名, 而且文件还没有打开, Maple 则用 READ 命令以 TEXT 方式打开. 如果 readline 返回 0(即已经读到文件尾), Maple 将自动关闭文件.

```
>   ShowFile:=proc(fileName::string)
>     local line;
>     do
>       line := readline(fileName);
>       if line = 0 then break end if;
>       printf("%s\n", line);
>     end do;
>   end proc:
```

12.5.2 输入 Maple 语句

readstat 可以从输入终端读单一的 Maple 语句, 对语句 Maple 会进行分析并计算, 然后返回计算的结果. 调用 readstat 命令的方法是

    readstat(prompt, ditto3, ditto2, ditto1)

其中 prompt 指定 readstat 语句的提示符. 如果你省略提示符参数, Maple 会用空白的提示符. 你可以提供或省略其他三个参数 ditto3, ditto2, ditto1. 如果你提供了这三个参数, 在 readstat 读语句中, Maple 用 %%%, %% 和 % 来引用它们的值. 你必须用列表的形式来包含它们的实际值. 例如你需要 % 的值为 2*x+3, %% 的值为 a,b, 那么在 readstat 语句中 ditto1 应为 [2*x+3], ditto2应为 [a,b]. 例如:

```
> readstat("Hello ",[A],[2*x+3],[a,b]);

Hello %%^2-%%%, %;
```

$$(2\,x+3)^2 - A,\, a,\, b$$

下面的例子说明了 readstat 在过程中的用法.

```
> InteractiveDiff:=proc( )
>   local a,b;
>   a := readstat("Please enter an expression:  ");
>   b := readstat("Differentiate with respect to:  ");
>   printf("The derivative of %a with respect to %a is %a\n", a,b,
>   diff(a,b))
> end proc:
> InteractiveDiff();

Please enter an expression: x^3+3*x;
Differentiate with respect to: x;


The derivative of x^3+3*x with respect to x is 3*x^2+3
```

12.5.3   输入表格数据

使用 readdata 命令可以输入表格数据, 表格文件应当是文本文件. readdata 命令的具体用法是:

```
readdata(fileidentifier, dataType, numColumns)
```

其中 fileidentifier是文件描述符或文件名, dataType只能是 integer 或 float, 当你省略这个参数时, readdata 假设数据类型为 float. numColumns表明表格被读入列数. 如果省略这个参数, readdata 将按照你指定数据类型的方式来确定读入数据的方式. 例如, 一个数据文件名为 data, 它包含下列数据

```
1    1.5    50.1
2    2.1    30.3
1    2.0    40.2
2    1.6    50.2
```

下面我们用多种方式来读入这个数据文件.

> L:=readdata('c:\\data',3);
$$L := [[1., 1.5, 50.1], [2., 2.1, 30.3], [1., 2.0, 40.2], [2., 1.6, 50.2]]$$

> L:=readdata('c:\\data',integer,2);
$$L := [[1, 1], [2, 2], [1, 2], [2, 1]]$$

> L:=readdata('c:\\data',[integer,float,float]);
$$L := [[1, 1.5, 50.1], [2, 2.1, 30.3], [1, 2.0, 40.2], [2, 1.6, 50.2]]$$

从上面的例子可以看出, Maple 将按照你的要求自动完成数据类型的转换, 并读入数据.

12.5.4　按照字节输入

使用 readbytes 命令, 可以按照字节来输入数据. 这个命令返回一个字符串或一系列整数. 当 readbytes 读到文件尾, 而无法读到新的数据时, 将返回值 0. readbytes 命令的调用方式为

```
readbytes(fileIdentifier, length, TEXT)
```
其中fileIdentifier文件描述符或文件名, length 是你需要读入的字节数, length 可以是 infinity, 它代表读入整个文件, 如果省略了 length, 则表示只读入一个字节. readbytes 的第三个参数 TEXT 表明 readbytes 返回的是一个字符串, 而不是一系列整数.

如果你调用 readbytes 打开文件时, 使用的是文件名, 而且这个文件没有被打开, Maple 将以 READ 方式打开文件, 如果你指定了第三个参数 TEXT, 那么 Maple 将以文本方式打开文件. 如果没有指定第三个参数 TEXT, Maple 将以二进制方式打开文件.

下面的例子使用 readbytes 命令将一个文件复制为另一个文件.

```
> CopyFile := proc( sourceFile::string, destFile::string )
>     writebytes(destFile, readbytes(sourceFile, infinity))
> end proc:
```

12.5.5　格式化输入数据

Maple 还提供了类似于 C 语言的格式化输入命令 fscanf, sscanf 和 scanf. 这三个命令的用法基本是一致的, 它们的区别在于 fscanf 处理来自于文件的表达式, sscanf 处理来自于串的表达式, 而 scanf 则处理来自于标准输入的表达式. 它们返回按照指定格式解析对象的列表. 如果它们得不到更多的输入, 就返回 0 来代替列表, 这标志着已经到达了文件尾. 这三个命令的调用方式为:

```
fscanf(fileIdentifier, format)
sscanf(string, format)
```

```
scanf( format)
```

其中 `fileIdentifier` 是文件名或文件描述符, `string` 是串. `format` 指定了 Maple 解析输入对象的方式. 它是一个 Maple 的串, 由一系列转义字符组成, 这些转义字符之间可以被其他字符所分隔. 每个转义字符具有下列形式:

```
%[*][width][modifiers]code
```

其中 `%` 表示转义字符的开始, 方括号里的内容代表一些选项. 其中 "*" 代表 Maple 扫描的对象, 但是不返回的部分, 事实上, 这部分被抛弃了.

选项 `width` 指定了最大的扫描长度, 使用这个选项可以把大的对象分割为小的片段分别处理.

`code` 可以表示整型、浮点型、字符类型、代数类型等各种数据类型.

整数类型包括:

`d` 代表十进制带符号的整数, 返回的是一个 Maple 整数.

`o` 代表八进制整数, 这个整数被转换为十进制整数, 作为 Maple 整数返回.

`x` 代表十六进制整数, 这个整数被转换为十进制整数, 作为 Maple 整数返回.

浮点型包括:

`e`, `f`, `g` 代表十进制带符号的浮点数, 他们也可以识别十进制小数形式和指数形式的浮点数. 返回的值是 Maple 的浮点数. 此外使用这些符号也可以识别 `inf` 和 `NaN` 等特殊形式的输入.

`y` 可以识别 IEEE 的十六进制浮点数, 返回值是 Maple 浮点数.

`he`, `hf`, `hg` 和 `hx` 是 Maple 中的一类特殊形式, 它们用来处理数组的情况. 有关它们的详细用法请参见 Maple 的帮助.

字符型包括:

`c` 可以识别字符类型的输入, 在它前面可以加一个表示宽度的数字, 这样 Maple 可以读如多个字符. 它的返回值是一个 Maple 的字符串.

`s` 可以识别字符串类型的输入, 遇到空白字符表示字符串的结束. 它的返回值是一个 Maple 的字符串.

`[char-list]` 可以用来匹配在字符串 char-list 中给出的任意一个字符, 直到出现了一个不在字符串 char-list 中的字符为止. char-list 可以用范围来表示, 例如 A-Z 表示所有的大写字母. 如果 char-list 以 `^` 开始, 那么 char-list 代表的就是不在这个字符列表中的所有字符.

代数类型包括:

`a` 可以识别任何 Maple 表达式, 当遇到空白字符时, 代表 Maple 表达式结束. 它的返回值是一个 Maple 的表达式.

`m` 可以识别以 Maple 的 ".m" 文件形式编码的一个 Maple 表达式, 它可以一直读入字符直到这个表达式可以完整解析出来, 使用这种方式, 宽度的限制失效.

选项 modifiers 表示返回值的类型, 可用的选项包括: l, L, zc, Z 等. 其中 l, L 表示返回值是长整型或长长整型, 这两个选项是为了与 C 语言兼容, 但在 Maple 中没有什么意义.

zc 或 Z 可以和任何表示数值的代码例如 d, o, x, e, f, g 联合使用, 它们的含义是扫描复数. z 形式首先扫描实部, 然后是由 c 所指定的一个字符, 最后是虚部. Z 形式首先也是扫描实部, 然后是 "+" 号或 "–" 号, 最后是虚部.

下面的例子可以说明格式化输入命令的用法. 这个程序可以用来从表格文件中读取数据, 数据的格式是: 每一行的第一个数据是一个正整数, 指定了这一行中其他数据的个数, 数据之间的分割符是逗号.

```
> ReadRows:=proc(fileName::string)
>   local A, count, row, num;
>   A:=[];
>   do
>     count:=fscanf(fileName,"%d");
>     if count=0 then break end if;
>     if count=[] then
>         error "integer expected in file"
>     end if;
>     count:=count[1];
>     row:=[];
>     while count >0 do
>       num:=fscanf(fileName,",%e");
>       if num=0 then
>           error "unexpected end of file"
>       end if;
>       if num=[] then
>           error "number expected in file"
>       end if;
>       row:=[op(rom),num[1]];
>       count:=count-1
>     end do;
>     A:=[op(A),row]
>   end do;
>   A
> end proc:
```

12.6 输 出

Maple 有许多完成输出的命令, 最常用的有: lprint, print, writeline, writebyte

和格式化输出命令 printf, fprintf. 此外由 interface 配置的一些参数对于输出命令的效果也有影响. 用 interface 设置参数的方法是

> interface(variable = expression)

有关的 variable 和 expression 的具体用法将在相应的输出命令中介绍, 读者也可以用 ?interface 来察看帮助.

12.6.1 一维输出命令

lprint 命令以一维的方式输出 Maple 的表达式. 所谓的一维方式非常类似于用户在 Maple 中输入命令的方式. 通常情况下, lprint 产生的输出和用户的输入是一致的. lprint 的调用方法是

> lprint(expressionSequence)

其中 expressionSequence 是一个或多个 Maple 的表达式, lprint 将把这些表达式依次在打印出来, 通常是输出到缺省界面屏幕上. 事实上我们可以使用 writeto或 appendto 命令改变缺省的输出为一个文件.

interface 的参数 screenwidth 对 lprint 的输出有些影响, 它会改变输出的宽度. 例如

```
> lprint(expand((x+y)^5));

x^5+5*x^4*y+10*x^3*y^2+10*x^2*y^3+5*x*y^4+y^5

> interface(screenwidth=30);
> lprint(expand((x+y)^5));

x^5+5*x^4*y+10*x^3*y^2+10*x^2
*y^3+5*x*y^4+y^5
```

12.6.2 二维输出命令

print 命令可以把 Maple 的表达式以二维的形式输出, 输出的效果就像我们在屏幕上看到的样子. 这个命令的使用方法是

> print(ExpressionSequence);

对于print 命令, 有许多interface 参数会影响它的输出效果, 这些参数包括: prettyprint, indentamount, labelling, labelwidth, screenwidth 和verboseproc.

prettyprint 的值可以是 $0, 1, 2$. 它的缺省值是 2. 如果 interface(prettyprint=0), 那么 print 的作用和 lprint 的作用是相同的. 至于 prettyprint 为 1 的效果可以从下面的例子中看出.

```
> print(expand((x+y)^5));
```
$$x^5 + 5\,x^4\,y + 10\,x^3\,y^2 + 10\,x^2\,y^3 + 5\,x\,y^4 + y^5$$

```
> interface(prettyprint=0);
> print(expand((x+y)^5));
```

x^5+5*x^4*y+10*x^3*y^2+10*x^2*y^3+5*x*y^4+y^5

```
> interface(prettyprint=1);
> print(expand((x+y)^5));
```

$$x^5 + 5x^4y + 10x^3y^2 + 10x^2y^3 + 5xy^4 + y^5$$

对于其他参数的作用, 我们就不再详细说明, 请读者参考 interface 的帮助.

12.6.3 格式化输出命令

Maple 也有类似于 C 语言的格式化输出函数 printf 和 fprintf. 这两个命令的用法是一致的, 唯一的区别是 printf 是面向屏幕, 而 fprintf 是面向文件. 它们的一般调用方法是:

printf(format, expressionSequence)

fprintf(fileIdentifier, format, expressionSequence)

在 fprintf 中的 fileIdentifier 是文件名或文件描述符, expressionSequence 是 Maple 的表达式序列, format 指定了 Maple 输出的方式, 它的一般形式为

%[flags][width][.precision][modifiers]code

其中 % 表示转义字符的开始.

flags 的可能值有 +, −, {}. 如果 flags 是 +, 则对于数字的输出, 它会在数字前面加上 "+" 或 "−" 号. 如果没有 flags 标志, 则对于数字的输出, 只在负数前面加上 "−" 号. 如果 flags 是 −, 输出是左对齐, 而不是右对齐. 如果 flags 是花括号, 这种情况是用来处理 rtable 的输出, 有关的细节可以参考 ?rtable_printf 的帮助, 我们在这里就不再详细介绍.

width 选项指定了这个域输出的最小宽度, 如果输出的字符宽度比 width 指定的宽度小, Maple 将在左边或右边补充空格 (如果 flags 是 "−").

precision 选项指定了浮点数的输出精度.

modifiers 选项指定输出值的类型, 它可能的取值是 l, L, zc, Z, 它们的用法和 sscanf 中 modifiers 选项的用法是一致的, 我们在这里就不做详细说明了.

code 选项可以表示整型、浮点型、字符类型、代数类型等各种数据类型.

整型包括:

d 把对象按照十进制带符号的整数输出.

o 把对象按照八进制无符号整数输出.

x 把对象按照十六进制无符号整数输出.

浮点型包括:

e，f，g 把对象按照十进制带符号的浮点数输出, 他们可以采用十进制小数形式或指数形式输出浮点数. 此外使用这些符号也可以输出 inf 和 NaN 等特殊形式.

y，Y 可以把对象按照 IEEE 的十六进制浮点数形式输出.

字符型包括:

c 可以把对象按照字符类型输出.

s 可以把对象按照字符串类型输出, 它的输出方式会受到 width 的影响.

代数类型包括:

a 可以输出任何 Maple 表达式.

m可以按照 Maple 的 ".m" 文件形式输出 Maple 的表达式.

由于 printf 命令的用法和 C 语言中的 printf 函数的用法基本是一致的, 因此我们在这里没有详细的说明, 读者可以按照 C 语言中的习惯来使用这些函数.

12.7 Maple 的实用程序

Maple 系统提供两个实用程序: march 和 mint.

12.7.1 March

march 是 Maple 的库管理程序, 在 Maple V Release 5.1 以前的版本中, march 是一个独立的程序, 在 Maple 6 以后的版本中, march 是一个 Maple 的命令, 不再是独立的程序. 不论是哪一个 Maple 版本, 其 march 的用法是基本相同的.

march 的主要用途是管理 Maple 的 m 文件. 用 Maple 语言编写的 Maple 程序都可以存储为 m 文件的形式, march 可以把 m 文件打包形成一个库文件. march 的使用方法是:

```
march -c archive_dir table_size
march -a archive_dir filename indexname
march -u archive_dir filename indexname
march -l archive_dir
march -x archive_dir indexname filename
march -d archive_dir indexname
march -p archive_dir
march -r archive_dir
```

其中 archive_dir 是 Maple 库的目录, table_size 是 m 文件的大致数量. filename 是要插入或展开的 m 文件的名字. indexname 是记录 Maple 库中 Maple 程序文件名字索引的文件名.

-c 选项在指定的目录下建立一个新的库文件及索引文件, table_size 参数近似指定了你要打包的文件数量, 但是它对要打包文件的个数没有限制. 这个命令仅仅是建立一个索引文件以便存储相应数量的文件. 如果老的库文件和索引文件在这个目录下存在, march 将不建立新的打包文件和索引文件. 只有删除了这个目录下的 maple.lib 和 maple.ind 文件, 才能建立新的打包文件.

虽然 -c 选项建立了新的库文件和索引文件, 但是这些库文件和索引文件中并没有包含 m 文件, 只有使用 -a 选项才能将 m 文件加入到库文件和索引文件中. 在库文件中存储了 m 文件, 在索引文件中存储了 m 文件的索引名.

-u 选项可以更新库文件中的某个 m 文件. 如果新的 m 文件比旧的 m 文件小或字节数相同, 在库文件中它将存储在旧 m 文件所在的位置. 否则将把新 m 文件存储在库文件的后面.

-l 选项可以列出库文件中所有 m 文件的目录. 这些 m 文件的次序按照其在索引文件中的次序排列. -l 选项产生的输出有 5 列组成. 分别是名字、日期、时间、位置、大小. 名字是 m 文件在索引文件中的索引名. 日期和时间标志 m 文件加入库的时间. 位置表示 m 文件在库文件 maple.lib 中存储的位置. 最后一项是 m 文件的字节数.

-x 选项可以从库文件中提取出指定的 m 文件. 用索引名指定要提取的 m 文件, 此外还需要指定一个文件名来存储提取出来的 m 文件.

-d 选项可以从库文件中删除指定的 m 文件. 要删除的 m 文件名由索引名来指定. 删除以后库文件的大小并没有变化, 被删除的 m 文件在库文件中所占的空间并没有删除, 这将造成空间的浪费. 只有使用 -p 选项压缩库文件, 才能消除这些浪费的空间. 通常对库文件进行了更新和删除操作后, 都应当用 -p 选项进行压缩.

-r 选项可以重新检索库文件, 它扫描原来的索引文件, 然后产生一个新的经过优化的索引文件, 这将提高 Maple 搜索库文件的速度.

12.7.2　Mint

mint 是一个独立的 Maple 应用程序, 它可以用来对程序代码进行分析, 从中发现语法错误.

在 Windows 环境下调用 mint 有两种方法, 一种方法是从程序菜单中找到 mint, 执行后会出现一个交互式的窗口, 在这个环境下, 用户可以输入 Maple 的程序代码, mint 会检查程序代码中的语法错误, 并显示分析的结果. 在这种交互式窗口环境下, 使用 quit 命令无法退出这个环境, 可以使用 Ctrl Z 来退出. 当然以这种方式使用 mint 是非常笨拙的. 另一种调用 mint 的方法是在 DOS 环境下输入

```
mint filename
```

其中 `filename` 是用户需要分析的程序代码, `mint` 会在 DOS 窗口下显示出分析的结果. 我们也可以使用重定向方式把分析的结果存储在文件中, 用法是

    mint filename >outfile

在调用 `mint` 时可以使用许多参数, 最常用的参数是 `-i info-level`, `info-level` 可以取下列值:

    0 不显示任何信息;
    1 只显示不容置疑的错误;
    2 显示不容置疑的错误和严重的错误 (这是缺省的情况);
    3 显示警告和错误;
    4 显示变量的使用情况、警告和错误信息.

`mint` 还有其他许多选项, 有关细节请参考 `?mint` 帮助.

第十三章 图形编程

Maple 提供了大量的命令产生二维和三维图形. 对于数学表达式, 可以用 Maple 的命令产生图形, 这些命令包括: plot, plot3d, 在 plots 和 plottools 程序包中提供的命令, 以及 DEtools (微分方程程序包) 和 stats (数据统计) 中的命令. 这些命令的输入通常为一个或多个 Maple 公式, 算子或函数, 以及关于图形区域和范围的信息. 在所有情况下, 绘图命令容许设置选项, 指定色彩, 阴影或坐标类型等.

在本章中, 我们首先研究 Maple 图形的数据结构, 以及建立这些数据结构的各种技术. 我们还要编写自己的图形过程, 并讨论处理图形的一些基本信息的方法. 这涉及到参数变换, 省确值设定, 图形选项处理等.

13.1 Maple 的图形数据结构

Maple 生成的图形以未求值的 PLOT 和 PLOT3D 函数调用的形式传递给用户界面 (Iris). 包含在这些函数内的信息决定了它们所绘制的图形对象. 在 plots 程序包中的每个命令都创造这样的函数.

Maple 产生图形输出的过程如下: 首先, 用 Maple 命令产生一个 PLOT 结构, 把它传送给用户界面 (Iris). 在用户界面, Maple 构造基于 PLOT 结构的原始图形对象. 然后把这些图形对象传递给选定的图形设备来显示. 这个过程在下面的图示中展示.

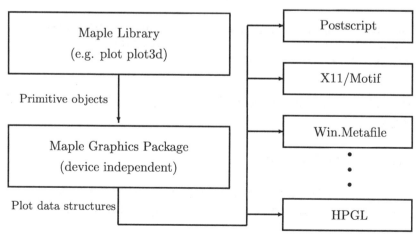

用户可以把图形数据结构赋值给变量, 转换为其他结构, 保存它们, 甚至打印出来.

通过行打印, 我们可以看到二维或三维图形结构.

```
>  lprint( plot(2*x+3, x=0..5, numpoints=3, adaptive=false));

PLOT(CURVES([[0, 3.], [2.615658500000000, 8.231317000000001], [5.,
13.]],COLOUR(RGB,1.0,0,0)))
```

这里, plot 命令生成 PLOT 数据结构, 它包含了由三点定义的一条曲线, 以及由红绿蓝 RGB 值 (1.0,0,0) 决定的曲线颜色红色. 图形有一条从 0 到 5 的横轴. 省确情况下, Maple 由曲线在竖轴上的分量来决定竖轴的比例. 而 numpoints=3 和 adaptive=false 设置使得曲线仅由三点组成.

第二个例子是 $z = xy$ 在 3×2 网格上的图形. PLOT3D 结构包含了在矩形区域 $[0,1] \times [0,2]$ 上一个 z 值的网格.

```
>  lprint( plot3d(x*y, x=0..1, y=0..2, grid=[3,4]) );

PLOT3D(GRID(0 .. 1.,0 .. 2.,[[0, 0, 0, 0], [0, .3333333333333333,
.6666666666666666, 1.], [0, .6666666666666666, 1.333333333333333,
2.]]),AXESLABELS(x,y,''))
```

结构中还包含了对于平面的 x 和 y 轴的标记, 但是没有 z 轴的标记.

第三个例子还是图形 $z = xy$, 但这次是用柱坐标. PLOT3D 现在包含了绘制曲面的网格点, 以及图形设备以点方式显示曲面的信息.

```
>  lprint( plot3d( x*y, x=0..1, y=0..2, grid=[3,2],
>                      coords=cylindrical, style=point ) );

PLOT3D(MESH([[[0, 0, 0], [0, 0, 2.]], [[0, 0, 0], [.8775825618903728,
.4794255386042030, 2.]], [[0, 0, 0], [1.080604611736280,
1.682941969615793, 2.]]]),STYLE(POINT))
```

由于图形不是用 Cartesian 坐标, 因此没有省缺标记, 并且 PLOT3D 结构不包含任何 AXESLABELS.

13.1.1 PLOT 数据结构

用户可以构造和操作图形数据结构以直接建立二维和三维图形. 你所需要的是在 PLOT 和 PLOT3D 函数中正确的管理几何信息. 在这些函数中的信息决定了图形设备显示的对象. 这里, Maple 计算了表达式的值

```
>  PLOT( CURVES( [ [0,0], [2,1] ] ) );
```

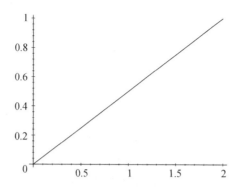

并且传递给 Maple 界面, Maple 界面确定这是一个图形数据结构. 然后剥去它的外衣把信息传递给图形驱动程序, 由驱动程序确定在图形设备上将要显示的图形信息. 在这个例子中, 结果是从原点到 (2,1) 的直线. CURVES 数据结构由一个或多个生成曲线的点的列表组成, 还可以包括某些选项 (例如, 线形或线的粗细信息). 于是, 表达式

```
> n := 200:
> points := [ seq( [2*cos(i*Pi/n), sin(i*Pi/n) ],i=0..n) ]:
> PLOT( CURVES( evalf(points) ) );
```

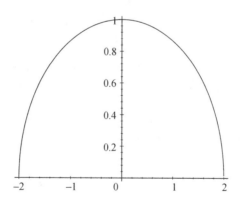

生成在平面上 $n+1$ 个点的序列.

在 PLOT 数据结构中的点必须是数值的. 如果你省略了 evalf 语句, 则非数值的对象例如 $\sin(\pi/200)$ 将进入 PLOT 结构, 导致一个错误.

```
> PLOT( CURVES( points ) );
```

Plotting error, non-numeric vertex definition

```
> type( sin(Pi/n), numeric );
```
   false

因此, 没有图形产生.

一般地, PLOT 结构中的参数都具有下列形式

ObjectName(ObjectInformation, LocalInformation)

这里ObjectName是一函数名,PLOT 结构中主要的对象有CURVER, POLYGONS, POINTS 或 TEXT; 在 ObjectInformation 中包含了对象的基本几何信息; 而选项 LocalInformation包含了作用于这个对象的选项信息. ObjectInformation的结构 依赖于ObjectName. 当 ObjectName 为 CURVES 或 POINTS 时, ObjectInformation由 一个或多个二维点的列表组成. 每个列表提供了在平面上确定一条曲线的点集. 类 似地, 当 ObjectName 是 POLYGONS 时, 对象信息由一个或多个点的列表组成, 每个列 表描述了平面上一个多边形的顶点. 当 ObjectName 是 TEXT 时, ObjectInformation 由一个点的位置和一个文本串组成.

选项信息也是以未求值函数调用的形式出现. 在二维情况下, 选项包括 AXESSTYLE, STYLE, LINESTYLE, THICKNESS, SYMBOL, FONT, AXESTICKS, AXESLABELS, VIEW 和SCALING.

你也可以把这些选项作为 POINTS, CURVES, TEXT, 或 POLYGONS 对象的 LocalInformation; LocalInformation 覆盖了这些对象提交的全局选项. 当你把 COLOR 选项放在对象中时, 它容许进一步的形式. 当一个对象有多重子对象时 (例如 多个点, 线和多边形), 对每个对象都可以提供一个颜色值.

下面是用一种简单的方式生成函数 $y = \sin(x)$ 的从 0 到 6.3 的拥有 63 个值的 完全直方图. Maple 对每个梯形用与 $y = |\cos(x)|$ 对应的 HUE 值着色.

```
>  p := i-> [ [(i-1)/10, 0], [(i-1)/10, sin((i-1)/10)],
>            [i/10, sin(i/10)], [i/10, 0] ]:
```

现在 p(i) 是第 i 个梯形的四个点的列表. 例如 p(2) 包含了第二个梯形的角.

```
>  p(2);
```
$$\left[\left[\frac{1}{10}, 0\right], \left[\frac{1}{10}, \sin\left(\frac{1}{10}\right)\right], \left[\frac{1}{5}, \sin\left(\frac{1}{5}\right)\right], \left[\frac{1}{5}, 0\right] \right]$$

定义函数 h 给出每个梯形的颜色.

```
>  h := i-> abs( cos(i/10) ):
>  PLOT( seq( POLYGONS( evalf( p(i) ),
>                COLOR(HUE, evalf( h(i) )) ),
>           i = 1..63) );
```

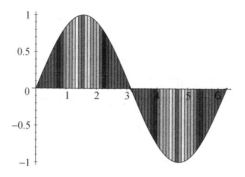

下面我们通过一个例子来说明如何定义一个过程以直接建立 PLOT 数据结构.

给出一个级数求和的公式, 我们可以计算部分和, 把部分和的值置入 CURVES 结构中, 从而建立 PLOT 数据结构. 这样我们就可以画出级数部分和的图形.

```
>    s := Sum( 1/k^2, k=1..10 );
```
$$s := \sum_{k=1}^{10} \frac{1}{k^2}$$

使用 typematch 命令拆分出和式的每一部分.

```
>    typematch( s, 'Sum'( term::algebraic,
>              n::name=a::integer..b::integer ) );
```
    true

typematch 命令把和式的每一分支赋值给指定的名字.

```
>    term, n, a, b;
```
$$\frac{1}{k^2}, k, 1, 10$$

现在可以计算部分和了.

```
>    sum( term, n=a..a+2 );
```
$$\frac{49}{36}$$

下面定义一个过程, psum 计算第 m 项部分和的浮点值.

```
>    psum := evalf @ unapply( Sum(term, n=a..(a+m)), m );
```
$$\mathrm{psum} := evalf@ \left(m \rightarrow \sum_{k=1}^{1+m} \frac{1}{k^2} \right)$$

现在可以建立必要的点列表.

```
>    points := [ seq( [[i,psum(i)], [i+1,psum(i)]],
>    i=1..(b-a+1) ) ];
```

points := [[[1, 1.250000000], [2, 1.250000000]], [[2, 1.361111111], [3, 1.361111111]],

    [[3, 1.423611111], [4, 1.423611111]], [[4, 1.463611111], [5, 1.463611111]],

    [[5, 1.491388889], [6, 1.491388889]], [[6, 1.511797052], [7, 1.511797052]],

    [[7, 1.527422052], [8, 1.527422052]], [[8, 1.539767731], [9, 1.539767731]],

    [[9, 1.549767731], [10, 1.549767731]], [[10, 1.558032194], [11, 1.558032194]]]

```
> points := map( op, points );
```

points := [[1, 1.250000000], [2, 1.250000000], [2, 1.361111111], [3, 1.361111111],

    [3, 1.423611111], [4, 1.423611111], [4, 1.463611111], [5, 1.463611111],

    [5, 1.491388889], [6, 1.491388889], [6, 1.511797052], [7, 1.511797052],

    [7, 1.527422052], [8, 1.527422052], [8, 1.539767731], [9, 1.539767731],

    [9, 1.549767731], [10, 1.549767731], [10, 1.558032194], [11, 1.558032194]]

下面我们验证一下这个列表是否具有正确的形式?

```
> PLOT( CURVES( points ) );
```

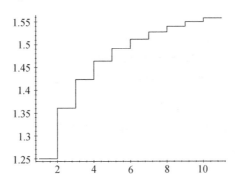

显然上面的图形就是我们希望的.

    下面我们编写 sumplot 过程以自动完成上述这些工作.

```
> sumplot := proc( s )
>     local term, n, a, b, psum, m, points, i;
>     if typematch( s, 'Sum'( term::algebraic,
>           n::name=a::integer..b::integer ) ) then
>        psum := evalf @ unapply( Sum(term, n=a..(a+m)), m );
>        points := [ seq( [[i,psum(i)], [i+1,psum(i)]],
>           i=1..(b-a+1) ) ];
>        points := map(op,points);
>        PLOT( CURVES( points ) );
>     else
>       error "expecting a Sum Structure as input" )
>     end if
```

```
>  end proc:
```

下面是一个交错级数的 sumplot 图.

```
>  sumplot( Sum((-1)^k/k, k=1..25));
```

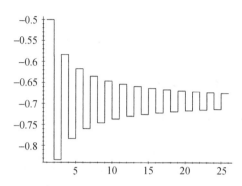

这个和的极限是 $-\ln 2$.

```
>  Sum((-1)^k/k, k=1..infinity):  "=value(");
```

$$\sum_{k=1}^{\infty} \frac{(-1)^k}{k} = -\ln(2)$$

关于 PLOT 数据结构的更多的细节见 ?plot,structure.

13.1.2　PLOT3D 数据结构

三维图形的数据结构与 PLOT 数据结构在许多方面是类似的. 出现在 PLOT3D 数据结构中的对象的名字包括了所有在 PLOT 数据结构中出现的对象. 于是 POINTS, CURVES, POLYGONS 和 TEXT 也可以在 PLOT3D 调用中使用. 像二维情况一样, 当对象名字是 CURVES 或 POINTS 时, 点的信息由一个或多个三维点的列表组成. 每个列表提供的点集确立三维空间的一条曲线. 在 POLYGONS 结构的情形, 点的信息由一个或多个三维点的列表组成. 此时每个列表描述了三维空间中一个多边形的顶点.

于是, 下列的 Maple 表达式可以生成了一个三维图形: 它由三条直线组成, 并且坐标轴的形式为 frame.

```
>  PLOT3D( CURVES( [ [3, 3, 0], [0, 3, 1],
>                    [3, 0, 1], [3, 3, 0] ] ),
>       AXESSTYLE(FRAME) );
```

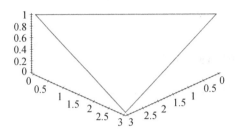

利用 POLYGONS 命令, 下列过程建立了一个盒子的侧面, 并且涂上黄色.

```
>   yellowsides := proc(x, y, z, u)
>      # (x,y,0) = coordinates of a corner.
>      # z = height of box
>      # u = side length of box
>       POLYGONS(
>         [ [x,y,0], [x+u,y,0], [x+u,y,z], [x,y,z] ],
>         [ [x,y,0], [x,y+u,0], [x,y+u,z], [x,y,z] ],
>         [ [x+u,y,0], [x+u,y+u,0], [x+u,y+u,z], [x+u,y,z] ],
>         [ [x+u,y+u,0], [x,y+u,0], [x,y+u,z], [x+u,y+u,z] ],
>              COLOR(RGB,1,1,0) );
>   end:
```

redtop 生成盒子的红色的盖子.

```
>   redtop := proc(x, y, z, u)
>      # (x,y,z) = coordinates of a corner.
>      # u = side length of square
>       POLYGONS( [ [x,y,z], [x+u,y,z], [x+u,y+u,z], [x,y+u,z] ],
>              COLOR(RGB, 1, 0, 0) );
>   end:
```

现在可以把侧面和顶部置入一个 PLOT3D 结构中一起显示它们.

```
>   PLOT3D( yellowsides(1, 2, 3, 0.5),
>           redtop(1, 2, 3, 0.5),
>           STYLE(PATCH) );
```

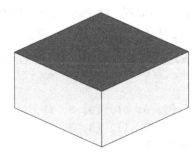

使用 yellowsides 和 redtop 过程还可以建立三维直方图. 下面是对应于函数
$z = 1/(x+y+4)$, $0 \leqslant x \leqslant 4$, $0 \leqslant y \leqslant 4$. 的直方图.

```
> sides := seq( seq( yellowsides(i, j, 1/(i+j+4), 0.75), j=0..4),
  i=0..4):
> tops := seq( seq( redtop( i, j, 1/(i+j+4), 0.75), j=0..4 ), i=
  0..4 ):
```

当使用盒式坐标轴时直方图看上去比较好看. 坐标轴可以用 AXESSTYLE 生成.

```
> PLOT3D( sides, tops, STYLE(PATCH), AXESSTYLE(BOXED) );
```

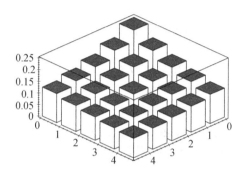

可以很容易的修改上述构造以建立 listbarchart3d 过程. 对于高度列表的列
表, 这个过程产生三维条形图.

在 PLOT3D 结构中还有两个额外的对象. GRID 是描述函数栅格的结构, 它由 xy
平面的两个定义栅格的范围和一个在这些栅格处 z 值列表的列表组成. 在下列例子
中, LL 包含 4 个列表, 每个长度为 3. 因此栅格是 4×3, x 的范围是 1 到 3, 增量为
2/3, y 的范围是 1 到 2, 增量为 1/2.

```
> LL := [ [0,1,0], [1,1,1], [2,1,2], [3,0,1] ]:
> PLOT3D( GRID( 1..3, 1..2, LL ), AXESLABELS(x,y,z),
>         ORIENTATION(135, 45), AXES(BOXED) );
```

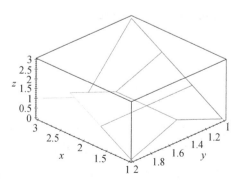

MESH 结构由三维点列表的列表组成, 它描述了三维空间中的曲面.

```
>  LL :=[ [ [0,0,0], [1,0,0], [2,0,0], [3,0,0] ],
>          [ [0,1,0], [1,1,0], [2.1, 0.9, 0],
>                               [3.2, 0.7, 0] ],
>          [ [0,1,1], [1,1,1], [2.2, 0.6, 1],
>                               [3.5, 0.5, 1.1] ] ];
```

LL := [[[0, 0, 0], [1, 0, 0], [2, 0, 0], [3, 0, 0]], [[0, 1, 0], [1, 1, 0], [2.1, .9, 0], [3.2, .7, 0]], [[0, 1, 1], [1, 1, 1], [2.2, .6, 1], [3.5, .5, 1.1]]]

MESH 结构表示对所有有意义的 i, j 值, 由

$$LL_{i,j}, LL_{i,j+1}, LL_{i+1,j}, LL_{i+1,j+1}$$

张成的四边形.

```
>  PLOT3D( MESH( LL ), AXESLABELS(x,y,z), AXES(BOXED),
>          ORIENTATION(-140, 45) );
```

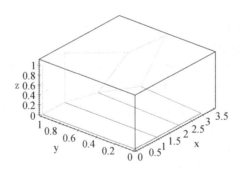

所有在 PLOT 中可用的选项在 PLOT3D 中也可使用. 此外还可使用 GRIDSTYLE, LIGHTMODEL 和 AMBIENTLIGHT 选项. 对 PLOT3D 结构各种选项的细节, 参见 ?plot3d, structure.

13.2　图形数据结构编程

在这一节中, 我们介绍在 PLOT 和 PLOT3D 数据结构层编程的基本方法. 图形数据结构的优点是容许直接使用 Maple 图形工具提供的所有函数. 在上一节中的例子展示了 Maple 图形工具扩充的能力. 这里我们提供两个复杂例子来描述如何在底层编程.

13.2.1 画齿轮

这个例子展示如何操作图形数据结构以把二维图形嵌入到三维图形中. 首先我们定义一个过程建立二维齿轮结构图形的一小段边界.

```
> outside := proc(a, r, n)
>     local p1, p2;
>     p1 := evalf( [ cos(a*Pi/n), sin(a*Pi/n) ] );
>     p2 := evalf( [ cos((a+1)*Pi/n), sin((a+1)*Pi/n) ] );
>     if r = 1 then p1, p2;
>     else p1, r*p1, r*p2, p2;
>     fi
> end:
```

例如:

```
> outside( Pi/4, 1.1, 16);
```

[.9881327882, .1536020604], [1.086946067, .1689622664], [1.033097800, .3777683623],
    [.9391798182, .3434257839]

```
> PLOT( CURVES( ["] ), SCALING(CONSTRAINED) );
```

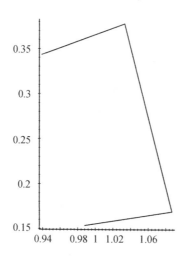

当你把这些片段连接在一起时, 就得到了一个齿轮. 这里 SCALING(CONSTRAINED) 对象对应于选项 scaling=constrained, 它用来保证齿轮看上去是圆的.

```
> points := [ seq( outside(2*a, 1.1, 16), a=0..16 ) ]:
> PLOT( CURVES(points), AXESSTYLE(NONE), SCALING(CONSTRAINED) );
```

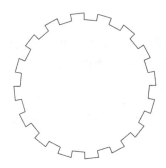

　　我们还需要用 POLYGONS 来填充这个对象. 然而, 由于 Maple 假设多边形对象是凸的, 因此我们必须画齿轮的每个楔形的片段为三角形.

```
> a := seq( [ [0, 0], outside(2*j, 1.1, 16) ], j=0..15 ):
> b := seq( [ [0, 0], outside(2*j+1, 1, 16) ], j=0..15 ):
> PLOT( POLYGONS(a,b), AXESSTYLE(NONE), SCALING(CONSTRAINED) );
```

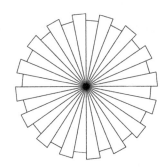

　　对上述结构添加 STYLE(PATCHNOGRID), 并且和第一幅图中的曲线组合起来就得到了填充的齿轮形结构. 为了把它嵌入到三维空间中, 比如加厚 t 个单元, 可以使用下列过程:

```
> double := proc( L, t )
>    local u;
>    [ seq( [u[1], u[2], 0], u=L ) ],
>    [ seq( [u[1], u[2], t], u=L ) ];
> end proc:
```

它提取了一系列顶点, 在三维空间中建立了两个备份, 一个高度为 0, 另一个高度为 t,

```
> border := proc( L1, L2 )
>    local i, n;
>    n := nops(L1);
>    seq( [ L1[i], L2[i], L2[i+1], L1[i+1] ], i = 1..n-1 ),
>      [ L1[n], L2[n], L2[1], L1[1] ];
```

```
>   end proc:
```

border 过程从两个列表中挑选对应的顶点, 把它们联接起来构成了四边形. 现在可以建立在三维空间中的齿轮的顶部和底部.

```
>   faces :=
>   seq( double(p,1/2),
>        p=[ seq( [ outside(2*a+1, 1.1, 16),[0,0] ], a=0..16 ),
>            seq( [ outside(2*a, 1,16), [0,0] ], a=0..16 )] ):
```

现在 faces 是双重的序列, 构成齿轮的顶部和底部.

```
>   PLOT3D( POLYGONS( faces ) );
```

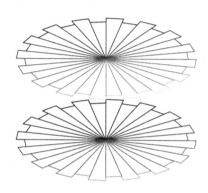

在前面定义的 points 是齿轮的轮廓点. 对这些点加倍, 所得到的多边形的顶点确立了三维齿轮的边缘.

```
>   bord := border( double( [ seq( outside(2*a+1, 1.1, 16),
>                                  a=0..15 ) ], 1/2) ):
>   PLOT3D( seq( POLYGONS(b), b=bord ) );
```

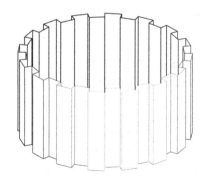

为了显示齿轮, 还需要把这些放在单一的 PLOT3D 结构中. 对于齿轮的顶部和底部, 使用 STYLE(PATCHNOGRID) 作为局部选项, 这样可以不显示三角形.

```
>   PLOT3D( POLYGONS(faces, STYLE(PATCHNOGRID) ),
```

```
>        seq( POLYGONS(b), b=bord ),
>     STYLE(PATCH), SCALING(CONSTRAINED) );
```

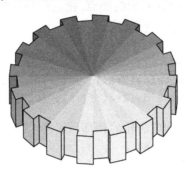

注意, 除了齿轮顶部和底部的局部 STYLE(PATCHNOGRID) 选项覆盖了全局的 STYLE
(PATCH) 选项以外, 全局选项 STYLE(PATCH) 和 SCALING(CONSTRAINED) 应用于整个
的 PLOT3D 结构.

13.2.2   Möbius 带

Möbius 带是将一个纸带旋转 180° 后在粘在一起而得到的. 我们构造 Möbius
带的方法是把这个纸带均分成若干段, 对每一个段都旋转适当的角度. 下面我们首
先定义这个片断的数据

```
> frame:=[[-1.5,0.5,0],[1.5,0.5,0],[1.5,-0.5,0],[-1.5,-0.5,0],[-1.5,
0.5,0]];
```

$$frame := [[-1.5, .5, 0], [1.5, .5, 0], [1.5, -.5, 0], [-1.5, -.5, 0], [-1.5, .5, 0]]$$

上面的数据定义了 XY 平面上的一个矩形. 为了完成旋转的工作, 我们定义三个函
数 rotatex, rotatey, rotatez. 它们的作用是把三维空间中的一个矩形绕 x 轴, y
轴和 z 轴旋转适当的角度.

```
> rotatex:=proc(pts::list, angle)
>   local i, y0, z0, sinus, cosinus, newlist;
>   sinus:=evalf(sin(angle/180*Pi));
>   cosinus:=evalf(sin(angle/180*Pi));
>   newlist:=[];
>   for i from 1 to nops(pts) do
>    y0:=cosinus*pts[i][2]-sinus*pts[i][3];
>    z0:=cosinus:pts[i][3]+sinus*pts[i][2];
>   newlist:=[op(newlist),[pts[i][1],y0,z0]];
>   end do;
>   newlist;
> end proc:
> rotatey:=proc(pts::list,angle)
```

```
>    local i,x0,z0,sinus,cosinus,newlist;
>     sinus:=evalf(sin(angle/180*Pi));
>     cosinus:=evalf(cos(angle/180*Pi));
>     newlist:=[];
>    for i from 1 to nops(pts) do
>     x0:=cosinus*pts[i][1]-sinus*pts[i][3];
>     z0:=cosinus*pts[i][3]+sinus*pts[i][1];
>    newlist:=[op(newlist),[x0,pts[i][2],z0]];
>   end do;
>   newlist;
>   end proc:
>   rotatez:=proc(pts::list, angle)
>    local i,x0,y0,sinus,cosinus,newlist;
>     sinus:=evalf(sin(angle/180*Pi));
>     cosinus:=evalf(cos(angle/180*Pi));
>     newlist:=[];
>    for i from 1 to nops(pts) do
>     x0:=cosinus*pts[i][1]-sinus*pts[i][2];
>     y0:=cosinus*pts[i][2]+sinus*pts[i][1];
>    newlist:=[op(newlist),[x0,y0,pts[i][3]]];
>   end do;
>   newlist;
>   end proc:
```

此外我们还需要一个位移函数, 可以把这个矩形在三维空间中作位移变换.
```
>   translate:=proc(pts::list, vec::list)
>    local i, newlist;
>    newlist:=[];
>    for i from 1 to nops(pts) do
>   newlist:=[op(newlist),[pts[i][1]+vec[1],pts[i][2]+vec[2],pts[i][3]
+vec[3]]];
>   end do;
>   newlist;
>   end proc:
```

在 translate 函数中, vec 是位移向量.

把上述两种变换巧妙的组合在一起就可以构造出 moebius 函数.
```
>   moebius:=proc(pts::list,r,number)
>   local i, newlist, newpts;
>   newlist:=[];
>   for i from 0 to number do
>   newpts:=rotatez(pts, 180/number*i);
```

```
>  newpts:=translate(newpts, [r,0,0]);
>  newlist:=[op(newlist),rotatey(newpts,360/number*i)];
>  end do;
>  newlist;
>  end proc:
```

在这个函数中, pts 给出了矩形的数据, r 确定了矩形在空间中位移的距离, 第三个参数 number 则给出了 Möbius 带中片断的个数. 下面我们就用这个函数画出一个 Möbius 带.

```
>  PLOT3D(MESH(moebius(frame,6,60)),SCALING(CONSTRAINED));
```

通过一些简单的处理, 我们可以画出两个 Möbius 带套在一起的图形.

```
>  mb1:=moebius(frame,4.5,40):
>  mb2:=[]:
>  for i from 1 to nops(mb1) do
>  mb2:=[op(mb2),translate(rotatex(mb1[i],90),[4,0,0])]:
>  end do:
>  PLOT3D(MESH(mb1),MESH(mb2),SCALING(CONSTRAINED),ORIENTATION(95,
55));
```

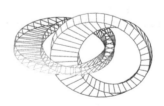

13.3　用 plottools 程序包编程

虽然图形数据结构使我们可以用非常灵活的手段构造图形, 但是这就需要用户做许多底层的工作, 例如我们无法以直观的方式指定颜色, 也无法使用所有的表示数据的形式.

因此在这一节中, 我们介绍如何在比图形数据结构高一些的基本图形对象层次工作. plottools 程序包提供了建立直线、圆盘和其他多边形数据的命令, 以及产生其他形状例如球、环形圆纹曲面、多面体的命令. 例如, 可以画一个单位半径球和在特定原点的环形圆纹曲面使用透视类型和框架类型坐标轴.

```
>  with(plots):  with(plottools):
>  display( sphere( [0, 0, 2] ), torus( [0, 0, 0] ),
>           style=patch, axes=frame, scaling=constrained );
```

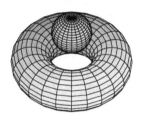

通过 plottools 程序包中的函数, 我们可以随意的转动它.

```
>  rotate( %, Pi/4, -Pi/4, Pi/4 );
```

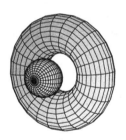

13.3.1　圆饼图

圆饼图是用来表达统计数据的常用方式. 下面我们写一个过程对于一个整数列表建立圆饼图. 我们首先构造一个 partialsum 过程, 它可按照指定的项计算一系列数据的部分和.

```
>  partialsum := proc(d, i)
>     local j;
>     evalf( Sum( d[j], j=1..i ) )
>  end proc:
```

例如:

```
>  partialsum( [1, 2, 3, -6], 3 );
     6.
```

piechart 过程首先计算数据的相对权重, 并把它们置于每个圆饼块的中心. piechart 使用 TEXT 结构把数据信息置于每个圆饼块的中心, 而使用 plottools 程序包中的 pieslice 命令生成圆饼块. 最后通过定义一个颜色函数来确定每个圆饼块的颜色.

```
>  piechart := proc( data::list(integer) )
>     local b, c, i, n, x, y, total;
>     n := nops(data);
>     total := partialsum(data, n);
>     b := 0, seq( evalf( 2*Pi*partialsum(data, i)/total ),
>                 i =1..n );
>     x := seq( ( cos(b[i])+cos(b[i+1]) ) / 3, i=1..n ):
>     y := seq( ( sin(b[i])+sin(b[i+1]) ) / 3, i=1..n ):
>     c := (i, n) -> COLOR(HUE, i/(n + 1)):
>     PLOT( seq( plottools[pieslice]( [0, 0], 1,
>                   b[i]..b[i+1], color=c(i, n) ),
>             i=1..n),
>          seq( TEXT( [x[i], y[i]],
>                   convert(data[i], name) ),
>               i = 1..n ),
>          AXESSTYLE(NONE), SCALING(CONSTRAINED) );
>  end proc:
```

这里是含有六块的圆饼图.

```
>  piechart( [ 8, 10, 15, 10, 12, 16 ] );
```

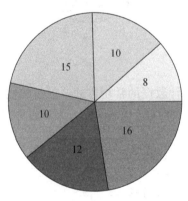

AXESSTYLE(NONE) 选项保证 Maple 在圆饼图中不画任何坐标.

13.3.2   画瓷砖

plottools 程序包为图形编程提供了方便的环境. 例如, 可以在单位正方形中圆弧.

```
> with(plots):  with(plottools):
> a := rectangle( [0,0], [1,1] ),
>       arc( [0,0], 0.5, 0..Pi/2 ),
>       arc( [1,1], 0.5, Pi..3*Pi/2 ):
> b := rectangle( [1.5,0], [2.5,1] ),
>       arc( [1.5,1], 0.5, -Pi/2..0 ),
>       arc( [2.5,0], 0.5, Pi/2..Pi ):
```

你必须用 plots 中的 display 命令显示 rectangle 和 arc 建立的对象.

```
> display( a, b, axes=none, scaling=constrained );
```

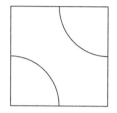 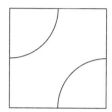

你可以把 a 和 b 类型的正方形瓷砖铺在平面上. 下列过程用函数 g 来铺 $m \times n$ 块瓷砖, 其中 g 用来确定什么时候用 a 瓷砖, 什么时候用 b 瓷砖. 函数 g 的值为 0 时用 a 瓷砖, 值为 1 时用 b 瓷砖.

```
> tiling := proc(g, m, n)
>     local i, j, r, h, boundary, tiles;
>     # define an a-title
>     r[0] := plottools[arc]( [0,0], 0.5, 0..Pi/2 ),
>             plottools[arc]( [1,1], 0.5, Pi..3*Pi/2 );
>     # define a b-tile
>     r[1] := plottools[arc]( [0,1], 0.5, -Pi/2..0 ),
>             plottools[arc]( [1,0], 0.5, Pi/2..Pi );
>     boundary := plottools[curve]( [ [0,0], [0,n],
>                      [m,n], [m,0], [0,0]] );
>     tiles := seq( seq( seq( plottools[translate](h, i, j),
>             h=r[g(i, j)] ), i=0..m-1 ), j=0..n-1 );
>     plots[display]( tiles, boundary, args[4..nargs] );
> end proc:
```

作为一个例子, 定义一个过程随机返回 0 或 1.

```
> oddeven := proc() rand() mod 2 end:
```

下面我们建立一个 20×10 的瓷砖.

```
> tiling( oddeven, 20, 10, scaling=constrained, axes=none);
```

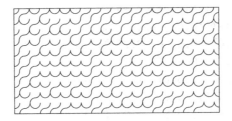

当你再使用同样的过程时, 随机瓷砖是不同的.

```
>  tiling( oddeven, 20, 10, scaling=constrained, axes=none);
```

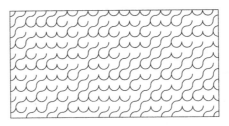

13.3.3　多面体图形的切割

我们可以很容易的构造新的图形工具, 就像 plottools 程序包中的那些命令一样. 例如, 可以首先对单一的面工作, 然后把结构映射到整个多面体来切割和改变多面体的结构. 下面我们写一个过程来切割多面体一个面的内部.

```
>  cutoutPolygon := proc( vlist::list, scale::numeric )
>     local i, center, outside, inside, n, edges, polys;
>     n := nops(vlist);
>     center := add( i, i=vlist ) / n;
>     inside := seq( scale*(vlist[i]-center) + center,
>                    i=1..n);
>     outside := seq( [ inside[i], vlist[i],
>                       vlist[i+1], inside[i+1] ],
>                     i=1..n-1 );
>     polys := POLYGONS( outside,
>                        [ inside[n], vlist[n],
>                          vlist[1], inside[1] ],
>                        STYLE(PATCHNOGRID) );
>     edges := CURVES( [ op(vlist), vlist[1] ],
>                      [ inside, inside[1] ] );
>     polys, edges;
>  end proc:
```

为了显示这个函数的作用, 我们先构造一个三角形. 下面是一个三角形的顶点

```
> triangle := [ [0,2], [2,2], [1,0] ];
    triangle := [[0, 2], [2, 2], [1, 0]]
```

cutoutPolygon 过程把 triangle 转换为三个多边形 (每面一个) 和两条曲线.

```
> cutoutPolygon( triangle, 1/2 ):
```

使用 plots 程序包中的 display 命令显示三角形.

```
> plots[display]( %, color=red );
```

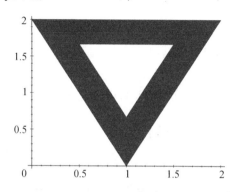

下列的 cutout 过程把 cutoutPolygon 过程应用于多面体的每个面.

```
> cutout := proc(polyhedron, scale)
>     local v;
>     seq( cutoutPolygon( v, evalf(scale) ), v=polyhedron);
> end proc:
```

可以切割下十二面体的每个面的 3/4.

```
> display( cutout( dodecahedron([1, 2, 3]), 3/4 ),
>          scaling=constrained);
```

作为第二个例子, 我们提升和降低多边形的重心.

```
> stellateFace := proc( vlist::list, aspectRatio::numeric )
>     local apex, i, n;
>     n := nops(vlist);
>     apex := add( i, i = vlist ) * aspectRatio / n;
>     POLYGONS( seq( [ apex, vlist[i],
>                      vlist[modp(i, n) + 1] ],
```

```
>                          i=1..n) );
>   end proc:
```

下面是三维空间中三角形的顶点.

```
>   triangle := [ [1,0,0], [0,1,0], [0,0,1] ];
       triangle := [[1, 0, 0], [0, 1, 0], [0, 0, 1]]
```

stellateFace 过程建立了三个多边形, 三角形的每个边一个.

```
>   stellateFace( triangle, 1 );
```

$$\text{POLYGONS}\left(\left[\left[\frac{1}{3}, \frac{1}{3}, \frac{1}{3}\right], [1, 0, 0], [0, 1, 0]\right], \left[\left[\frac{1}{3}, \frac{1}{3}, \frac{1}{3}\right], [0, 1, 0], [0, 0, 1]\right],\right.$$
$$\left.\left[\left[\frac{1}{3}, \frac{1}{3}, \frac{1}{3}\right], [0, 0, 1], [1, 0, 0]\right]\right)$$

由于这些多边形属于三维空间, 我们必须把它们放在 PLOT3D 结构中现实.

```
>   PLOT3D(%);
```

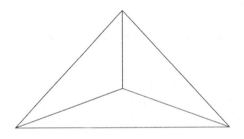

再次把 stellateFace 过程扩充到任意多面体上.

```
>   stellate := proc( polyhedron, aspectRatio)
>     local v;
>     seq( stellateFace( v, evalf(aspectRatio) ),
>         v=polyhedron );
>   end proc:
```

下面构造星形多面体.

```
>   stellated := display( stellate( dodecahedron(), 3),
>         scaling=constrained ):
>   display( array( [dodecahedron(), stellated] ) );
```

可以用 convert(..., POLYGONS) 命令转换 GRID 或 MESH 结构为等价的 POLYGONS
集合. 下面是 POLYGONS 版本的 Klein 瓶.

```
>  kleinpoints := proc()
>     local bottom, middle, handle, top, p, q;
>     top := [ (2.5+1.5*cos(v))*cos(u),
>              (2.5+1.5*cos(v))*sin(u), -2.5*sin(v) ]:
>     middle := [ (2.5+1.5*cos(v))*cos(u),
>                 (2.5+1.5*cos(v))*sin(u), 3*v-6*Pi]:
>     handle := [ 2 - 2*cos(v) + sin(u), cos(u),
>                 3*v - 6*Pi ]:
>     bottom := [ 2 + (2+cos(u))*cos(v), sin(u),
>                 -3*Pi + (2+cos(u))*sin(v)]:
>     p := plot3d( {bottom, middle, handle, top},
>                  u=0..2*Pi, v=Pi..2*Pi, grid=[9,9] ):
>     p := select( x -> op(0,x)=MESH, [op(p)]);
>     seq( convert(q, POLYGONS), q=p );
>  end proc:
>  display( kleinpoints(), style=patch,
>           scaling=constrained, orientation=[-110,71] );
```

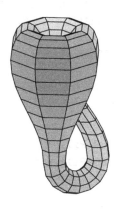

我们可以使用处理多边形的命令来看到 Klein 瓶的内部.

```
>  display( seq( cutout(k, 3/4), k=kleinpoints()),
```

```
>            scaling=constrained );
```

13.4　动　　画

Maple 具有生成二维和三维动画的能力. 像其他的 Maple 图形工具一样, 动画也产生用户可以接受的数据结构. 表示动画的数据结构为 PLOT(ANIMATE(...)) 或 PLOT3D(ANIMATE(...)).

在 ANIMATE 函数中是一系列的画面; 每个画面是相同的图形对象的列表, 它们可以出现在单一的图形结构中. 每个产生动画的过程都是建立一系列的画面. 为了了解动画的数据结构, 我们使用 lprint 命令把一个动画打印出来.

```
>   lprint( plots[animate]( x*t, x=-1..1, t= 1..3,
>           numpoints=3, frames = 3 ) );
```

```
PLOT(ANIMATE([CURVES([[-1., -1.], [0, 0], [1.000000000,
1.]],COLOUR(RGB,0,0,0))],[CURVES([[-1., -2.], [0, 0], [1.000000000,
2.]],COLOUR(RGB,0,0,0))],[CURVES([[-1., -3.], [0, 0], [1.000000000,
3.]],COLOUR(RGB,0,0,0))]),AXESLABELS(x,''),VIEW(-1. .. 1.,DEFAULT))
```

下面的函数 points 是曲线 $(x,y) = (1+\cos(t\pi/180)^2, 1+\cos(t\pi/180)\sin(t\pi/180))$. 的参数方程.

```
>   points := t -> evalf(
>           [ (1 + cos(t/180*Pi)) * cos(t/180*Pi ),
>             (1 + cos(t/180*Pi)) * sin(t/180*Pi ) ] ):
```

例如:

```
>   points(2);
      [1.998172852, .06977773357]
```

使用 points 可以画出一系列的点.
```
>  PLOT( POINTS( seq( points(t), t=0..90 )));
```

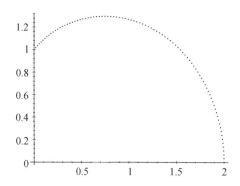

　　现在可以制作一个动画. 每个画面是由原点 (0,0) 和曲线上的点的序列张成的
多边形.
```
>  frame := n -> [ POLYGONS([ [ 0, 0 ],
>                         seq( points(t), t= 0..60*n) ],
>                         COLOR(RGB, 1.0/n, 1.0/n, 1.0/n) ) ]:
```
这幅动画由六个画面组成.
```
>  PLOT( ANIMATE( seq( frame(n), n = 1..6 ) ));
```
使用 plots 程序包中的 display 命令可以显示动画的静态图形.
```
>  with(plots):
>  display( PLOT(ANIMATE(seq(frame(n), n = 1..6))) ):
```
由于图形较大, 我们就不在这里显示了.
　　下面的 varyAspect 过程阐述了星形的曲面如何按比率变化. 这个过程以图形
对象为输入建立动画, 每个画面都是不同比率的星形对象.
```
>  with(plottools):
>  varyAspect := proc( p )
>    local n, opts;
>    opts := convert( [ args[2..nargs] ], PLOT3Doptions );
>    PLOT3D( ANIMATE( seq( [ stellate( p, n/sqrt(2)) ], n=1..4 ) ),
>          op( opts ));
>  end proc:
```
对十二面体试用这个过程.
```
>  varyAspect( dodecahedron(), scaling=constrained );
```
下面是静态的版本
```
>  display( varyAspect( dodecahedron(),
```

>   scaling=constrained));

Maple 提供了三种建立动画的方法: 分别是 plots 程序包中的 animate 和 animate3d 命令, 或带有选项 insequence = true 的 display 命令. 下面的例子展示了如何把函数和连续逼近的项作为可视化的画面, 以显示 Fourier 级数在区间 $[a,b]$ 上逼近函数 f 的过程. 首先我们用 $f_n(x) = c_0/2 + \sum_{i=1}^{n} c_i \cos{(ix)} + s_i \sin{(ix)}$ 作为 Fourier 级数的前 n 项部分和, 这里

$$c_i = \frac{2}{b-a} \int_a^b f(x) \cos\left(\frac{2\pi}{b-a}x\right) dx$$

而

$$s_i = \frac{2}{b-a} \int_a^b f(x) \sin\left(\frac{2\pi}{b-a}x\right) dx.$$

下面的 fourierPicture 过程首先计算第 i 个 Fourier 逼近直到第 n 个. 然后 fourierPicture 生成这些图形的动画, 最终加上函数自己的图形作为背景.

```
>   fourierPicture :=
>   proc( func, xrange::name=range, n::posint)
>      local x, a, b, l, i, j, p, q, partsum;
>      a := lhs( rhs(xrange) );
>      b := rhs( rhs(xrange) );
>      l := b - a;
>      x := 2 * Pi * lhs(xrange) / l;
>      partsum := 1/l * evalf( Int( func, xrange) );
>      for i from 1 to n do
>         # Generate the terms of the Fourier series of func.
>         partsum := partsum
>            + 2/l * evalf( Int(func*sin(i*x),xrange) )
```

```
>               * sin(i*x);
>        # Plot i-th Fourier approximation.
>        q[i] := plot( partsum, xrange, color=blue, args[4..nargs] );
>     end do;
>     # Generate sequence of frames.
>     q := plots[display]( [ seq( q[i], i=1..n )],insequence=true );
>     # Add the function plot, p, to each frame.
>     p := plot( func, xrange, color = red, args[4..nargs] );
>     plots[display]( [ q, p ] );
>   end proc:
```

例如, 可以用 fourierPicture 观察 e^x 的前六项 Fourier 逼近.

```
>   fourierPicture( exp(x), x=0..10, 6 );
```

这里是静态版本

```
>   display( fourierPicture( exp(x), x=0..10, 6 ));
```

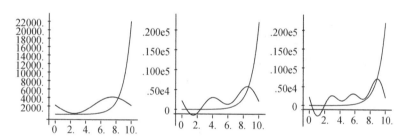

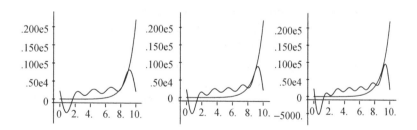

下面是函数 x -> signum(x-1) 的前六项 Fourier 逼近. signum 函数是不连续函数, 因此选项 discont=true 是需要的.

```
>   fourierPicture( 2*signum(x-1), x=-2..3, 6, discont=true );
```

静态版本如下:

```
>   display( fourierPicture( 2*signum(x-1),x=-2..3, 6,discont=true ) );
```

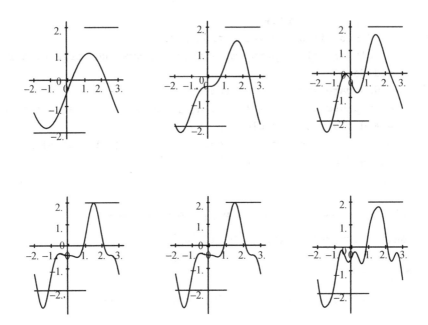

对于其他的级数逼近, 例如 Taylor, Pade 级数和 Chebyshev 级数, 可以使用
Maple 生成的级数结构建立类似的动画.

动画序列在二维和三维都存在. 下列过程使用 plots 程序包中的 tubeplot 函
数给出了一个三叶形扭结.

```
> tieknot := proc( n::  posint )
>    local i, t, curve, picts;
>    curve := [ -10*cos(t) - 2*cos(5*t) + 15*sin(2*t),
>               -15*cos(2*t) + 10*sin(t) - 2*sin(5*t),
>               10*cos(3*t) ]:
>    picts := [ seq( plots[tubeplot]( curve, t=0..2*Pi*i/n, radius=3),
>                 i=1..n ) ];
>    plots[display]( picts, insequence=true, style=patch);
> end proc:
```

你可以画出六个画面的扭结.

```
> tieknot(6);
```

这里是静态版本.

```
> display( tieknot(6) );
```

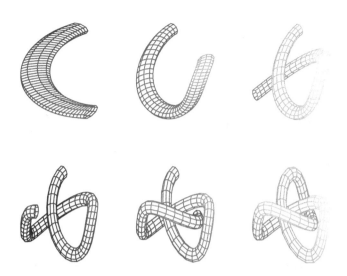

可以把来自 plottools 程序包的图形对象和以序列方式显示的物理对象的动画组合起来. 下列的 springPlot 过程建立了一个在三维螺旋弹簧上的跳跃动画. springPlot 首先建立一个盒子和它的一个备份, 盒子的移动位置由 u 的值确定. springPlot 还画了一个球, 把它置于上面盒子的顶上, 而且高度随参数变化. 最终, 把一系列的位置组织起来用 display 依次显示它们就可产生动画.

```
>  springPlot := proc( n )
>     local u, curve, springs, box, tops, bottoms,
>          helix, ball, balls;
>     curve := (u,v) -> spacecurve(
>          [cos(t), sin(t),8*sin(u/v*Pi)*t/200],
>          t=0..20*Pi,
>          color=black, numpoints=200,thickness=3 ):
>     springs := display( [ seq(curve(u,n), u=1..n) ],
>                         insequence=true ):
>     box := cuboid( [-1,-1,0], [1,1,1], color=red ):
>     ball := sphere( [0,0,2], grid=[15, 15], color=blue ):
>     tops := display( [ seq(
>       translate( box, 0, 0, sin(u/n*Pi)*4*Pi/5),
>       u=1..n ) ], insequence=true ):
>     bottoms := display( [ seq( translate(box, 0, 0, -1),
>       u=1..n ) ], insequence=true ):
>     balls := display( [ seq( translate( ball, 0, 0,
>       4*sin( (u-1)/(n-1)*Pi ) + 8*sin(u/n*Pi)*Pi/10 ),
>       u=1..n ) ], insequence=true ):
```

```
>    display( springs, tops, bottoms, balls,
>      style=patch, orientation=[45,76],
>      scaling=constrained );
>  end proc:
```

为了提高可读性, 对于来自 plots 和 plottools 程序保中的命令, 上述代码中使用了短名字. 在使用 springPlot 过程前, 必须记住调用这两个程序包, 或使用命令的长名字.

```
>  with(plots):  with(plottools):
>  springPlot(6);
```

13.5　颜色编程

就像给每种类型的图形数据对象着色一样, 也可以在图形编程中着色. color 选项容许用户以单色的形式指定一种颜色. 它通过名字 RGB 或 HUE 值, 或者通过 Maple 公式或函数形式的着色函数来指定色彩. 大家可以自己尝试下列每个命令.

```
>  plot3d( sin(x*y), x=-3..3, y=-3..3, color=red);
>  plot3d( sin(x*y), x=-3..3, y=-3..3,
>    color=COLOUR(RGB, 0.3, 0.42, 0.1) );
>  p := (x,y) -> sin(x*y):
>  q := (x,y) -> if x < y then 1 else x-y end if:
>  plot3d( p, -3..3, -3..3, color=q );
```

此外, 我们可以给底层的图形对象指定色彩属性. 在最底层, 可以通过 COLOUR 函数来完成图形对象的着色. 下面的例子给出了具体的用法:

```
>  PLOT( POLYGONS( [ [0,0], [1,0], [1,1] ],
>                  [ [1,0], [1,1], [2,1], [2,0]],
>                  COLOUR(RGB, 1/2, 1/3, 1/4 ) ));
```

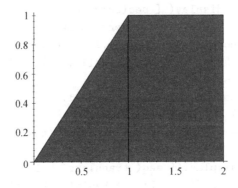

对每个多边形可以有下列不同的染色方式:

```
    PLOT(POLYGONS(P1,..., Pn, COLOUR(RGB, p1,...,pn)))
```
或者
```
    PLOT(POLYGONS(P1, COLOUR(RGB, p1)),..., POLYGONS( Pn, COLOUR(RGB, pn)))
```
于是, 下列两个 PLOT 结构表示相同的红色和绿色三角形图形.
```
>   PLOT( POLYGONS( [ [0,0], [1,1], [2,0] ],
>                    COLOUR( RGB, 1, 0, 0 ) ),
>          POLYGONS( [ [0,0], [1,1], [0,1] ],
>                    COLOUR( RGB, 0, 1, 0 ) ));
```

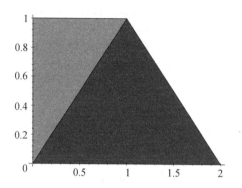

```
>   PLOT( POLYGONS( [ [0,0], [1,1], [2,0] ],
>                    [ [0,0], [1,1], [0,1] ],
>                    COLOUR( RGB, 1, 0, 0, 0, 1, 0) ) );
```

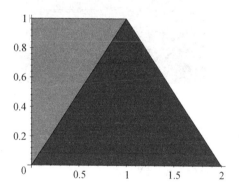

注意: 三个 RGB 值必须是 0 和 1 之间的数.

13.5.1 生成色彩表

下列过程生成一个 $m \times n$ 的 RGB 值色彩表. 特别地, colormap 返回一个两元的序列: 一个 POLYGONS 结构和一个 TITLE.
```
>   colormap := proc(m, n, B)
```

```
>      local i, j, points, colors, flatten;
>      # points = sequence of corners for rectangles
>      points := seq( seq( evalf(
>             [ [i/m, j/n], [(i+1)/m, j/n],
>               [(i+1)/m, (j+1)/n], [i/m,(j+1)/n] ]
>                   ), i=0..m-1 ), j=0..n-1):
>      # colors = listlist of RGB color values
>      colors := [seq( seq( [i/(m-1), j/(n-1),B],
>                   i=0..m-1 ), j=0..n-1)];
>      # flatten turns the colors listlist into a sequence
>      flatten := a -> op( map(op, a) );
>      POLYGONS( points,
>               COLOUR(RGB, flatten(colors) )),
>      TITLE( cat( 'Blue=', convert(B, string) ));
>  end proc:
```

这里是一个 10×10 的色彩表; 蓝色的分支是 0.

```
>  PLOT( colormap(10, 10, 0) );
```

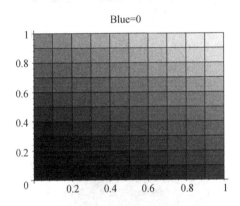

Blue=0

也可以用动画显示蓝色分支的变化. 下列的 colormaps 过程用动画生成一个 $m \times n \times f$ 色彩表.

```
>  colormaps := proc(m, n, f)
>     local t;
>     PLOT( ANIMATE( seq( [ colormap(m, n, t/(f-1)) ],
>                    t=0..f-1 ) ),
>           AXESLABELS('Red', 'Green') );
>  end proc:
```

下面给出了 $10 \times 10 \times 10$ 的色彩表.

```
>  colormaps(10, 10, 10);
```

可以看到如下的 HUE 颜色的色彩排列.

```
>  points := evalf( seq( [ [i/50, 0], [i/50, 1],
>                          [(i+1)/50, 1], [(i+1)/50, 0] ],
>                       i=0..49)):
>  PLOT( POLYGONS(points, COLOUR(HUE, seq(i/50,i=0..49)) ),
>        AXESTICKS(DEFAULT, 0), STYLE(PATCHNOGRID) );
```

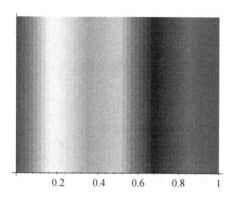

AXESTICKS(DEFAAULT, 0) 选项消去了纵坐标的标记但是保持横坐标的省缺标记.

可以很容易的看到如何建立 colormapHue 过程, 对任意基于 HUE 颜色的着色函数它创造其色彩排列.

```
>  colormapHue := proc(F, n)
>     local i, points;
>     points := seq( evalf( [ [i/n, 0], [i/n, 1],
>                          [(i+1)/n, 1],[(i+1)/n, 0] ]
>                          ), i=0..n-1 ):
>     PLOT( POLYGONS( points,
>              COLOUR(HUE, seq( evalf(F(i/n)),i=0..n-1) )),
>           AXESTICKS(DEFAULT, 0),STYLE(PATCHNOGRID) );
>  end proc:
```

下列色彩排列以函数 $y(x) = \sin{(\pi x)}/3, \ 0 \leqslant x \leqslant 40$ 为基.

```
>  colormapHue( x -> sin(Pi*x)/3, 40);
```

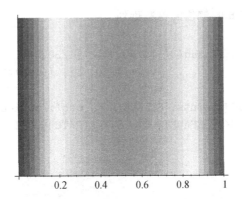

显示任意过程 F 的灰度色彩排列是简单的工作, 因为灰度层次是哪些红、绿、蓝三部分都相等的层次.

```
>   colormapGraylevel := proc(F, n)
>       local i, flatten, points, grays;
>       points := seq( evalf([ [i/n, 0], [i/n,1],
>                               [(i+1)/n, 1],[(i+1)/n, 0] ]),
>                   i=0..n-1):
>       flatten := a -> op( map(op, a) );
>       grays := COLOUR(RGB, flatten(
>               [ seq( evalf([ F(i/n), F(i/n),F(i/n) ]),
>                       i=1..n)])));
>       PLOT( POLYGONS(points, grays),
>               AXESTICKS(DEFAULT, 0) );
>   end proc:
```

恒等函数 $x \mapsto x$, 得到基本的灰度色彩排列.

```
>   colormapGraylevel( x->x, 20);
```

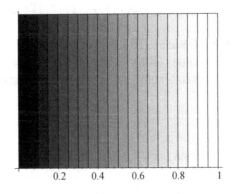

13.5.2 给图形添加色彩信息

可以给存在的图形数据结构添加颜色信息. addCurvecolor 过程通过 y 坐标的标尺给每个 CURVES 函数中的曲线着色.

```
>  addCurvecolor := proc(curve)
>      local i, j, N, n, M, m, curves, curveopts,p, q;
>      # Get existing points information.
>      curves := select( type, [ op(curve) ],
>                        list(list(numeric)) );
>      # Get all options but color options.
>      curveopts := remove( type, [ op(curve)],
>                        {list(list(numeric)),
>                          specfunc(anything,COLOR),
>                          specfunc(anything,COLOUR) } );
>      # Determine the scaling.
>      # M and m are the max and min of the y-coords.
>      n := nops( curves );
>      N := map( nops, curves );
>      M := [ seq( max( seq( curves[j][i][2],
>            i=1..N[j] ) ), j=1..n ) ];
>      m := [ seq( min( seq( curves[j][i][2],
>            i=1..N[j] ) ), j=1..n ) ];
>      # Build new curves adding HUE color.
>      seq( CURVES( seq( [curves[j][i],curves[j][i+1]],
>                        i=1..N[j]-1 ),
>                   COLOUR(HUE,seq((curves[j][i][2]
>                                   - m[j])/(M[j]- m[j]),
>                              i=1..N[j]-1)),
>                   op(curveopts) ), j=1..n );
>  end proc:
```

例如:

```
>  c := CURVES( [ [0,0], [1,1], [2,2], [3,3]],
>              [ [2,0], [2,1], [3,1] ] );
```
$$c := \text{CURVES}([[0, 0], [1, 1], [2, 2], [3, 3]], [[2, 0], [2, 1], [3, 1]])$$

```
>  addCurvecolor( c );
```

$$\text{CURVES}\left([[0, 0], [1, 1]], [[1, 1], [2, 2]], [[2, 2], [3, 3]], \text{COLOUR}\left(HUE, 0, \frac{1}{3}, \frac{2}{3}\right)\right),$$
$$\text{CURVES}([[2, 0], [2, 1]], [[2, 1], [3, 1]], \text{COLOUR}(HUE, 0, 1))$$

可以把这个过程映射到已经存在的图形结构的所有 CURVES 结构上, 以便给每个曲线提供必要的颜色.

```
>  addcolor := proc( aplot )
>     local recolor;
>     recolor := x -> if op(0,x)=CURVES then
>                        addCurvecolor(x)
>                     else x end if;
>     map( recolor, aplot );
>  end proc:
```

对图形 $\sin(x) + \cos(x)$ 试用 addcolor 过程.

```
>  p := plot( sin(x) + cos(x), x=0..2*Pi,
>             linestyle=2, thickness=3 ):
>  addcolor( p );
```

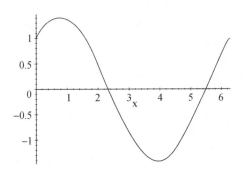

如果你给两个曲线同时添加色彩, 则两种着色是独立的.

```
>  q := plot( cos(2*x) + sin(x), x=0..2*Pi ):
>  addcolor( plots[display](p, q) );
```

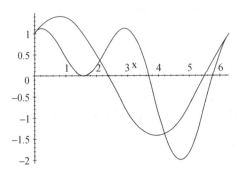

addcolor 过程也可以对三维空间曲线工作.

```
>  spc := plots[spacecurve]( [ cos(t), sin(t), t],
>                t=0..8*Pi, thickness=2,color=black ):
```

```
> addcolor( spc );
```

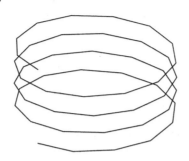

使用着色函数, 你可以很任意的替换掉图形原来的颜色. 这些着色函数形如 $C_{Hue} : R^2 \to [0,1]$(对 Hue 色彩) 或 $C_{RGB} : R^2 \to [0,1] \times [0,1] \times [0,1]$.

上述的例子使用的着色函数为 $C_{Hue}(x,y) = y/max(y_i)$.

13.5.3 创造棋盘图形

色彩编程的最后一个例子展示如何在三维空间中画一个红白相间的棋盘状网格图形. 你不能简单的用一个着色函数作为 plot3d 的参数. 在这种情况下的着色函数仅能提供纵向网格的着色, 而不能产生相间的着色. 你必须先把网格转换为多边形的形式. 程序的其余部分依据网格的位置给多边形赋以红白两种颜色.

```
> chessplot3d := proc(f, r1, r2)
>     local m, n, i, j, plotgrid, p, opts,coloring, size;
>     # obtain grid size
>     # and generate the plotting data structure
>     if hasoption( [ args[4..nargs] ], grid, size) then
>         m := size[1];
>         n := size[2];
>     else # defaults
>         m := 25;
>         n := 25;
>     end if;
>     p := plot3d( f, r1, r2, args[4..nargs] );
>     # convert grid data (first operand of p)
>     # into polygon data
>     plotgrid := op( convert( op(1, p), POLYGONS ) );
>     # make coloring function - alternating red and white
>     coloring := (i, j) -> if modp(i-j, 2)=0 then
>                     convert(red, colorRGB)
>                 else
>                     convert(white, colorRGB)
>                 end if;
```

```
>      # op(2..-1, p) is all the operands of p but the first
>      PLOT3D( seq( seq( POLYGONS( plotgrid[j + (i-1)*(n-1)],
>                                  coloring(i, j)),
>             i=1..m-1 ), j=1..n-1 ),
>          op(2..-1, p) );
> end proc:
```

这里是 $\sin(x)\sin(y)$ 的棋盘图.

```
> chessplot3d( sin(x)*sin(y), x=-Pi..Pi, y=-Pi..Pi,
>           style=patch, axes=frame );
```

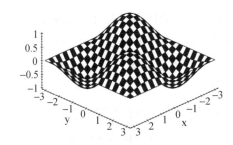

注意, 当来自 plot3d 的图形结构是 GRID 或 MESH 类型的输出时, chessplot3d 过程都可以工作. 后一种类型的输出来自于参数曲面或用其他的坐标系统产生的曲面.

```
> chessplot3d( (4/3)^x*sin(y), x=-1..2*Pi, y=0..Pi,
>           coords=spherical, style=patch,
>           lightmodel=light4 );
```

《大学数学科学丛书》已出版书目